美丽中国
建设理论与评估方法

方创琳　王振波　鲍　超　等　著

科学出版社

北　京

内 容 简 介

本书提出了美丽中国建设的基本内涵、战略要义和人地耦合共生理论，优选了美丽中国建设评估指标体系，自主研制了《美丽中国建设评估技术规程》、分级标准、技术流程与评估技术方法、美丽中国建设评估动态监测系统［简称"科美评"（KMP）系统］和美丽中国建设公众满意度调查APP系统。分析了美丽中国建设现状与存在的差距及短板，提出了美丽中国建设的"井"字形轴线格局与综合区划方案，分别从广义和狭义两个层面开展了美丽中国建设评估的实证探索，提出了美丽中国建设的推进模式、建设路径与对策建议。

本书可作为各级发展与改革部门、生态环境部门、住房和城乡建设部门、自然资源部门、农业农村部门、水利部门工作人员开展美丽中国建设及评估的参考书，也可作为大专院校和科研机构相关专业研究生教材和科研工作参考用书。

审图号：GS京（2023）0832号

图书在版编目（CIP）数据

美丽中国建设理论与评估方法 / 方创琳等著. —北京：科学出版社，2023.4

ISBN 978-7-03-075372-4

Ⅰ. ①美… Ⅱ. ①方… Ⅲ. ①生态环境建设–研究–中国 Ⅳ. ①X321.2

中国国家版本馆CIP数据核字（2023）第061979号

责任编辑：石 珺 李 洁 / 责任校对：郝甜甜
责任印制：吴兆东 / 封面设计：图阅社

科学出版社 出版

北京东黄城根北街16号
邮政编码：100717
http://www.sciencep.com

北京建宏印刷有限公司 印刷

科学出版社发行 各地新华书店经销

*

2023年4月第 一 版 开本：787×1092 1/16
2024年1月第二次印刷 印张：20 1/2
字数：480 000

定价：**188.00元**

（如有印装质量问题，我社负责调换）

前　　言

党的十八大报告首次提出建设美丽中国。2017 年 10 月 18 日，中共中央总书记习近平在党的十九大报告中指出，加快生态文明体制改革，建设美丽中国。2018 年 5 月，习近平总书记在全国生态环境保护大会上进一步提出了美丽中国建设的"时间表"和"路线图"，"确保到 2035 年，生态环境质量实现根本好转，美丽中国目标基本实现"，"到本世纪中叶，物质文明、政治文明、精神文明、社会文明、生态文明全面提升，绿色发展方式和生活方式全面形成，人与自然和谐共生，生态环境领域国家治理体系和治理能力现代化全面实现，建成美丽中国"。可见，建设美丽中国是落实联合国 2030 年可持续发展目标的中国实践和国家样板，是我国生态文明体制改革创新的战略举措、制度建设成效与高质量发展的成果检验，是推进人与自然和谐发展、守住绿水青山赢得金山银山的重要手段，是我国到 2035 年基本实现现代化和实现两个一百年奋斗目标的中国梦的现实选择，也是贯彻落实美丽中国建设路线图和时间表的具体行动。2018 年以来，中央领导先后多次实质批示我提交的关于开展美丽中国建设进程评估的系列建议报告，为了贯彻落实习近平总书记在参加首都义务植树活动强调的"努力打造青山常在、绿水长流、空气常新的美丽中国"的重要指示及批示精神，面向 2035 年"美丽中国目标基本实现"的愿景，2020 年 2 月 28 日国家发展和改革委员会发布了《美丽中国建设评估指标体系及实施方案》（发改环资〔2020〕296 号），聚焦生态环境良好、人居环境整洁等方面，旨在通过对美丽中国建设进程的科学评估，科学量化不同时期不同地区美丽中国建设进程及美丽程度，发现当前美丽中国建设中存在的问题及差距，为引导全国不同地区加快推进美丽中国建设，为实现城乡空气清新、水体洁净、土壤安全、生态良好、人居整洁的美丽中国建设目标提供科技支撑，为推进生态文明建设和高质量发展提供科学依据。

美丽中国建设是一项涉及多学科、多领域、多部门共同推进的长期性系统工程，高质量、高标准地贯彻落实美丽中国建设的"时间表"和"路线图"，尚且存在亟待解决的"五缺"问题：缺少科学的基础理论指导，缺乏通用权威的美丽中国建设评估指标体系，缺乏可操作的美丽中国建设评估技术标准，缺乏实用性强的评估技术方法，缺乏公认的美丽中国建设样板区等。针对这些问题，本书作者在中国科学院战略性先导科技专项（A 类）"泛第三极环境变化与绿色丝绸之路建设"专项（简称"丝路环境专项"）和"美丽中国生态文明建设科技工程"专项（简称"美丽中国专项"）等多个项目的共同资助下，通过长期的实践经验积累，提出了美丽中国建设的基本内涵与战略要义，把人地耦合共生论作为美丽中国建设的理论基石，以此为指导提出了美丽中国建设评估指标体系，自主研制了《美丽中国建设评估技术规程》和分级标准、技术流程与评估技术方法，采用遥感、GIS、大数据、仿真模拟和无人机等多源融合数据技术，独立研制了美丽中国建设评估模拟 KMP 系统和美丽中国建设公众满意度调查 APP 系统。分析了美丽中国建设现状与存在的差距及短板，提出了美丽中国建设的"井"字形轴线格局与综合区划方案，为因地制宜地开展美丽中国建设评估提供了科学支撑。以上述理论及评估技术方法为依托，分别从广义和狭义两个层面开展了美丽中国建设评估的实证探索。

采用自主研发的评估技术方法探索发现，2000 ～ 2019 年美丽中国建设进程明显加快，尤其是党的十八大以后出现历史性转折和全局性变绿变美，党的十八大以前综合美丽指数年均增长速度为 1.33%，其后该指数提高为 3.89%；美丽中国建设的绿色版图持续扩展，说明从聚集生态环境和人居环境改善的狭义美丽中国建设取得了历史性重大成就，美丽中国建设的路线图与时间表正在如期实现。空气清新指数先降后升，历年平均改善速度为 0.84%，空气质量总体向好，全国蓝天版图出现全局性变蓝，打赢蓝天保卫战取得历史性战果；水体洁净指数波动上升，历年平均洁净速度为 2.45%，全国碧水版图出现全局性变清，碧水保卫战成效显著；土壤安全指数缓慢上升，年均净化速度为 1.83%，全国净土版图呈全局性变净趋势，净土保卫战仍需扎实推进；生态良好指数逐步上升，年均良化速度为 2.46%，全国生态安全版图呈全局性变好趋势，"两山"理论指导山水林田湖草系统治理及国土绿化行动落地见效；人居整洁指数加速上升，年均整洁速度为 6.5%，人居环境改善版图呈全局性变好，城乡人居环境得到根本性改善。社会公众对美丽中国建设的总体满意度高达 81.94%，说明美丽中国建设已深入民心也深得民心。上述评估结果科学验证了习近平总书记提出的"开展了一系列根本性、开创性、长远性工作，决心之大、力度之大、成效之大前所未有"，定量验证了习近平总书记提出的"生态文明建设从认识到实践都发生了历史性、转折性、全局性的变化"的重要论断，同时也有力佐证了习近平总书记提出的"距离美丽中国建设目标还有不小差距"的客观判断。

本书共分 9 章内容，由方创琳提出总体设计框架、编写思路并组织运行，各章内容的编写分工为：前言由方创琳编写；第一章由方创琳、王振波、廖霞编写；第二章由方创琳、王振波编写；第三章由方创琳、鲍超、王振波、李广东、孙思奥、范育鹏编写；第四章由方创琳、鲍超、王振波、李广东、孙思奥、范育鹏编写；第五章由王黎明、方创琳、鲍超、王振波、李广东、孙思奥、范育鹏、王东、龚超、刘邻、杜宗昊、孙静静、柯祥伟编写；第六章由方创琳、王振波编写；第七章由鲍超、王振波、李广东、孙思奥、范育鹏、方创琳编写；第八章由方创琳、王振波、鲍超、李广东、孙思奥、马海涛、范育鹏编写；第九章由方创琳、王振波编写。全书由方创琳统稿。

在本书编写过程中，先后得到国家发展和改革委员会、自然资源部、生态环境部、农业农村部、水利部、住房和城乡建设部、国家林业和草原局、国家统计局、中国科学院等相关部委领导的大力支持、指导和帮助；在数据资料收集过程中先后得到 2020 年度美丽中国建设评估领导小组、指导小组、评估执行委员会、评估总体技术组、31 个分省评估队的各位领导及各位老师的鼎力支持和帮助，在此一并表示最衷心的感谢！

建设美丽中国在国际上目前尚找不到一个标准答案和现成的可行模式，开展美丽中国建设理论与评估技术方法等难点科学问题的研究至今尚未形成共识，学术界、政界和新闻界仁者见仁，智者见智，本书提出的一些观点和看法可能有失偏颇，加之时间仓促，能力有限，书中缺点在所难免，恳求广大同仁批评指正！本书在成文过程中，参考了许多专家学者的论著或科研成果，对引用部分文中都一一做了注明，但仍恐有挂一漏万之处，诚请多加包涵。竭诚渴望阅读本书的同仁们提出宝贵意见！期望本书为美丽中国建设与评估提供科学理论依据！

2022 年 9 月于中国科学院奥运村科技园区

摘　　要

　　美丽中国是指在特定时期内，将国家经济建设、社会建设和生态建设落实到具有不同主体功能的国土空间上，实现生态环境有效保护、自然资源永续利用、经济社会绿色发展、人与自然和谐共处的可持续发展目标，形成天蓝地绿、山清水秀、强大富裕、人地和谐的可持续发展强国。本书通过大量的实地调研和典型案例分析，提出了美丽中国建设的基本内涵、战略要义和人地耦合共生理论，优选了美丽中国建设评估指标体系，自主研制了《美丽中国建设评估技术规程》和分级标准、技术流程与评估技术方法，采用遥感、GIS、大数据等多源融合数据技术独立研制了美丽中国建设评估模拟 KMP 系统和美丽中国建设公众满意度调查 APP 系统；分析了美丽中国建设现状与存在的差距及短板，提出了美丽中国建设的"井"字型轴线格局与综合区划方案，分别从广义和狭义两个层面开展了美丽中国建设评估的实证探索，提出了美丽中国建设的对策建议与评估工作建议。

　　【美丽中国建设国家需求】　2017 年 10 月 18 日，习近平总书记在党的十九大报告中指出，加快生态文明体制改革，建设美丽中国。强调我们要建设的现代化是人与自然和谐共生的现代化，既要创造更多物质财富和精神财富以满足人民日益增长的美好生活需要，也要提供更多优质生态产品以满足人民日益增长的优美生态环境需要。2018 年 5 月 18 日习近平总书记在全国生态环境保护大会上进一步提出了美丽中国建设的"时间表"和"路线图"，"确保到 2035 年，生态环境质量实现根本好转，美丽中国目标基本实现"，"到本世纪中叶，物质文明、政治文明、精神文明、社会文明、生态文明全面提升，绿色发展方式和生活方式全面形成，人与自然和谐共生，生态环境领域国家治理体系和治理能力现代化全面实现，建成美丽中国"。2020 年 2 月 28 日，国家发展和改革委员会印发了《美丽中国建设评估指标体系及实施方案》（发改环资〔2020〕296 号），明确了美丽中国建设进程评估体系由空气清新、水体洁净、土壤安全、生态良好、人居整洁 5 类指标 22 个具体指标构成，并从 2020 年起正式启动对美丽中国建设进程评估，一直到 2035 年结束，作为国民经济和社会发展五年规划纲要实施中期和末期美丽中国建设目标落实情况的综合评判依据。

　　【美丽中国建设战略要义】　建设美丽中国是落实联合国 2030 年可持续发

展目标的中国实践和国家样板，是中国生态文明体制改革创新的战略举措与高质量绿色发展的成果检验，是推进人与自然和谐发展，守住绿水青山赢得金山银山的重要手段，是国家基本实现现代化和实现两个一百年奋斗目标的中国梦的现实选择，也是贯彻落实美丽中国建设路线图和时间表的具体行动。建设美丽中国是落实我国生态文明制度、推进国家可持续发展、提升可持续发展能力的阶段性战略部署，是对生态文明长效目标的阶段性落实，也是推动国家实现高质量发展的核心目标。2022 年 10 月 16 日召开的党的二十大报告进一步提出建设中国式现代化，推进美丽中国建设。

【美丽中国建设的紧迫性】 美丽中国建设作为人类文明长河中的一件大事，由于提出时间短，目前存在"五缺"：缺少基本理论，缺少通用指标评估体系，缺少权威的通用技术标准，缺少科学的评估技术系统，缺少公众满意度调查方法等。这将严重制约美丽中国建设进程，急需研究美丽中国建设的基本理论，揭示美丽中国建设的基本规律；急需研制美丽中国建设评估技术标准和技术方法，科学量化美丽中国建设进程、存在的问题及短板。

【美丽中国广义狭义内涵】 美丽中国建设包括广义（大美丽中国）和狭义（小美丽中国）内涵。广义内涵的美丽中国是指将国家经济建设、政治建设、文化建设、社会建设和生态建设"五位一体"的总体布局落实到具有不同主体功能的国土空间上，形成山清水秀、强大富裕、人地和谐、文化传承、政体稳定的建设新格局；狭义内涵的美丽中国是指将国家经济建设、社会建设和生态建设落实到具有不同主体功能的国土空间上，形成天蓝地绿、山清水秀、强大富裕、人地和谐的可持续发展新格局。

【美丽中国建设理论基础】 美丽中国建设追求的最终目标是实现人与自然和谐共生，也即构建协调共生的人地关系。从古代"天人合一"的人地关系到现代人地和谐共生的人地关系、从古代农业文明到近代工业文明，再到现代生态文明，从近程的人地关系到近远程的人地关系，其演进主线基本围绕人地关系和谐这一核心展开。人地系统的近远程耦合共生是新形势下指导美丽中国建设的重要理论基础，也是美丽中国建设的核心理论基石。

一是分析了美丽中国建设的理论渊源。育论之相续是天人合一思想凝结的中华传统伦理；立论之缘起是无序开发导致的生态环境恶化，成论之基础是人与自然和谐共生的生态文明思想，行论之纲领是"五位一体"总体布局和"四个全面"战略布局。

二是提出了美丽中国建设的五维一体论。从生态文明实现可持续发展的经济、社会、自然环境三个基础性要素出发，从生态要素、物质要素和精神要素三个层面，构建新时代中国特色社会主义文明体系下的美丽中国建设的三层次五维一体框架。第一层次为生态要素——生态本底的自然之美；第二层次为物质要素——绿色发展之美、体制完善之美和文化传承之美；第三层次为精神要素——社会生活的和谐幸福之美。

三是将人地耦合共生理论作为美丽中国建设的理论基石。其基本观点是，人地关系是一种自人类起源以来就存在的客观本源关系、相互共生关系和互为报应关系，人类开发利用自然资源和环境时，要保持与自然环境之间的协调和共生。人与自然是一个相互依存、相互影响的生命共同体，人与自然和谐相处的基本逻辑在于人既是自然的保护者，也是自然的建设者，人是自然界的一部分，人靠自然界生活，人类必须尊重自然、顺应自然和保护自然。人与自然和谐共生关系包含地与地、地与人、人与人三种耦合关系，以及人与水、人与土地、人与能源、人与气候、人与碳、人与生态、人与污染、人与经济、人与贸易 10 种多要素主控关系。根据美丽中国建设目标，提出了地与地、人与地、人与人之间和谐共生的机制与模式，提出美丽中国建设中以人为本的人地耦合的三角共生模式。

【美丽中国评估指标体系】　通过分析对比美丽中国建设评估指标体系与联合国 2030 年可持续发展目标体系、国家生态文明建设考核指标体系、绿色发展指标体系、高质量发展指标体系、循环经济发展指标体系等指标体系的关联关系，提出了基于"五位一体"总体布局的广义美丽中国建设评估指标体系，基于"天 – 地 – 人 – 水"的狭义美丽中国建设评估指标体系，基于生态文明建设的美丽中国建设评估指标体系和基于综合视角的美丽中国建设评估指标体系。通过多方案比较，优选出了由空气清新、水体洁净、土壤安全、生态良好、人居整洁 5 类二级指标和 22 个三级指标构成的美丽中国建设评估指标体系，并由国家发展和改革委员会以发改环资〔2020〕296 号文件发布实施。以此评估指标体系为基准，量化辨识了 22 个具体指标的基本内涵、数据获取渠道、指标计算公式等。根据 22 项具体指标的实际可能取值范围，参照相关国家标准、规划目标、国家行动计划、国内外先进水平等确定了 22 个指标的上限、下限和分级标准，对每项具体指标进行标准化处理后划分为Ⅰ~Ⅴ 5 个等级。为开展美丽中国建设评估提供科学的指标体系与分级标准。

【美丽中国评估技术方法】　一是根据美丽中国建设评估指标体系与实施方案，将美丽中国建设评估的技术路线设置为 10 大步骤，将评估的技术流程分为前期准备阶段、评估启动培训阶段、实地调研与数据采集阶段、评估报告编写阶段、成果汇交评审阶段、成果报批发布阶段共六大阶段。二是提出了美丽中国建设评估技术流程，评估数据采集与校验方法、评估指标权系数计算方法、评估指标标准化处理方法、综合美丽指数计算方法、公众满意度调查方法等。采用熵技术支持的评估指标权系数 AHP 算法和大数据技术支持的评估指标权系数 APP 算法计算评估指标的权系数；采用模糊隶属度函数方法对评估指标进行标准化处理，进一步采用逐级综合加权法分别计算空气清新指数、水体洁净指数、土壤安全指数、生态良好指数、人居整洁指数和综合美丽指数，并进行分级分析，客观体现美丽中国建设进程及综合美丽程度。从主观视角开发美丽中国建设满意度调查 APP 系统，根据公众满意度调查结果制定出分级计算方法，主观判断公众对美丽中国建设的满意程度。

【美丽中国 KMP 评估系统】 自主研发了美丽中国建设评估模拟 KMP 系统，简称"科美评"或 KMP 系统方法。是开展美丽中国建设评估的支撑平台，旨在实现评估全过程的高度规范化、动态化、可视化和智能化。"科美评" KMP 系统的主要模块包括：数据汇交、综合评估、情景模拟、公众满意度、美丽中国建设样板五大模块等，具备为美丽中国建设第三方评估工作提供支撑的业务能力。科美评 KMP 系统的运行过程包括账号登录、用户管理、数据采集校核、综合评估、情景模拟、公众满意度调查、美丽中国建设样板展示等过程。

【美丽中国建设轴线格局】 统筹考虑全国不同区域的美丽中国建设的区域差异性，科学构建了由 4 条"井"形美丽轴、八大美丽区和 19 个美丽城市群构成的"以轴串区、以区托群"的美丽中国建设空间格局，形成"美丽轴 - 美丽区 - 美丽群"三层级的美丽中国建设空间格局。美丽国土轴由东部美丽沿海国土轴、中部美丽长江国土轴、北部美丽黄河国土轴和西部美丽丝路国土轴 4 条轴线组成"井"型格局。

【美丽中国建设分区格局】 提出了基于省级行政单元、基于地级行政单元和基于县级行政单元的美丽中国建设分区格局。根据省级行政单元完整性、区内各省自然条件相似性和美丽中国建设基础一致性三大原则，可将美丽中国建设分成八大美丽区，即美丽东北区、美丽华北区、美丽华东区、美丽华中区、美丽华南区、美丽西南区、美丽西北区和美丽青藏区；基于地级行政单元可将美丽中国建设划分为美丽东北区、美丽华北区、美丽华东区、美丽华中区、美丽华南区、美丽西北区、美丽西南区和美丽西藏区共 8 大美丽区；基于县级行政单元可将美丽中国建设划分为美丽东北区Ⅰ、美丽华北区Ⅱ、美丽华东区Ⅲ、美丽华中区Ⅳ、美丽华南区Ⅴ、美丽西北区Ⅵ、美丽西南区Ⅶ和美丽青藏区Ⅷ共 8 个美丽区和 66 个美丽亚区。不同划分结果的界线和包含的行政区划范围不尽相同，不同划分结果可作为制定美丽中国建设综合区划的参考。

【美丽中国建设成就】 一是从广义美丽中国建设的初步评估结果来看，美丽中国建设取得了巨大成就，但总体处于偏低水平，生态环境指数、绿色发展指数、社会和谐指数、体制完善指数和文化传承指数均较低，且地域发展差异较大，说明广义美丽中国建设进程总体缓慢且不平衡。二是从狭义美丽中国建设进程的评估结果来看，2000～2019 年近 20 年美丽中国建设进程明显加快，尤其是十八大以来出现历史性转折和全局性变绿变美，美丽中国建设的绿色版图持续扩展，说明从聚集生态环境和人居环境改善的狭义美丽中国建设取得历史性重大成就。尤其是十八大以来出现历史性转折，十八大以前综合美丽指数年均增长速度为1.33%，十八大以来提高为3.89%；美丽中国建设的路线图与时间表正在如期实现。上述评估结果科学验证了习近平总书记提出的"开展了一系列根本性、开创性、长远性工作，决心之大、力度之大、成效之大前所未有"，定量验证了习近平总书记提出的"生态文明建设从认识到实践都发生了历史性、转折性、全局性的变化"的重要论断。同时也有力佐证了习近平总书记提出的"距离美丽中国建设目标还有不小差距"的客观判断。三是从美丽中国建设的公众满意度调查结果分析，社会公众对美丽中国建设的总体满意度高达81.94%，说明美丽中国建设已深入民心也深得民心。

【美丽中国建设模式】　提出了不同建设条件采取不同的美丽中国建设推进模式，包括生态保护主导型模式、绿色发展主导型模式、文化传承主导型模式、体制机制创新型模式、综合发展型模式、市场驱动型模式、外部推动型模式和开放带动型模式等。

【美丽中国建设路径】　从重大科技攻关、动态评估监测、战略路线绘制、综合分区、建设样板点、编制技术标准、加强公众参与、科普宣传教育等方面提出美丽中国建设的对策建议。为了到2035年基本建成美丽中国，到2050年全面建成美丽中国，需要树立美丽国土观，在《全国国土空间规划纲要（2021—2035年）》中体现美丽中国建设目标，开展美丽中国建设的重大科技攻关和试验示范，以问题为导向开展美丽中国建设进程的动态评估与监测，编制美丽中国建设的战略路线图与"十四五"规划行动方案，因地制宜地做好美丽中国建设综合区划，建设好美丽城市群和美丽公园群，先行开展美丽中国建设样板试点，总结美丽中国建设的区域模式。

【美丽中国建设对策】　建设美丽中国是一项涉及多学科、多领域、多部门共同建设的长期性、复杂性、系统性持久过程，需要立足长远，从眼下做起，根据国家经济社会发展所处的不同阶段和生态环境变化的趋势循序渐进，坚持不懈。建议编制并发布美丽中国建设评估技术标准，开展美丽中国建设的动态评估；持续推进产业结构与能源结构优化，保障空气长清常新；护好水与治劣水相结合，改善水环境，保障水体洁净；实时监控与修复相结合，加强土壤污染源头治理，保障土壤安全；严格落实生态红线管控目标导向，倒逼提升生态环境质量；补齐城乡人居环境建设短板，保障人居环境舒适整洁；推动美丽中国与生态文明建设内容进入中小学课堂；联合成立美丽中国与生态文明建设研究院及百人论坛；开展美丽中国建设的立法工作，把美丽中国建设成效纳入各级政府考核指标。加强美丽中国建设评估指标的数据统计监测能力建设，完善相关部委和地方政府美丽中国建设评估工作机制，有序调整优化美丽中国建设评估指标体系和差异化指标，尝试采用基本项与加分项两个分值维度开展美丽中国建设评估，提升协调推进能力，编制各地区美丽中国建设评估技术指南，加强美丽中国建设评估的广泛宣传与公众参与，等等。

目　　录

第一章

美丽中国建设的
基本内涵与战略要义

　　美丽中国是一个天蓝地绿、山清水秀、强大富裕、人地和谐的可持续发展强国。建设美丽中国是落实联合国 2030 年可持续发展目标的中国实践和国家样板，是推进人与自然和谐发展、守住绿水青山、赢得金山银山的重要手段。地理学作为服务国家经济社会发展的交叉应用学科，其综合性和区域性特点决定了地理学家肩负着建设美丽中国、筑造美好家园的历史使命。地理学家责无旁贷地率先成为美丽中国建设的先行者和实践者。本章从广义和狭义视角给出了美丽中国建设的基本内涵，分析了美丽中国建设的全球责任、国家战略要义和时代背景，提出了美丽中国建设的地理学使命。

第一节 美丽中国的基本内涵

美丽中国建设是落实我国生态文明制度、推进国家可持续发展、提升可持续发展能力和质量的阶段性战略部署,是对生态文明长效目标的阶段性落实,也是推动国家实现高质量发展的核心目标。美丽中国建设有广义(大美丽中国)、狭义(小美丽中国)和城乡(美丽城市与美丽乡村)之分[1]。地理学推进美丽中国建设重点立足于狭义内涵的美丽中国建设目标。

一、广义美丽中国的基本内涵

从广义内涵分析,美丽中国是指在特定时期内,遵循国家经济社会可持续发展规律、自然资源永续利用规律和生态环境保护规律,将国家经济建设、政治建设、文化建设、社会建设和生态建设"五位一体"的总体布局落实到具有不同主体功能的国土空间上,形成山清水秀、强大富裕、人地和谐、文化传承、政体稳定的建设新格局,成为到 2035 年国家基本实现现代化的核心目标,成为实现"两个一百年"奋斗目标和走向中华民族伟大复兴中国梦的必由之路,是为"大美丽"中国。广义美丽中国建设将生态、经济、社会、政治、文化等"五位一体"的核心要素作为美丽中国建设的基本框架,形成由生态环境之美、绿色发展之美、社会和谐之美、文化传承之美和体制完善之美构成的"五位一体"的美丽中国建设基本框架(图 1.1)。青山绿水但落后贫穷不是美丽中国,繁荣昌盛而环境污染同样不是美丽中国,只有实现生态、经济、社会、政治、文化的和谐发展,才能真正实现美丽中国的建设目标。

二、狭义美丽中国的基本内涵

从狭义内涵分析,美丽中国是指在特定时期内,遵循国家经济社会可持续发展规律、自然资源永续利用规律和生态环境保护规律,将国家经济建设、社会建设和生态建设落实到具有不同主体功能的国土空间上,实现生态环境有效保护、自然资源永续利用、经济社会绿色发展、人与自然和谐共处的可持续发展目标,形成天蓝地绿、山清水秀、强大富裕、人地和谐的可持续发展新格局。既要创造更多物质财富和精神财富,满足人民群众对美好生活的追求,也要生产更多优质生态产品满足人民对优美生态环境的向往。其建设的基本框架包括天蓝、水清、地绿、土净、人居 5 方面,是为"小美丽"中国。国家发展和改革委员会发文开展的美丽中国建设评估聚焦生态环境和人居环境两大方面,实际上为小美丽中国建设的评估内容,重点是实现城乡空气清新、水体洁净、土壤安全、生态良好、人居整洁的美丽中国建设目标,推进生态文明建设和高质量发展(图 1.2)。

图 1.1　广义美丽中国内涵

图 1.2　狭义美丽中国内涵

三、城乡美丽中国的基本内涵

从城乡融合发展角度分析，美丽中国包括美丽城市和美丽乡村两类完全不同基质的类型，需要制定针对美丽城市和美丽乡村的完全不同的评估指标体系及技术标准，需要分别评估美丽城乡的建设进程与美丽度。美丽中国建设的两大重要载体就是美丽城市与美丽乡村。目前全国已有 60% 以上的人口居住在城里，未来有望超过 75% 的人口长期生活在城里，城市成为今天和未来承载全国人口居住生活的最大载体。城市生态环境和人居环境改善程度如何，直接影响美丽城市建设，直接关乎广大公民对美好生活的向往。这也是中央城市工作会议把贯彻绿色发展作为指导城市工作的五大理念之一的关键所在。

（一）美丽城市是实现美丽中国建设目标的"鼎"力支撑

党的十九大报告将推进绿色发展作为建设美丽中国的四大举措之一，促进人与自然和谐共生。因此，城市工作要把创造优良人居环境作为中心目标，努力把城市建设成为人与人、人与自然和谐共处的美丽家园。美丽城市建设成功与否，又直接影响美丽中国建设进程和成效。可见，美丽城市既是改善城市生态环境和人居环境、促进城市高质量发展和可持续发展的重要手段，也是美丽中国建设的重要支撑和载体，以城市之美为重要的竞争力，把城市之美转化为现实的生产力。正由于如此，全国住房和城乡建设工作会议明确提出，着力提升城市品质和人居环境质量，建设"美丽城市"，建立和完善城市建设管理和人居环境质量评价体系，开展"美丽城市"建设试点。把美丽城市建设成为富强文明民主美丽的社会主义现代化强国的重要支撑，成为美丽中国建设之"鼎"。新形势下美丽城市建设需要协调好以下八大关系[2]。

（1）协调好改善城市生态、营商与人居"三类环境"的关系。城市以美为荣，以让生活最美好为宗旨，在美丽城市建设中建议处理好改善城市生态环境、城市营商环境、城市人居环境三者的互补互惠关系，坚持绿色发展，将改善城市生态环境作为美丽城市建设的根本，将城市的山青水秀作为城市品质的外在表征；将改善城市营商环境作为美丽城市建设的支柱，将城市的富强繁荣作为城市竞争力的内在表征；将改善城市人居环境作为美丽城市建设之归宿，将城市的宜居舒适作为提升居民幸福感和获得感的最终表征。

（2）协调好优化城市生态、生产、生活"三生空间"的关系。在城市国土空间规划编制与实施中，处理好城市生态空间、生产空间和生活空间的关系，将生态空间转化为生态资本，其作为城市发展的最大财富和最大资本，通过生态资本积累城市生产资本，提升城市生活资本，从浏览城市美丽风光转变为发展美丽经济，通过生态红利催生并提升城市可持续发展能力。

（3）协调好城市改性、改馅和改架"三改"的关系。美丽城市建设触及城市性质的改变，城市职能的重新组织、城市产业结构的优化调整和城市空间结构的调整重组。从城市"改性"角度分析，美丽城市建设要求城市发展定位要由过去传统的资源型城市和重化工业城市转变为山水园林城市和综合型生态文明城市；从城市"改馅"角度分析，美丽城市建设要求城市产业由过去的资源密集型和资本密集型产业（产品）转变为技术密集型和知识密集型产业（产品），不断延伸产业链，提升产品的附加值及滚动增值效益；从城市"改架"角度分析，美丽城市建设要求城市空间结构由传统的以生产空间为主的结构转变为生态－生产－生活空间结构优化的新型空间结构框架，城市改性、改馅和改架过程就是城市更新过程，城市更新则活则美，反之则衰则亡。

（4）协调好城市建设美强富"三目标"的关系。美丽城市建设既要追求将城市建成具有国际竞争力的世界城市、国际大都市或国家中心城市，又要建成全球最靓、全国最美的城市，还要追求让城市居民更加富裕的目标，城市美但很落后不是美丽城市，城市富强但生态环境破坏严重同样不是美丽城市，城市的美与城市的强和居民的富是美丽城市建设不可分割的三大目标，三者缺一不可。

（5）协调好城市共性美和差异美之间的关系。我国城市数量众多，城市自然地理环境和人文地理环境虽然千差万别，但体现出差异之美，锦绣河山各有各的秀美之处，东部地区、中部地区和西部地区城市，以及北方和南方城市建设的自然环境千差万别，这就要求我们在开展美丽城市建设中一定要坚持因地制宜原则，不可搞"一刀切"或"一把尺子"度量每一座城市的美丽程度，既要按照全国通用的建设指标体系去评判各地美丽城市建设成效，又要突出各地美丽城市建设的差异性和个性，提出差异化的美丽城市建设目标和行动计划，把共性美和差异美有机结合起来，把彰显美丽城市建设的特色和美色凸显出来。因地制宜地做好美丽城市建设综合区划，先行开展美丽城市建设的区域样板试点，总结美丽城市建设的区域模式，确保中华大地各城各展风采，各显其美，共同富裕，确保城市在"比美健美"的竞建行动中实现美丽城市建设目标，为美丽中国建设提供支撑。

（6）协调好城市内在美和外在美的关系。外在美通过城市生态修复实现城市美容美化、改善城市生态环境、城市风貌和城市形象、提升城市"颜值"得以体现；内在美通过城市有机更新、功能提升、内涵挖掘、提升城市生态品质、生活品质和文化品质得以体现。美丽城市建设必然是外在美和内在美的高度融合，是"以内促外、以外推内"的完美统一。

（7）协调好城市内循环美和外循环美的关系。美丽城市建设要时刻应对百年未有之大变局，近期按照以国内循环为主，国内循环和国际循环有机结合的城市建设阶段性新思路，统筹美丽城市建设中的对外开放和练好内功之间的关系，夯实美丽城市建设的内涵和根基，根据国际环境变化随时借力国际大循环，实现内循环美和外循环美的有机对接，推动美丽城市建设向高级化和国际化方向发展。

（8）协调好美丽城市建设与评估的关系。在美丽城市建设的推进过程中，建设进展程度如何，建设效果如何，综合美丽程度如何考量，回答这些问题需要开展美丽城市建设进程的动态评估与监测。需要按照《美丽中国建设评估指标体系及实施方案》，采取"空气清新、水体洁净、土壤安全、生态良好、人居整洁"五个维度的美丽国土建设目标，开展美丽城市建设进程评估。需要研发美丽城市建设进程动态评估监测系统，编制《美丽城市建设进程评估技术规程》，研制美丽城市建设满意度调查 APP 系统；提出美丽城市建设的分区方案与差异化评估指标体系。通过动态评估和监测，确保美丽城市建设的时间表和路线图与美丽中国建设的时间表和路线图同时同表同线，最终支撑实现美丽中国建设目标。

未来建成的美丽城市必将是既富又美的城市，必将是"让生活更美好，让生产更高效，让生态更良好"的宜居城市，必将是城市的人与城市的自然协调共生、高质量发展与生态环境高水平保护的和谐城市，必将成为确保美丽中国建设向着更高质量、更高效率和更加美丽方向发展的韧性城市、绿色城市。

（二）美丽乡村是实现美丽中国建设目标的"基"本底盘

美丽乡村建设既是美丽中国建设的基础和前提，也是推进生态文明建设和提升社会主义新农村建设的新工程、新载体。美丽乡村建设既是美丽中国建设的重要部分，也是城乡融合发展的重要组成部分。没有农业和农村的绿色发展，就没有整个中国的绿色发展；没有美丽乡村建设，也不会实现美丽中国。建设好美丽乡村是改善农村生态环境和农村人居环境，提升社会主义新农村建设水平的客观需要，是推进城乡深度融合发展，实现城乡美丽一体化的重要保障，更是实现美丽中国建设目标的"基"本底盘。

美丽乡村建设的核心在于革新乡村发展理念、乡村经济发展、乡村空间布局、乡村人居环境、乡村生态环境、乡村文化传承及实施路径等，改变农村资源利用模式，推动农村产业发展，提高农民收入水平，改善农民居住、完善公共服务设施配套和基础设施建设等农村生活环境。美丽乡村建设是乡村振兴的主目标，是保护和传承乡村文化，推进农村精神文明建设、提高农民素质的需要。

推进美丽乡村建设需要处理好政府主导与农民主体之间的关系、政府与市场及社会的关系、统一标准与尊重差异、美丽乡村"硬件"建设与"软件"建设等几方面的关系，把美丽乡村建设成为农民自身感到幸福的家园，着力描绘生态美、村庄美、生活美、乡风美的美丽乡村蓝图。

推进美丽乡村建设切莫照搬复制美丽城市建设模式。美丽乡村建设与乡村振兴的核心问题是协调乡村人地关系地域系统及城乡人地关系，提升乡村发展质量。这就需要熟悉美丽乡村建设的资源环境承载基础、演化过程与生命周期，从学理上揭示美丽乡村建设与乡村振兴的驱动机制及规律，提出乡村空间结构重组、功能重组与价值重现模式，分析美丽乡村建设的区域差异与区划类型，吸纳众智，因村制宜，突出特色，张扬个性，一村一品，一村一美，科学建设，精准振兴。把乡村人、乡村地、乡村生态环境、乡村人居环境、乡村基础设施、乡村文化、乡村贫困、乡村治理模式作为美丽乡村建设的重点关注要素，建立美丽乡村建设的综合数据库，超前绘制美丽乡村建设路线图，分阶段有序建设，使美丽乡村成为农民幸福生活的美好家园！

四、基于文献计量法挖掘的美丽中国内涵

运用 CiteSpace 工具，采用的中文文献数据来源于中国知网（CNKI）数据库，检索主题词设定为"美丽中国"，文献来源设为学术期刊，起始时间不限，截止时间设定为 2021 年，期刊来源限定为北大核心、中文社会科学引文索引（CSSCI）和中国科学引文数据库（CSCD）收录以确保文章质量，共检索到 1559 条数据。对所有文献条目数据进行逐一检查、筛选，剔除无关条目、重复条目等无效条目后共得到 929 条题录数据，起始时间为 2012 年，截止时间为 2021 年。

（一）发文数量分析

年度文献产出数量及其变化趋势是反映该领域研究历程与研究热度变化的重要指标。将检索得到的 2012 ~ 2021 年 929 篇文献按年度发文数量分布绘制成图 1.3。由图 1.3 看出，以美丽中国为主题的中文文献最早出现在 2012 年，之后发文量开始增加，2013 年和 2014 年发文量均突破百篇。此后研究热度从 2015

图 1.3　2012 ～ 2021 年美丽中国研究文献数量分布图

年开始有所下降，2015 ～ 2017 年发量保持在较低水平，于 2018 年又开始迅速回升至 155 篇，此后一直保持在百篇左右的较高水平。总体而言，以美丽中国为研究主题的历年发文量呈现出"上升—下降—回升"的变化趋势。这与我国在此期间提出的一系列与"美丽中国"相关的政策有关：2012 年"美丽中国"在党的十八大报告中首次作为执政理念出现，由此掀起美丽中国主题研究热潮；2017 年 10 月，习近平同志在党的十九大报告中进一步指出"加快生态文明体制改革，建设美丽中国"，此后相关主题研究的热度也开始回升。可见，美丽中国的相关研究与国家发展战略高度契合。

（二）发文机构分析

基于收集并处理好的文献数据，运用 CiteSpace 工具对发文机构的发文量、首次发文时间和研究机构共现网络图谱进行计量分析并可视化呈现，结果如图 1.4 所示。

由图 1.4 看出，中国科学院地理科学与资源研究所、生态环境部环境规划院和北京林业大学经济管理学院是开展美丽中国研究的三大主力，其中中国科学院地理科学与资源研究所和北京林业大学经济管理学院开始开展相关研究的时间较早。研究机构共现网络图谱显示，合作联系最为紧密的是中国科学院地理科学与资源研究所、中国科学院大学、北京林业大学经济管理学院、西南林业大学经济管理学院四个机构。此外，生态环境部环境规划院与中国工程院，国务院发展研究中心与全国政协，东北林业大学马克思主义学院与东北林业大学生态经济与生态文明研究中心之间也有一定程度的合作，而其他机构的研究则相对独立。总体而言，网络图谱分析结果显示机构节点有 819 个，连接数量为 254 条，网络密度仅为 0.0008，表明开展美丽中国研究的机构间合作较少。

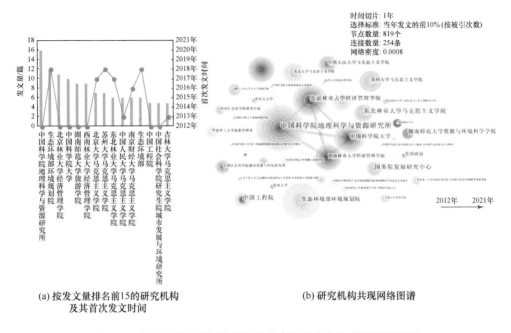

(a) 按发文量排名前15的研究机构及其首次发文时间

(b) 研究机构共现网络图谱

图 1.4   美丽中国主题研究的机构分布与研究机构共现网络图谱

（三）关键词分析

运用 CiteSpace 软件对收集到的 929 篇文献数据进行关键词频次与中心度计算、关键词共现分析、关键词突现分析，以揭示美丽中国研究的热点分布及其演变，图 1.5 展示了按频次排名前 15 的关键词及其中心度，以及所有关键词节点的共现网络图谱。

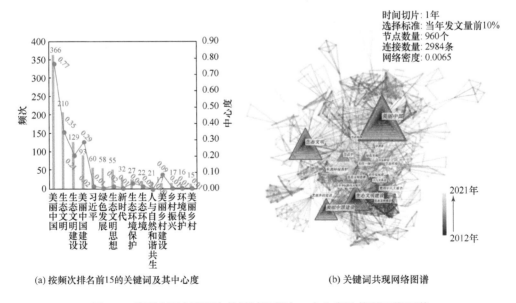

(a) 按频次排名前15的关键词及其中心度

(b) 关键词共现网络图谱

图 1.5   美丽中国主题研究的关键词频次、中心度及共现网络图谱

　　由图看出，"美丽中国"和"生态文明"的频次和中心度均位于前两位，频次排名第三位的关键词是"生态文明建设"，中心度排名第三的关键词是"美丽中国建设"。取历年发文的前 10%（按被引次数）进行关键词共现网络图谱分析，结果共得到 960 个关键词节点，连接数量为 2984 条，网络密度为 0.0065。其中，"美丽中国""生态文明""美丽中国建设""生态文明建设"是与其他关键词相连接的四个主要汇聚点，且这四个关键词之间也联系紧密。可见，以美丽中国为主题的研究常与生态文明议题相结合，美丽中国建设与生态文明建设息息相关。

　　为深入揭示美丽中国主题研究的关注点及其相互关联，进一步运用 CiteSpace 对 960 个关键词进行聚类，得到"美丽中国""生态文明""生态文明建设""科学发展观"等在内的 15 个聚类，并绘制成图 1.6 所示的关键词共现时间线图，以直观地呈现各个关键词节点与聚类之间的联系及随时间的变化趋势。

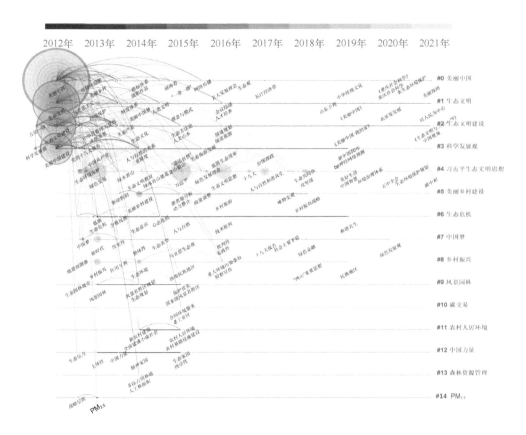

图 1.6　美丽中国主题研究的关键词共现时间线图

　　中心度和频次最高的四个关键词（"美丽中国""生态文明""生态文明建设""美丽中国建设"）分别位于"#0 美丽中国""#1 生态文明""#2 生态文明建

设""#3 科学发展观"这四个聚类中,且相关研究均开始于 2012 年。上述美丽中国主题研究的四个主要聚类还包含"生态安全""十八大""理念与模式""可持续发展""建设路径"等关键词。实际上,党的十八大报告提出"美丽中国"的概念时就强调把生态文明建设放在突出地位,习近平同志在党的十九大报告中进一步指出"加快生态文明体制改革,建设美丽中国",上述理念与目标在研究中均有体现。可见,美丽中国建设与生态文明建设的紧密联系,良好的生态环境是建设美丽中国的基本前提。

"#4 习近平生态文明思想"聚类中的高频关键词数量最多,如较早出现的"污染防治""生态环境保护",中期出现的"绿水青山就是金山银山""旅游生态效率",再到近期出现的"人类命运共同体""生态环境保护规划"等,表明以美丽中国为主题的研究中,对习近平生态文明思想的探讨关注度较高且持续时间长,并主要着重于探讨如何从理念上、从规划上、从实践上保护优良生态环境。

聚类"#5 美丽乡村建设"、"#8 乡村振兴"和"#11 农村人居环境"都关注美丽中国建设在乡村地域的体现,具体包括"美丽休闲乡村""美丽家园""土地整治""农村人居环境""农村基础设施建设"等关键词节点,反映出整洁的人居环境是美丽乡村建设的着重点。

"#9 风景园林"与"#13 森林资源管理"这两个聚类都关注林地和绿地,其中"园林绿化""生态园林城市""森林资源管理""'两山'重要思想"等关键词进一步表明林地和绿地的这两类土地资源的建设与保护是美丽中国建设的重要一环,美丽中国建设也应始终秉承绿水青山就是金山银山的理念。

"#14 PM$_{2.5}$"中频次最高的关键词是"PM$_{2.5}$",且与其他聚类中的"污染防治"关键词联系紧密,体现出防治空气污染、保持空气清新也是美丽中国建设的重要内容。

进一步对时间跨度为 2012 ~ 2021 年的 960 个关键词节点进行突现分析,以观察不同时期美丽中国主题研究的热点及其演变。突现分析结果共得到 19 个突现词,如表 1.1 所示。

在美丽中国主题研究的所有突现热点关键词中,出现时间最早的是"十八大报告"(2012 ~ 2013 年),这是由于美丽中国正是于 2012 年在党的十八大报告中首次作为执政理念出现。整个研究期间,"习近平"(2017 ~ 2019 年)、"生态文明思想"(2018 ~ 2021 年)、"绿色发展"(2017 ~ 2021 年)是突现强度最高的三个热点关键词,且"生态文明思想"和"绿色发展"的研究热度至今未出现明显下降。此外,"人类命运共同体""人与自然和谐共生""乡村振兴""污染防治"等关键词的研究热度截至 2021 年也仍保持较高的研究热度,是美丽中国主题研究的前沿热点。

表 1.1　美丽中国研究的突现关键词

关键词	突现强度	起始年份	终止年份	2012～2021 年
十八大报告	2.93	2012	2013	
美丽乡村建设	3.58	2014	2016	
美丽乡村	3.28	2016	2021	
绿色发展理念	2.89	2016	2019	
习近平	19.18	2017	2019	
绿色发展	12.28	2017	2021	
人与自然和谐共生	6.32	2017	2021	
生态环境	3.84	2017	2019	
环境保护	3.72	2017	2021	
十九大	3.6	2017	2018	
生态治理	3.57	2017	2019	
生态文明思想	19.05	2018	2021	
新时代	11.29	2018	2021	
生命共同体	4.3	2018	2019	
攻坚战	3.5	2018	2021	
乡村振兴	3.18	2018	2021	
污染防治	3.16	2018	2021	
人类命运共同体	2.89	2018	2021	
和谐共生	2.71	2019	2021	

第二节　美丽中国建设的全球责任和国家战略要义

　　美丽中国是指在特定时期内,将国家经济建设、社会建设和生态建设落实到具有不同主体功能的国土空间上,实现生态环境有效保护、自然资源永续利用、经济社会绿色发展、人与自然和谐共处的可持续发展目标,形成天蓝地绿、山清水秀、强大富裕、人地和谐的可持续发展强国。建设美丽中国是落实联合国2030 年可持续发展目标的中国实践和国家样板,是中国生态文明体制改革创新的战略举措与高质量绿色发展的成果检验,是推进人与自然和谐发展,守住绿水青山赢得金山银山的重要手段,是国家基本实现现代化和实现两个一百年奋斗目标的中国梦的现实选择,是贯彻落实美丽中国建设路线图和时间表的具体行动,也是因地制宜地推进不同地区由高速增长转向高质量发展的必由之路。

一、建设美丽中国是联合国到 2030 年可持续发展目标在中国的具体实践和国家样板

2015 年联合国大会第 70 届会议通过的《2030 年可持续发展议程》成为联合国历史上通过的规模最为宏大和最具雄心的发展议程[1]，旨在完成人类千年发展目标的未竟事业和积聚力量共同应对新的全球性挑战。其目标就是创建一个可持续的方式进行生产、消费和使用自然资源，兼容经济增长、社会发展、环境保护，人类与大自然和谐共处，野生动植物和其他物种得到保护的世界。我国从共建人类命运共同体的全球视野和全球责任担当出发，积极响应并做出了重要战略部署，制定了《中国落实 2030 年可持续发展议程国别方案》，在党的十九大报告中明确提出将"美丽中国建设"作为落实《2030 年可持续发展议程》的重要实践。2018 年 5 月中国国家主席习近平在全国生态环境保护大会上进一步提出了美丽中国建设的"时间表"和"路线图"，"确保到 2035 年，生态环境质量实现根本好转，美丽中国目标基本实现"，"到本世纪中叶，物质文明、政治文明、精神文明、社会文明、生态文明全面提升，绿色发展方式和生活方式全面形成，人与自然和谐共生，生态环境领域国家治理体系和治理能力现代化全面实现，建成美丽中国"[1]。美丽中国建设目标和具体指标与《2030 年可持续发展议程》提出的 17 个可持续发展目标、169 个具体目标、300 多个技术指标基本一致，涵盖了"天蓝、地绿、水清、人和"等各个维度。可见，建设美丽中国就是实现联合国可持续发展目标的本土化，就是全球可持续发展的中国实践，就是以美丽中国建设为国家样板，共同面对全球性发展问题，共同分享发展经验，从而实现全球可持续发展。体现出中国坚定不移地落实全球可持续发展议程和推动国家可持续发展的决心与信心。

二、建设美丽中国是国家生态文明体制改革创新的战略举措与高质量绿色发展的成果检验

2015 年 5 月 5 日，中共中央、国务院印发了《关于加快推进生态文明建设的意见》（中发〔2015〕12 号），提出了节约资源、保护环境、自然恢复、绿色发展的总体思路，此后又印发了《生态文明体制改革总体方案》（中发〔2015〕25 号），提出了尊重自然、顺应自然、保护自然、发展和保护相统一、绿水青山就是金山银山、山水林田湖是生命共同体等生态文明建设理念，提出要加快建立系统完整的生态文明制度体系，这是国家对生态文明体制改革创新的顶层战略部

---

① 联合国大会，《2030年可持续发展议程》，2016年1月1日正式启动。

署。2016 年 12 月中央办公厅和国务院办公厅印发了《生态文明建设目标评价考核办法》（厅字〔2016〕45 号），国家发展和改革委员会、国家统计局等部门印发了《绿色发展指标体系》和《生态文明建设考核目标体系》（发改环资〔2016〕2635 号），《绿色发展指标体系》包括资源利用、环境治理、环境质量、生态保护、增长质量、绿色生活、公众满意程度 7 方面 56 项评价指标，采用综合指数法测算生成绿色发展指数，衡量地方每年生态文明建设的动态进展，侧重于工作引导；《生态文明建设考核目标体系》包括资源利用、生态环境保护、年度评价结果、公众满意程度、生态环境事件 5 类 23 项考核目标。从这两类指标体系可看出，国家生态文明建设与绿色发展的理念、目标、指标、重点与美丽中国建设的理念、目标、指标、重点高度一致。由此可见，建设美丽中国是推进中国生态文明体制改革创新与绿色发展的战略举措，美丽中国建设评估指标体系更是《生态文明建设考核目标体系》和《绿色发展指标体系》在不同视角上对国家可持续发展的定量解释。

三、建设美丽中国是推进人与自然和谐发展，守住绿水青山赢得金山银山的重要手段

2017 年 10 月，习近平同志在党的十九大报告中明确指出，"坚持人与自然和谐共生""必须树立和践行绿水青山就是金山银山的理念，坚持节约资源和保护环境的基本国策，像对待生命一样对待生态环境，统筹山水林田湖草系统治理，实行最严格的生态环境保护制度，形成绿色发展方式和生活方式，坚定走生产发展、生活富裕、生态良好的文明发展道路，建设美丽中国，为人民创造良好生产生活环境，为全球生态安全做出贡献"。2020 年 4 月 22 日习近平总书记在陕西考察期间，专门视察了秦岭生态环境保护情况，再次强调要牢固树立绿水青山就是金山银山的理念，提出"人不负青山，青山定不负人"。可见，建设美丽中国，就是要处理好发展经济和保护生态之间的辩证关系，就是要处理好绿水青山和金山银山的辩证关系，既要金山银山，又要绿水青山，守住绿水青山，就能赢得金山银山，护美绿水青山、做大金山银山，这是美丽中国建设的根本目标，也是推进人与自然和谐发展的根本保证。通过美丽中国建设，将生态资本作为区域发展的最大财富和最大资本，通过生态资本积累生产资本，提升生活资本，从靠山吃山转变为养山富山，从浏览美丽风光转变为发展美丽经济，建设美丽城市和美丽乡村，通过生态红利催生发展成效。

四、建设美丽中国是中国式现代化建设和实现两个一百年奋斗目标的中国梦的现实选择

2022 年 10 月 16 日召开的党的二十大报告首次提出建设中国式现代化的战

略任务，把中国式现代化定义为：是人口规模巨大的现代化，全体人民共同富裕的现代化，物质文明和精神文明相协调的现代化，人与自然和谐共生的现代化，走和平发展道路的现代化[①]。中国式现代化建设的一个重要目标就是到 2035 年基本建成美丽中国。因此，党的二十大报告进一步明确指出，必须牢固树立和践行绿水青山就是金山银山的理念，站在人与自然和谐共生的高度谋划发展，推进美丽中国建设。

建设美丽中国，就是要遵循国家经济社会可持续发展规律、自然资源永续利用规律和生态环境保护规律，将国家经济建设、政治建设、文化建设、社会建设和生态建设"五位一体"的总体布局落实到具有不同主体功能的国土空间上，形成山青水秀、强大富裕、人地和谐、文化传承、政体稳定的建设新格局，这是到 2035 年国家基本实现现代化的核心目标，也是实现"两个一百年"奋斗目标和走向中华民族伟大复兴中国梦的战略举措。

建设美丽中国同建设中国式现代化和 2035 年中国基本实现现代化、实现中华民族伟大复兴"中国梦"的目标契合，同中国推进可持续发展事业、人人享有发展成果的理念相通，同建设青山常在、绿水长流、空气常新的社会主义现代化强国的基本路径高度一致，因而是国家基本实现现代化和实现两个一百年奋斗目标的中国梦的现实选择。

五、建设美丽中国是贯彻落实美丽中国建设路线图和时间表的具体行动

自 2018 年 5 月中国国家主席习近平同志提出了美丽中国建设"时间表"和"路线图"之后，中国科学院专家谏言开展美丽中国建设进程评估，进一步落实美丽中国建设的"时间表"和"路线图"，并认为美丽中国建设存在缺乏通用的评估指标体系、缺乏可操作的评估技术标准、缺少美丽中国建设样板区、建设进程缓慢等"三缺一慢"问题。针对这些问题，国家发展和改革委员会、生态环境部、自然资源部、住房和城乡建设部和农业农村部等部委贯彻落实中央领导批示精神，联合落实美丽中国建设进程评估方案，开展了美丽中国建设指标体系基础研究报告，在广泛征求相关部委意见的基础上，国家发展和改革委员会于 2020 年 2 月 28 日印发了《美丽中国建设评估指标体系及实施方案》(发改环资〔2020〕296 号)，明确了美丽中国建设进程评估体系由空气清新、水体洁净、土壤安全、生态良好、人居整洁 5 类指标 22 个具体指标构成，并从 2020 年起正式启动对美丽中国建设进程评估，规定每五年评估两次，作为国民经济和社会发展五年规划纲要实施中期与末期美丽中国建设目标落实情况的综合评判依据。发挥评估工作对美丽

---

① 习近平. 高举中国特色社会主义伟大旗帜 为全面建设社会主义现代化国家而团结奋斗——在中国共产党第二十次全国代表大会上的报告，2022年10月16日。

中国建设的引导推动作用,以此引导各地区落实和推动工作,助力实现美丽中国目标。这份文件为贯彻落实美丽中国建设的路线图和时间表提供了重要的政策保障。

六、建设美丽中国是因地制宜地推进不同地区由高速增长转向高质量发展的必由之路

建设美丽中国是明确不同类型区域主导发展模式,探讨由高速度向高质量转型发展路径的重大需求。"五位一体"的美丽中国已经成为中国特色社会主义现代化建设的风向标。2017年中央经济工作会议指出我国经济发展进入了新时代,主要特征就是我国经济已由高速增长阶段转向高质量发展阶段。

在此背景下,如何评估不同类型区域的"美丽"程度,如何确定不同类型区域的"美丽"模式与"美丽"路径,既需要多元化、多视角、多学科的理论支撑,也需要多层次、多目标、多标准的指标体系。开展美丽中国建设的区域研究,建立不同类型区美丽中国建设理论支撑体系和评估指标体系,对区域生态建设、经济建设、社会建设、政治建设、文化建设进程进行科学评估,分析特征,总结问题,提炼模式,明确路径,有利于推动经济社会良性、健康、可持续发展,实现新时代区域经济由高速度向高质量转型发展的根本目标。

建设美丽中国是因地制宜地推进中国不同区域实现绿色发展的现实需求。绿色发展是生态文明战略实施的核心主旨,绿色发展理念是把马克思主义生态理论与当今时代发展特征相结合,又融汇了东方文明而形成的新发展理念,是建设区域绿色经济、绿色政治、绿色文化、绿色社会各方面和全过程的全新发展理念。开展美丽中国建设研究,意在明确诊断不同区域存在的"非美丽"问题,挖掘"美丽"资源,实现"美丽"目标,将发展绿色经济和绿色环境的理念切实贯彻落实到社会经济工作的每个环节、每个方面,转变、杜绝"唯GDP"的政绩观,代之于推进既富又美的新发展观和生态文明观。可见,建设美丽中国是因地制宜地推进不同地区由高速增长转向高质量发展的必由之路。

第三节　美丽中国建设的时代背景

生态文明是人类为保护和建设美好生态环境而取得的物质成果、精神成果和制度成果的总和,是一种人与自然、人与人、人与社会和谐相处的社会形态,是贯穿于经济建设、政治建设、文化建设、社会建设等各方面和全过程的系统工

程。从可持续发展战略到生态文明战略，再到美丽中国战略，详细记录了党和国家经济发展方式转换历程。

一、美丽中国建设提出的政策背景

如何协调人类活动与生态环境保护之间的关系，一直是历届政府关注并采取措施推动人地和谐共生的重要任务。综观党的十五大报告到二十大报告，都把推动人与自然和谐的可持续发展、科学发展、绿色发展、循环发展和高质量发展作为施政纲领（表 1.2）。

表 1.2 美丽中国建设提出的政策演进过程表

重要时段	战略思路	对美丽中国建设的重要促进作用
党的十五大报告	可持续发展战略	为美丽中国建设提供了新理念
党的十六大报告	科学发展观	为美丽中国建设提供了新动力
党的十七大报告	生态文明建设	为美丽中国建设提供了新理论与新方向
党的十八大报告	建设美丽中国	正式提出了美丽中国建设的新部署
党的十九大报告	建设美丽中国	指明了美丽中国建设的时间表和路线图
党的二十大报告	建设美丽中国	推进美丽中国建设，实现人与自然和谐共生及绿色发展

（一）党的十五大报告：可持续发展战略为美丽中国建设提供了新理念

可持续发展战略是指实现可持续发展的行动计划和纲领，是多个领域实现可持续发展的总称，它要使各方面的发展目标，尤其是社会、经济与生态、环境的目标相协调。1992 年 6 月，联合国环境与发展大会在巴西里约热内卢召开，会议提出并通过了全球的可持续发展战略——《21 世纪议程》，并且要求各国根据本国的情况，制定各自的可持续发展战略、计划和对策。这是人类构建生态文明的一座重要里程碑，它不仅使可持续发展思想在全球范围内得到了最广泛和最高级别的承诺，而且还使可持续发展思想由理论变成了各国人民的行动纲领和行动计划，为生态文明社会建设提供了重要的制度保障。

在"里约精神"鼓舞下，1990 年代中国政府开始关注经济、社会与环境协调发展问题，相继通过了一系列相关重要文件，如《中国 21 世纪议程——中国 21 世纪人口、环境与发展白皮书》（1994 年）、《全国生态环境保护纲要》（2000 年）、《可持续发展科技纲要（2001—2010 年）》（2002 年）等。1995 年 9 月，党的十四届五中全会庄重地将可持续发展战略写入《中共中央关于制定国民经济和社会发展"九五"计划和 2010 年远景目标的建议》，明确提出"必须把社会全面发展放在重要战略地位，实现经济与社会相互协调和可持续发展"。这是在中国共产党的文献中第一次使用"可持续发展"概念，党的十五大报告明确提出了实施可持续发展战略。之后，党中央多次强调在现代化建设中，必须把控制人口、节约资源、保护环境放到重要位置，使人口增长与社会生产力的发展相适应，使经济建设与资源、环境相协调，实现良性循环。

可持续发展战略的提出，标志着工业革命以来人类发展观念的重大转变，为人类社会的发展指出了一条环境与发展相结合的道路，为环境保护与人类社会的协调发展提供了一个创新的思维模式。其实质就是把经济发展与节约资源、保护环境紧密联系起来，实现良性循环。可持续发展观要求在发展中积极地解决环境问题，既要推进人类发展，又要促进自然和谐。实施可持续发展战略，有利于促进生态效益、经济效益和社会效益的统一，有利于促进经济增长方式由粗放型向集约型转变，使经济发展与人口、资源、环境相协调，有利于国民经济持续、稳定、健康发展，提高人民的生活水平和质量。

（二）党的十六大报告：科学发展观为美丽中国建设提供了新动力

2002 年，党的十六大报告把建设生态良好的文明社会列为全面建设小康社会的四大目标之一，2003 年党的十六届三中全会提出了全面、协调、可持续的科学发展观，在科学发展观指导下，党中央相继提出走新型工业化发展道路，发展低碳经济、循环经济，建立资源节约型、环境友好型社会，建设创新型国家，建设生态文明等新的发展理念和战略举措。2006 年党的十六届六中全会提出了构建社会主义和谐社会、建设资源节约型社会和环境友好型社会的战略主张，胡锦涛在同年召开的中央人口资源环境工作座谈会上指出："可持续发展，就是要促进人与自然的和谐，实现经济发展和人口、资源、环境相协调，坚持走生产发展、生活富裕、生态良好的文明发展道路，保证一代接一代地永续发展。"

（三）党的十七大报告：生态文明建设为美丽中国建设提供了新理论

改革开放以来，中国工业化、城镇化快速推进，经济总量不断扩大，人口继续增加，资源相对不足、环境承载力弱，成为中国在新的发展阶段的基本国情。尽管环境治理和生态保护取得积极成效，但水、大气、土壤等污染仍然严重，固体废物、持久性有机物、重金属等污染持续增加，水土流失严重，天然森林减少，生态系统十分脆弱，生态环境总体恶化的趋势没有得到根本扭转。中国经济增长依赖资源环境消耗的传统发展模式也没有根本改变，发达国家 200 多年工业化进程中分阶段出现的环境问题，在现阶段集中凸显。

基于这样的国情，党的十七大报告提出建设生态文明，实质上就是要建设以资源环境承载力为基础、以自然规律为准则、以可持续发展为目标的资源节约型、环境友好型社会。这是中国共产党推动科学发展、和谐发展理念的一次升华，是破解日趋严重的资源环境约束的有效途径，是加快转变经济发展方式的客观需要，也是保障和改善民生的内在要求。建设生态文明，是党中央深入贯彻落实科学发展观，针对经济快速增长中资源环境代价过大的严峻现实而提出的重大战略思想和战略任务，是中国特色社会主义伟大事业总体布局的重要组成部分。

党的十七届五中全会提出的"绿色发展"理念为美丽中国建设提供了理论条件，打开了实施窗口。会议强调，必须把加快建设资源节约型、环境友好型社会作为重要着力点，加大环境保护力度，提高生态文明水平，走可持续发展之路。要推广绿色建筑、绿色施工，发展绿色经济，发展绿色矿业，推广绿色消费模式，推行政府绿色采购，"绿色发展"被明确写入"十二五"规划并独立成篇，表明中国走绿色发展道路的决心和信心。推进生态文明建设，是党中央赋予我们的一项重大而紧迫的战略任务，是破解日趋强化的资源环境约束的有效途径，是加快转变经济发展方式的客观需要，是保障和改善民生的内在要求，是新时期抢占未来竞争制高点的战略选择。要用科学发展的要求来诠释和解决环境问题，与时俱进，开拓创新，积极探索代价小、效益好、排放低、可持续的环境保护新路子。

（四）党的十八大报告：正式提出了美丽中国建设的新部署

面对资源约束趋紧、环境污染严重、生态系统退化的严峻形势，2012年11月召开的党的十八大报告明确指出："建设生态文明，是关系人民福祉、关乎民族未来的长远大计。面对资源约束趋紧、环境污染严重、生态系统退化的严峻形势，必须树立尊重自然、顺应自然、保护自然的生态文明理念，把生态文明建设放在突出地位，融入经济建设、政治建设、文化建设、社会建设各方面和全过程，努力建设美丽中国，实现中华民族永续发展。"可见，从提出建设生态文明到建设美丽中国，这是对党的十六大以来，党中央新的发展理念和战略举措的继承与发展，是我国经济发展模式的根本转变以及中国共产党执政和发展的又一次理论升华。

2015年5月5日，中共中央、国务院印发了《关于加快推进生态文明建设的意见》，这是继党的十八大和十八届三中、四中全会对生态文明建设做出顶层设计后，中央对生态文明建设的一次全面部署。中共中央、国务院又印发了《生态文明体制改革总体方案》，阐明了中国生态文明体制改革的指导思想、理念、原则、目标、实施保障等重要内容，提出要加快建立系统完整的生态文明制度体系，为中国生态文明领域改革作出了顶层设计。

2015年10月召开的党的十八届五中全会上，"美丽中国"被纳入"十三五"规划，首次写入五年规划。

2016年12月中央办公厅和国务院办公厅印发了《生态文明建设目标评价考核办法》，国家发展和改革委员会、国家统计局等部门印发了《生态文明建设考核目标体系》，包括资源利用、生态环境保护、年度评价结果、公众满意程度、生态环境事件5类23项考核目标，是美丽中国建设评估指标体系的重要组成部分。

可见，美丽中国建设是党的十八大报告提出的生态文明重大战略思想和任务的具体落实，党的十八届三中全会通过的《中共中央关于全面深化改革若干重大问题的决定》进一步提出要紧紧围绕建设美丽中国深化生态文明体制改革，推动形成人与自然和谐发展现代化建设新格局。建设美丽中国既是实现我国"两个一百年"奋斗目标的新路径，也是稳固大国地位和实现中华民族伟大复兴中国梦的必然要求，意义重大，任务艰巨，时间紧迫。

（五）党的十九大报告：指明了美丽中国建设的时间表和路线图

2017年10月，习近平同志在党的十九大报告中指出，"加快生态文明体制改革，建设美丽中国"。报告强调人与自然是生命共同体，人类必须尊重自然、顺应自然、保护自然。人类只有遵循自然规律才能有效防止在开发利用自然上走弯路，人类对大自然的伤害最终会伤及人类自身，这是无法抗拒的规律。我国要建设的现代化是人与自然和谐共生的现代化，既要创造更多物质财富和精神财富以满足人民日益增长的美好生活需要，也要提供更多优质生态产品以满足人民日益增长的优美生态环境需要。必须坚持节约优先、保护优先、自然恢复为主的方针，形成节约资源和保护环境的空间格局、产业结构、生产方式、生活方式，还自然以宁静、和谐、美丽。

2018年5月，习近平总书记在全国生态环境保护大会上明确了建设美丽中国的"时间表"和"路线图"，"确保到2035年，生态环境质量实现根本好转，美丽中国目标基本实现"和"到本世纪中叶，物质文明、政治文明、精神文明、社会文明、生态文明全面提升，绿色发展方式和生活方式全面形成，人与自然和谐共生，生态环境领域国家治理体系和治理能力现代化全面实现，建成美丽中国"[3]。

（六）党的二十大报告：推进美丽中国建设，建设人与自然和谐共生的现代化

2022年10月16日召开的党的二十大报告明确指出，必须牢固树立和践行绿水青山就是金山银山的理念，站在人与自然和谐共生的高度谋划发展。我们要

推进美丽中国建设，坚持山水林田湖草沙一体化保护和系统治理，统筹产业结构调整、污染治理、生态保护、应对气候变化，协同推进降碳、减污、扩绿、增长，推进生态优先、节约集约、绿色低碳发展①。

二、美丽中国建设研究的学术背景

美丽中国概念的总结与提出过程，既是中国经济发展方式实现根本转变的过程，也是中国特色社会主义现代文明的建设过程和中国特色社会主义理论体系的完善过程。从改革开放初期提出的物质文明、精神文明"两个文明"一起抓，到党的十六大提出经济、政治和文化"三位一体"发展思想，再到党的十七大报告形成的经济、政治、文化和社会"四位一体"发展战略，最后到党的十八大明确提出"把生态文明建设放在突出地位，融入经济建设、政治建设、文化建设、社会建设各方面和全过程，努力建设美丽中国，实现中华民族永续发展"，美丽中国"五位一体"理论基础基本形成，实现了经济发展模式由粗放低效到绿色集约的根本转变。党的十九大报告指出"加快生态文明体制改革，建设美丽中国"，将美丽中国建设推向加快实施阶段。新发展格局下，美丽中国建设是习近平总书记2035年基本实现社会主义现代化的六个核心目标之一，也是落实2030年联合国可持续发展议程的核心目标。美丽中国建设作为我国新时代生态文明建设的根本目标，是把中国人地关系研究推向更高发展水平和更新发展阶段的重要举措。

（一）学术研究偏少，基础理论研究尚处于探索阶段

美丽中国建设的战略思想提出6年多来，党和国家针对"五位一体"的总体布局对"美丽中国"的发展模式和发展路径进行了卓有成效的实践。国内学者也从不同学科视角就美丽中国开展了少许的探索性研究工作，研究方法以定性分析与归纳总结为主，研究内容涉及美丽中国的理论内涵[4-6]、行动意义[7]、美丽中国与国土空间管制[8]、美丽中国与旅游产业发展[9, 10]、美丽中国与乡村振兴[11]、美丽中国与学科建设[12, 13]、美丽中国与城市规划[14, 15]等。也有少量文献探讨了美丽中国的评价指标体系。例如，四川大学美丽中国评价课题组和谢炳庚等从生态、经济、社会、政治、文化5方面初步构建了省级尺度美丽中国建设水平评价指标体系[16, 17]，胡宗义等从美丽经济、美丽社会、美丽环境、美丽文化、美丽制度和美丽教育等6个方面构建了湖南省美丽中国评价指标体系[18]，邓伟、黄磊、王晓广等从生态文明视角构建了美丽中国指标体系和美丽乡村指标体系等[19-21]。以上研究均为美丽中国的建设提供了重要参考，但相对

---

① 习近平. 高举中国特色社会主义伟大旗帜 为全面建设社会主义现代化国家而团结奋斗——在中国共产党第二十次全国代表大会上的报告，2022年10月16日。

于其他领域的研究，由于美丽中国建设起步较晚，相关的学术研究尚处于探索阶段。

（二）美丽程度识别方法研究偏少，新技术应用尚处于尝试阶段

在现实中，全国及各地区对如何建设美丽中国，美丽中国建设到哪一阶段、如何评估美丽中国建设成效等问题并不清晰，采用何种技术方法识别美丽中国建设进程、综合美丽程度，众说纷纭，各说各的美，美丽的标准和尺度不统一。亟须在总结美丽中国建设内涵的基础上，建立一套科学权威的通用评估体系，制定可操作的评估技术标准，采用遥感、GIS、大数据和无人机等先进技术手段及时开展美丽中国建设进程的评估，得知目前身处美丽的何处，未来迈向美丽的何处，不断发现问题，总结经验，推动美丽中国科学稳步建设。

第四节　美丽中国建设的地理学使命

地理学从学科诞生之日起就是为国家经济社会发展持续服务的应用型学科，地理学的综合性和区域性特点决定了地理学家肩负着建设美丽中国、筑造美好家园的历史使命，因而地理学家责无旁贷地率先成为美丽中国建设的先行者和实践者，以人地系统近远程耦合论为美丽中国建设的理论基石，以地理学的学科交叉与综合集成为美丽中国建设的实践手段，以综合地理区划为因地制宜地分区建设美丽中国的重要基础[22]（图1.7）。

一、地理学家应成为美丽中国建设的先行者和实践者

地理学是研究地球表层自然环境与人类活动之间相互作用及其空间分异规律的科学，研究的最终目标就是推动人与自然和谐发展，这一目标也正是美丽中国建设的最终目标。每位地理学家都应该将人地关系地域系统的理论与人地和谐共生思想贯穿到美丽中国建设的全过程中去，以地理学理论指导美丽中国建设实践，在实践中提升地理学理论，推动地理学学科建设，这是每位地理学家的责任和使命。地理学家应成为美丽国土的建设者，有责任让国土变得更美更绿。

地理学家可通过编制美丽中国建设总体规划、制定美丽中国综合区划、分析美丽中国建设的资源环境承载力、开展美丽中国建设进程评估、绘制美丽中国建设路线图、提出美丽中国建设的实施方案和行动计划、开展美丽中国建设试点等一系列实践活动，成为美丽中国建设的先行者和实践者。通过理论创新、规划、区划、评估、标准制定、关键技术研发、示范区建设、可视化、智

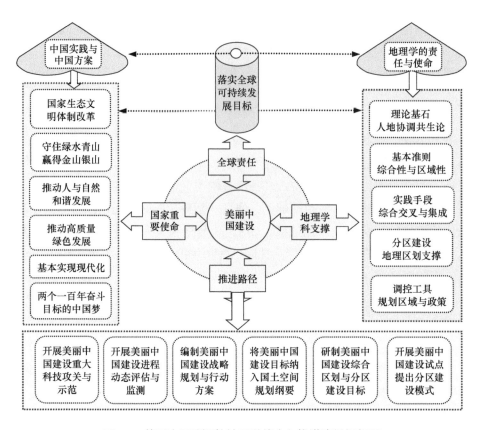

图 1.7　美丽中国建设的地理学使命与推进路径框架图

能化等技术手段，推动美丽中国建设。美丽中国建设的理念提出以后，一系列地理学家率先开展了美丽中国建设的理论与方法研究探索[23]，提出了美丽中国建设的基本内涵、理论基础与评估方案，构建了美丽中国建设评估指标体系[24, 25]，分析了美丽中国与国土空间管制、国土空间规划、城市规划的关系[26]、美丽中国与生态文明建设战略[27]等。这些研究均为美丽中国建设提供了重要参考。

二、人地系统耦合共生论是美丽中国建设的理论基石

　　人地系统是地球表层上人类活动与地理环境相互作用形成的开放的复杂巨系统[28]，人地关系地域系统始终被视为人文地理学研究的永恒主题与核心[29, 30]。从古代"天人合一"的人地关系到现代人地和谐共生的人地关系、从古代农业文明到近代工业文明，再到现代生态文明，从近程的人地关系到近远程的人地关系，其演进主线基本围绕人地关系和谐这一核心伸展，不同演进阶段的人地系统耦合始终围绕协调人与人、人与地、地与地三者之间的关系进行模拟调控。特别是近年来，伴随全球性人口、资源、经济和环境问题的日益加剧，人地关系矛盾日益

突出，人地系统的性质及人地关系内涵在演进中不断深化，从可持续发展到科学发展观，再到生态文明，进而到美丽中国建设等，都是新形势下人地关系理论的具体实践形式，都是将人地系统协调共生理论作为综合研究地理格局形成与演变规律的亘古不变的理论基石，充分体现出人地关系论在指导国家和区域经济社会发展中的重要地位与发挥的重大作用 [31]。考虑到人地系统是一个开放系统，系统耦合模拟调控除充分考虑系统内近程要素的深刻影响外，还要关注系统外的远程要素带来的影响。2020 年傅伯杰院士在 *Geography and Sustainability* 上发文提出发展地理学、促进可持续性研究的五大核心领域，其中在第 3 大领域中强调人与环境系统的恢复力和承载边界、人类活动及其环境影响的定量表征、自然和人文因素耦合影响及双向反馈机制、自然－社会系统的多尺度结构匹配与近远程耦合等 [32]。人地系统的近远程耦合是新形势下指导美丽中国建设的重要理论基础，也是美丽中国建设的核心目标。

三、综合地理区划为因地制宜地建设美丽中国奠定分区基础

综合地理区划是从区域角度观察和研究地域综合体，探讨区域单元的形成发展、分异组合、划分合并和相互联系，是揭示某种现象在区域内的共性和区域之间的差异性的手段，是对过程和类型综合研究的概括和总结 [33-35]。从古代人们对地球版图的概念划分，到近代德国的洪堡、李希霍芬等根据实地考察对地表系统的分区 [36]，再到当代在 GIS、大数据等支持下各类与国民经济社会密切相关的综合区划、专题区划的蓬勃发展，地理学在其发展历程中的每一次进步都与地理单要素或综合要素的区划密切相关，每一次特定地理要素区划的突破都标志着一个地理学分支的成熟和学科建设迈向了一个全新的发展阶段。中华人民共和国成立以来，一代又一代的地理学家完成了大量具有理论和应用价值的综合地理区划成果，包括中国自然地理综合区划 [37-39]、中国生态区划 [40]、中国陆地表层系统区划 [41]、中国气候区划 [42]、中国人文地理综合区划 [43]、中国主体功能区划 [44]、中国农业区划 [45]、中国经济区划 [46]、中国新型城镇化区划 [47]、中国聚落景观区划 [48]等。这些综合地理区划不仅为指导特定时期国家经济社会发展、生态环境保护做出了重要贡献，同时为新形势下美丽中国综合区划方案的制定奠定了坚实的理论、方法和实践基础。

四、地理学的综合性与区域差异性分析是诊断美丽中国建设质量的重要手段

综合性和区域差异性是地理学的两大基本属性，也是美丽中国建设必须遵循的基本准则。

从综合性分析，地理学的研究对象涉及地球表层的人口、经济、社会、生态、环境等自然要素和人文要素的方方面面，这些要素间发生着极为复杂的非线性作用，单独研究某一要素而忽视其他要素的作用，都无法解释地球表层各种要素相互作用的机制和规律，只有采取综合思维，统筹各要素的相互作用，才能得出对特定地理现象全面而系统的认识。借助地理学的空间分析方法，不仅可以科学诊断美丽中国建设过程中生产、生活、生态空间（"三生空间"）的冲突与问题，还可以定量测算空间利用质量的耦合协调程度[49]。以此为基础，可多维度解析美丽中国建设过程中各要素的协同促进关系，分析各子区域耦合协调程度的时空分异特征。

从区域差异性分析，地理学的地带性分异规律告诉我们，地球表面复杂多样的自然地理环境和人文地理环境虽然千差万别，但体现出差异之美，锦绣河山各有各的秀美之处。这就要求我们在建设美丽中国、开展美丽中国建设进程评估时，遵循地理学的差异性原则，充分体现地区差异性，综合考量各地区发展水平、资源环境禀赋等实际，科学合理分解各地区目标，不搞一刀切，针对不同地区的特点，制定差异化指标体系，提出差异化的美丽中国建设目标和行动计划，确保中华大地各展风采，各显其美，共同富裕。

五、综合集成与模拟优化方法为选择美丽中国建设路径提供科学工具

地理学作为自然与人文交叉学科，从地理学视角认识理解地理"耦合"，实现综合集成[50]，可以探索出实现美丽中国建设的基本路径。人地系统功能的强弱取决于各组成部分之间的组合与匹配状况，只有相互协调、相互适应，才能顺利地演进[51]。美丽中国建设过程是人地系统的具体实践形式，其子系统之间或系统内外部之间物质能量流动多变，受多方面因素影响，兼具系统性、复杂性和非线性等特征。通过地理学的综合集成和学科交叉，采用人地系统耦合圈图谱和耦合器调控优化方法可推动美丽中国建设由理论认知转化为实践行动[52]。

通过地理学的综合集成、学科交叉理念和复杂系统优化方法，可推动美丽中国建设由理论认知转化为实践行动。综合应用遥感和 GIS 技术，可对美丽中国建设过程中的关键要素进行快速提取和整合，运用资源代谢理论可分析美丽中国建设过程中的能量流动、物质循环和信息传递过程及其影响因素与驱动机制，为其要素整合和结构调整提供目标导向；同时系统动力学模型能够表达系统复杂关系，在人口分布、经济布局、国土利用及生态环境保护等多目标规划框架下引入系统动力学模型，能够有效实现时间维度上的以多目标为导向的美丽中国发展要素总量控制，再到资源结构调控、物质能量转换效率提升，进而到空间合理布局

的地理复杂巨系统的动态优化过程。以系统功能整体协同演化为目标，自上而下地逐层实现要素的统筹分配和结构调整，进而实现合理的资源保护和高效利用，用"空间与过程耦合—时空动态统一—复杂系统优化"的思路构筑美丽中国发展的级联优化路径。

主要参考文献

[1] 新华社. 习近平出席全国生态环境保护大会并发表重要讲话. https://www.gov.cn [2018-05-19].

[2] 方创琳, 王振波. 美丽中国建设的理论基础与评估方案探索. 地理学报, 2019, 74(4): 619-632.

[3] 方创琳. 美丽城市"鼎"力支撑美丽中国建设. 中国建设报·中国美丽城市, 头版头条, 2020-11-25.

[4] 万俊人, 潘家华, 吕忠梅, 等. 生态文明与美丽中国笔谈. 中国社会科学, 2013(5): 4-204.

[5] 万俊人. 美丽中国的哲学智慧与行动意义. 中国社会科学, 2013(5): 5-11.

[6] 李周. 建设美丽中国 实现永续发展. 经济研究, 2013, 48(2): 17-19.

[7] 李建华, 蔡尚伟. 美丽中国的科学内涵及其战略意义. 四川大学学报(哲学社会科学版), 2013(5): 135-140.

[8] 黄贤金. 美丽中国与国土空间用途管制. 中国地质大学学报(社会科学版), 2018, 18(6): 1-7.

[9] 张金山, 陈立平. 工业遗产旅游与美丽中国建设. 旅游学刊, 2016, 31(10): 7-9.

[10] 张伟, 李虎林. 建设美丽中国面临的环境难题与绿色技术创新战略. 理论学刊, 2013(1): 64-68.

[11] 于天宇. 生产力"促动效应"视角下新时代美丽中国建设. 贵州社会科学, 2018(3): 17-21.

[12] 王静, 王建永, 田涛, 等. 创新生态科学, 建设美丽中国——2016年第十五届中国生态学大会综述. 生态学报, 2016, 36(22): 7492-7500.

[13] 熊元斌, 黄颖斌. 美丽中国建设视域下的旅游业知识产权保护研究. 湖北社会科学, 2015(2): 133-138.

[14] 杨毅栋, 高群, 潘蓉, 等. 打造"美丽中国建设的样本"——"美丽杭州"行动规划编制体系. 城市规划, 2015, 39(S1): 12-18.

[15] 吕斌. 美丽中国呼唤景观风貌管理立法. 城市规划, 2016, 40(1): 70-71.

[16] 谢炳庚, 陈永林, 李晓青. 基于生态位理论的美丽中国评价体系. 经济地理, 2015, 35(12): 36-42.

[17] 向云波, 谢炳庚. "美丽中国"区域建设评价指标体系设计. 统计与决策, 2015(5): 51-55.

[18] 胡宗义, 赵丽可, 刘亦文. "美丽中国"评价指标体系的构建与实证. 统计与决策, 2014(9): 4-7.

[19] 邓伟, 宋雪茜. 关于美丽中国体系建构的思考. 自然杂志, 2018, 40(6): 445-450.

[20] 黄磊, 邵超峰, 孙宗晟, 等. "美丽乡村"评价指标体系研究. 生态经济(学术版), 2014, 30(1): 392-394, 398.

[21] 王晓广. 生态文明视域下的美丽中国建设. 北京师范大学学报(社会科学版), 2013(2): 19-25.

[22] 葛全胜, 方创琳, 江东. 美丽中国建设的地理学使命与人地系统耦合路径. 地理学报, 2020, 75(6): 1109-1119.

[23] 高卿, 骆华松, 王振波, 等. 美丽中国的研究进展及展望. 地理科学进展, 2019, 38(7): 1021-1033.

[24] 高峰, 赵雪雁, 黄春林, 等. 地球大数据支撑的美丽中国评价指标体系构建及评价. 北京: 科学出版社, 2021.

[25] 高峰, 赵雪雁, 宋晓谕, 等. 面向SDGs的美丽中国内涵与评价指标体系. 地球科学进展, 2019, 34(3): 295-305.

[26] 陈明星, 梁龙武, 王振波, 等. 美丽中国与国土空间规划关系的地理学思考. 地理学报, 2019, 74(12): 2467-2481.

[27] 王金南, 蒋洪强, 张惠远, 等. 迈向美丽中国的生态文明建设战略框架设计. 环境保护, 2012, (23): 14-18.

[28] 陆大道, 郭来喜. 地理学的研究核心: 人地关系地域系统——论吴传钧院士的地理学思想与学术贡献. 地理学报, 1998, 53(2): 97-105.

[29] 吴传钧. 人地关系与经济布局. 北京: 学苑出版社, 2008.

[30] 陆大道. 关于地理学的"人–地系统"理论研究. 地理研究, 2002, 21(2): 135-139.

[31] 樊杰. "人地关系地域系统"是综合研究地理格局形成与演变规律的理论基石. 地理学报, 2018, 73(4): 597-607.

[32] Fu B J. Promoting geography for sustainability. Geography and Sustainability, 2020, 1(1): 1-7.

[33] 郑度, 傅小锋. 关于综合地理区划若干问题的探讨. 地理科学, 1999, 19(3): 193-197.

[34] 郑度, 葛全胜, 张雪芹, 等. 中国区划工作的回顾与展望. 地理研究, 2005, 24(3): 330-344.

[35] 郑度. 地理区划与规划词典. 北京: 中国水利水电出版社, 2012.

[36] Martin G J. All Possible Worlds: a History of Geographical Ideas. New York: Oxford University Press, 2005.

[37] 黄秉维. 中国综合自然区划草案. 科学通报, 1959, 4(18): 594-602.

[38] 任美锷, 杨纫章. 中国自然区划问题. 地理学报, 1961, 27(12): 66-74.

[39] 赵松乔. 中国综合自然地理区划的一个新方案. 地理学报, 1983, 38(1): 1-10.

[40] 傅伯杰, 刘国华, 陈利顶, 等. 中国生态区划方案. 生态学报, 2001, 21(1): 1-6.

[41] 葛全胜, 赵名茶, 郑景云, 等. 中国陆地表层系统分区初探. 地理学报, 2002, 57(5): 515-522.

[42] 郑景云, 卞娟娟, 葛全胜, 等. 1981～2010年中国气候区划. 科学通报, 2013, 58(30): 3088-3099.

[43] 方创琳, 罗奎. 中国人文地理综合区划. 地理学报, 2017, 72(2): 179-196.

[44] 樊杰. 中国主体功能区划方案. 地理学报, 2015, 70(2): 186-201.

[45] 周立三. 中国农业区划的理论与实践. 北京: 中国科学技术大学出版社, 1993.

[46] 杨吾扬, 梁进社. 中国的十大经济区探讨. 经济地理, 1992, 12(3): 14-20.

[47] Fang C L, Yu D L. China's New Urbanization. Berlin and Beijing: Science Press & Springer Press, 2016.

[48] 刘沛林, 刘春腊, 邓运员, 等. 中国传统聚落景观区划及景观基因识别要素研究. 地理学报, 2011, 65(12): 1496-1506.

[49] Wang D, Jiang D, Fu J Y, et al. Comprehensive assessment of production-living-ecological

space based on the coupling coordination degree model. Sustainability, 2020, 12(5): 2009.

[50] 宋长青, 程昌秀, 杨晓帆, 等. 理解地理"耦合"实现地理"集成". 地理学报, 2020, 75(1): 3-13.

[51] 毛汉英. 人地系统优化调控的理论方法研究. 地理学报, 2018, 73(4): 608-619.

[52] 方创琳, 崔学刚, 梁龙武. 城镇化与生态环境耦合圈理论及耦合器调控. 地理学报, 2019, 74(12): 2529-2546.

第二章

美丽中国建设的
人地耦合共生论

　　美丽中国建设追求的最终目标是实现人与自然和谐共生，即构建协调共生的人地关系。从古代"天人合一"的人地关系到现代人地和谐共生的人地关系；从古代农业文明到近代工业文明，再到现代生态文明；从近程的人地关系到近远程的人地关系，其演进主线基本围绕人地关系和谐这一核心展开。人地系统的近远程耦合共生是新形势下指导美丽中国建设的重要理论基础，也是美丽中国建设的核心理论基石。

第一节 美丽中国建设的理论基础

一、美丽中国建设的理论渊源

面对资源约束趋紧、环境污染严重、生态系统退化的严峻形势，党的十八大报告第一次提出"美丽中国"的全新概念，强调必须树立尊重自然、顺应自然、保护自然的生态文明理念，明确提出了包括生态文明建设在内的"五位一体"社会主义建设总布局。这是深入贯彻落实科学发展观的战略抉择，是在发展理念和发展实践上的重大创新。

（一）育论之相续：天人合一思想凝结的中华传统伦理

习近平总书记在第十八届中央政治局常务委员会同中外记者见面时讲话指出，"在漫长的历史进程中，中国人民依靠自己的勤劳、勇敢、智慧，开创了各民族和睦共处的美好家园，培育了历久弥新的优秀文化"。中国传统文化中以"天人合一""无为""自然"等思想为代表的生态伦理，是美丽中国建设的思想之源。天即自然系统，人即人类系统，共同构成了人地系统。"天人合一"思想的理论化成果是当代著名地理学家吴传钧先生提出的"人地关系地域系统理论"。该理论认为，人地系统是由地理环境和人类社会两个子系统交错构成的复杂开放巨系统，内部具有一定的结构和功能机制。在这个巨系统中，人类社会和地理环境两个子系统之间的物质循环和能量转化相结合，就形成了人地系统发展变化的机制。由于人类的某些不合理活动，人类社会和地理环境之间、地理环境各构成要素之间、人类活动各组成部分之间，出现了不平衡发展和不调和趋势。要协调人地关系，首先要谋求人和地两个系统各组成要素之间在结构和功能联系上保持相对平衡，这是维持整个世界相对平衡的基础；保证地理环境对人类活动的可容忍度，使人与地能够持续共存。协调的目的不仅在于使人地关系各组成要素形成有比例的组合，而且还在于达到一种理想的组合，即优化状态。

"天人合一"思想与马克思主义生态思想高度统一。马克思主义生态思想的内涵是，人属于自然，人类来源于自然，人类是自然界的一部分，因此人类的发展必然要依赖于自然。一方面，人类是自然界的有机组成部分，人类的发展和自然之间具有密切的关系，如果没有自然作为支撑，人类不可能发展；另一方面，自然也是人类社会生活的一部分，人类与自然之间的关系均建立在人类实践基础上。社会主义原则与生态学原则有着高度的契合性，而"努力建设美丽中国"是马克思主义生态思想中国化的最新成果，对中国的生态文明建设有着重要指导意义。

（二）立论之缘起：无序开发导致的生态环境恶化

长期以来，经济增长一直作为国家发展的重要目标，但传统工业的根本缺陷是既忽视了自然资源再生产的能力，也忽视了自然环境对废弃物的降解能力。而利润至上的资本逻辑是生态环境恶化的内在驱动，环境缺失的市场机制是生态环境恶化的制度因素，经济第一的发展目标是生态恶化的制度导向，但以人类为中心的环境伦理才是生态环境恶化的认识根源。经济增长了，而人们的生存环境恶化了，这迫使人们不得不反思发展的目的。从根本上说，发展是为人们获得更多的幸福感，创造更美好的生活空间。发展不是为少数人负责，而是为全社会谋福祉；发展不仅为当代人负责，而且要为子孙后代负责。因此，发展不是掠夺资源，更不能以破坏环境为代价，而是要实现资源可持续的永续利用。党的十六大以来，党中央相继提出走新型工业化发展道路，发展低碳经济、循环经济，建立资源节约型、环境友好型社会，建设创新型国家，建设生态文明等新的发展理念和战略举措。党的十七大报告进一步提出了建设生态文明的新要求，把到 2020 年成为生态环境良好的国家作为全面建设小康社会的重要目标之一。党的十七届五中全会通过的《中共中央关于制定国民经济和社会发展第十二个五年规划的建议》提出"树立绿色、低碳发展理念"，把"绿色发展"明确写入"十二五"规划并独立成篇，表明我国走绿色发展道路、建设美丽中国的决心和信心。党的十八大报告提出的"五位一体"的建设总布局，进一步深化了新时期党对发展模式的理解。

（三）成论之基础：人与自然和谐共生的生态文明思想

生态文明建设是实现美丽中国的基础和保障，也是中国发展史上的一场深刻变革。党的十八大以来，生态文明建设被赋予新的内涵，"美丽中国"成为全国人民新的奋斗目标，被看作实现中华民族伟大复兴的重要组成部分。生态文明是以人与自然协调发展为行为准则，建立健康有序的生态机制，实现经济、社会、自然环境的可持续发展，其内涵体现在：

一是人与自然新和谐。生态文明着重强调人类在处理与自然关系时所达到的文明程度，重点在于协调人与自然的关系，核心是实现人与自然和谐相处、协调发展。生态文明要求尊重自然、顺应自然、保护自然，在此基础上实现人与自然和谐、人的全面发展。

二是绿色文明新境界。生态文明倡导的是人与自然和谐的文明，不是为了单纯追求物质财富增加而伤害自然掠夺自然的黑色文明。

三是人类社会新形态。生态文明是人类社会文明的高级状态，不是单纯的节能减排、保护环境的问题，而是要融入经济建设、政治建设、文化建设、社会建设的各方面和全过程。

（四）行论之纲领："五位一体"总体布局和"四个全面"战略布局

"美丽中国"的提出，既是要求建设尊重自然、顺应自然、保护自然的生态文明，又是强调将生态文明建设全面融入经济建设、政治建设、文化建设和社会建设的各方面和全过程，是对现有中华传统文明的整合与重塑，也是马克思主义生态思想中国化的最新成果。"五位一体"总体布局和"四个全面"战略布局是"美丽中国"建设的核心内容，党的十九大报告明确把"五位一体"的总体布局和"四个全面"的战略布局写入党章。

二、美丽中国建设的生态文明理论

文明是人类改造世界的物质成果和精神成果的总和，人类进入文明社会不断演替至今，大体经历了采猎文明、农业文明、工业文明和生态文明四大阶段（表 2.1）。

表 2.1　人类文明演进的四大阶段表

文明类型	采猎文明	农业文明	工业文明	生态文明
时段	公元前 200 万年至公元前 1 万年	公元前 1 万年至公元 18 世纪	公元 18 世纪至今	当代
对自然的态度	依赖自然	改造自然	征服自然	善待自然
环境问题	—	森林砍伐、地力下降，水土流失等	从地区性公害到全球性灾难	全球性灾难逐步解决
人类对策	听天由命	牧童经济	环境保护	可持续发展

美丽中国的理论基础是生态文明理论。人类社会经历了采猎文明、农业文明、工业文明的过程之后，人类活动与自然环境的关系进入一个新的耦合阶段，人类社会进入生态文明的发展阶段。因此，生态文明理论的基础涵盖了采猎文明、农业文明和工业文明。

（一）农业文明理论

在人类社会早期，人类获取生活资料主要是直接满足生存需要的物质资料。农业文明是指以农耕经济为主体的经济生产形态而逐步形成的人类文明，其特点是生产力水平低，对土地有强烈的依赖性，人与自然的关系体现在敬畏自然、尊重自然，人和自然和谐共处。

农业文明是自然生产，包括种植业和畜牧业。而自然生产的特征就是按照自然本身的内在生命法则展开。这就意味着，自然本身的生产力是人类获取生活资料的天然"界限"。这一界限直接规定了人类所具有的生产力。人类的生产力不是人类自身的生产力，而是自然的生产力。农业文明的本质——人类的基本生存问题是满足温饱问题，生存需要停留在单纯的生物学谋生本能的界限内，而解决这一基本生存问题只是依靠直接的自然生产来完成的。这种自然生产具有天然的生产力界限，人类在农业文明中不能实现生产力增长。

农业文明是人类与自然的直接统一，自然对人类提供生存条件而不会违背人类的生存。但自然生产力的界限也限制了人类生活资料的增长。为了追求更多的生活资料，就注定要打破这种农业文明的生产方式，而开创新的生产方式，它就是漫长的农业文明之后开启的工业文明的生产方式。

（二）工业文明理论

工业文明是从改变生产资料这一环节开始的，是一种以大规模机器生产代替手工劳动的资源型经济形态而形成的人类文明。近代工业革命创造了很多机器性的生产工具，因此进入了大机器生产的时代。工业生产的直接目的是生产超自然的生活资料，但这并不意味着工业生产可以完全脱离自然，而是说工业产品已经不再是自然生产了，是以人工生产为其基本特征的。工业生产必须要有动力，而动力的来源归根结底仍然要来自自然所提供的"能源"。这样，自然界的"能源"就变成了人类生产的动力来源。否则，人类是不需要能源本身直接进入生活资料的。

工业文明的实质是由于人类追求超出自然界限的生活资料这一目的而产生的。超越自然生产需要从改变生产手段（生产资料）入手，工业文明时代人类的基本生存问题是创造以自然能源为基础的新的生产资料，并以此打破自然产品的界限。

工业文明是以大机器生产为特征的，导致了人对自然的掠夺性占有，导致了人与自然之间的冲突，带来了日益严重的自然资源过采和生态环境的严重破坏，同时加重了环境污染甚至造成污染灾难。可见，工业文明是一把"双刃剑"，它在给人类带来巨大财富、推动社会发展与进步的同时，也给社会造成前所未有的两极分化，社会的不公正现象及快速工业化、城市化带来的城市病，包括交通拥挤、住房紧张、污染严重、资源危机、生态破坏、公害频发等。

（三）生态文明理论

农业文明和工业文明，都是为了获取足够充分的生活资料。而生态文明的提出，其革命性的变革在于，它预示着打开了维护人类生存的双重维度。第一个维度是与以前文明形式所共有的，即获取人类的生活资料。第二个维度则是前两种文明形式所不具有的全新的人类生存问题，即要通过保护自然生态环境，来保护人类的生存得以延续。也就是说，生态文明的本质是不仅要求人类通过生产活动获取生活资料，而且还要保证获取生活资料的生产行为，不至于因为破坏自然生态环境而反过来威胁人类的可持续生存。

生态文明是人与自然和谐共生、全面协调、持续发展的社会和自然状态，建设生态文明有利于解决发展需求的无限性和资源供应有限性之间的矛盾，有利于解决污染的无限性与环境承载能力的有限性之间的矛盾。

生态文明建设的目标就是坚持人与自然和谐共生，尽可能放大资源属性，增加生态和环境的正外部性；尽可能缩小灾害属性，减少生态和环境的负外部性。党的十九大报告明确提出，"人与自然是生命共同体，人类必须尊重自然、顺应自然、保护自然"（图 2.1）。

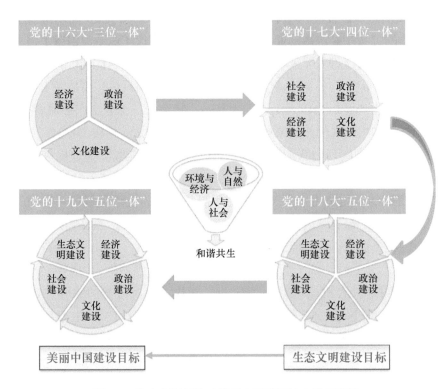

图 2.1　生态文明理论对美丽中国建设的支撑示意图

生态文明建设是中国共产党创造性地回答经济发展与资源环境关系问题所取得的最新理论成果，为统筹人与自然和谐发展指明了前进方向。

从党的十六大报告提出经济、政治和文化"三位一体"发展思想，到党的十七大报告形成的经济、政治、文化和社会"四位一体"发展战略，再到党的十八大报告明确提出"把生态文明建设放在突出地位，融入经济建设、政治建设、文化建设、社会建设各方面和全过程，努力建设美丽中国，实现中华民族永续发展"，美丽中国"五位一体"理论基础基本形成（图 2.1），实现了经济发展模式由粗放低效到绿色集约的根本转变。最后到党的十九大报告指出"加快生态文明体制改革，建设美丽中国"，将美丽中国建设推向加快实施阶段。

三、美丽中国建设的五维一体论

从生态文明实现可持续发展的经济、社会、自然环境三个基础性要素出发，从生态要素、物质要素和精神要素三个层面递增的层级，构建新时代中国特色社会主义文明体系下的美丽中国建设的三层次五维一体框架（图 2.2）。

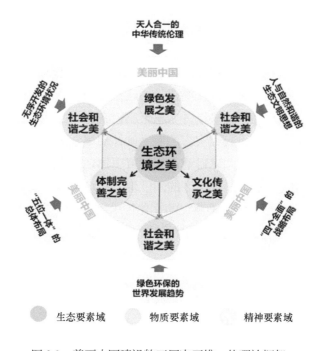

图 2.2　美丽中国建设的三层次五维一体理论框架

（一）第一层次：生态要素——生态本底的自然之美

生态文明主要解决人类与自然的关系，自然的生态文明是美丽中国的基本内涵和根本特征。人是自然的产物，也是自然界的重要组成元素，虽然具有很强的主观能动性，但同样受到自然规律的支配。因此，必须建立起自然的生态文明之美。这就需要不断完善世界自然遗产区、国家级风景名胜区、国家级自然保护区等各类生态功能区保护体系，不断扩大生态用地面积，提升污水处理率、生活垃圾无害化处理率，持续降低 $PM_{2.5}$ 等细颗粒物的浓度，提升空气质量优良率。

（二）第二层次：物质要素——绿色发展之美、体制完善之美和文化传承之美

物质要素域既是美丽中国建设的重要内涵，也是美丽中国建设的基础条件和重要保障，包括绿色发展之美、体制完善之美和文化传承之美3方面。

一是经济生态化形成的物质要素的绿色发展之美。物质文明主要解决人类与科学技术的关系，科学发展的物质文明是美丽中国的物质基础。人的社会实践活动是包含美的具体事物，具有保障和促进人类生存发展的性质和能力，能够创造人类生存发展必需的物质生活资料。物质文明之美应当是一种绿色发展之美：新型工业化、信息化、城镇化、农业现代化全面推进，科技在经济发展中的贡献力显著提高，城镇化进程取得历史性突破，城乡差别、工农差别、区域差别进一步缩小，现代农业和新农村建设取得明显成效，经济实现全面协调可持续发展。

二是制度生态化形成的政治建设与诚信建设的体制完善之美。党的十八大报告指出，"坚持走中国特色社会主义政治发展道路和推进政治体制改革"。习近平总书记多次要求，要担负起生态文明建设的政治责任，全面贯彻落实党中央决策部署。地方发生的重大环境污染事件、重大腐败案件和恶性事件直接反映该地区政治体制建设的不足；重大自然灾害的发生则体现该地区居民生命财产安全存在较大的风险；信用制度和信用基础建设指标可以体现地方诚信体系建设水平。以上指标从制度体制建设层面表述地区的制度生态化水平。

三是文化生态化形成的精神要素的文化传承之美。美学以人的需要层次为标准，将"美"分为生理美、先验美和精神美。精神美的核心是精神文明之美，是超越生理美、先验美的最高境界的"美"。精神美应当是一种文化传承之美：保护和利用好非物质文化遗产，对于落实科学发展观，实现可持续的经济、文化全面协调发展意义重大。世界文化遗产地数量、世界非物质文化遗产数量、国家级文物保护单位数量、国家非物质文化遗产数量直观地反映了社会发展对文化的影响，同时也是经济可持续发展的宝贵资源，是社会良好发展不可或缺的物证。拥有公共图书馆图书总藏量、在校大学生数量体现了城市文化传承的基底和文化传播的途径，有利于形成文化传承之美。

（三）第三层次：精神要素——社会和谐之美

社会建设主要解决人与社会的关系，和谐幸福的社会生活是美丽中国建设的落脚点和最终归宿。社会和谐之美即人类社会生活的美，是"美"的具体表现形态之一，体现为各种积极肯定的生活形象和审美形态，是社会实践的直接体现。习近平总书记在第十八届中央政治局常务委员会同中外记者见面时讲话中对社会和谐之美作了概括："人民热爱生活""有更好的教育、更稳定的工作、更满意的收入、更可靠的社会保障、更高水平的医疗卫生服务、更舒适的居住条件、更优

美的环境""孩子们能成长得更好、工作得更好、生活得更好"。基于此，以城镇、农村居民可支配收入，教育支出比例、卫生技术人员数量、科学技术支出比例、路网密度、互联网普及率为指标，衡量人民工作的满意度、社会保障的健全程度、生活条件和环境的美好程度，将人民向往的和谐幸福之美升华到执政党执政兴国的奋斗目标的高度，"人民对美好生活的向往，就是我们的奋斗目标"。

依据上述三个层次，根据美丽中国建设的广义内涵和"五位一体"的总体战略布局，可将生态、经济、社会、政治、文化"五位一体"的核心要素作为美丽中国建设的基本框架，形成由生态环境之美、绿色发展之美、社会和谐之美、文化传承之美和体制完善之美构成的"五维一体"美丽中国建设理论框架。

第二节　美丽中国建设的理论基石——人地耦合共生论

人类社会先后经历了采猎文明、农业文明和工业文明三大阶段，目前正在进入生态文明的发展阶段，生态文明的本质就是不仅要求人类通过生产活动获取生活资料，还要保证获取生活资料的生产行为，不能因为破坏自然生态环境而威胁人类自身的可持续生存。这就要求最大限度地协调人地关系地域系统，协调人地关系是古今不变的永恒目标。

一、人地耦合共生的亘古目标与熵变类型

（一）人地耦合共生是古今不变的永恒目标

人地关系地域系统是地表人类活动与地理环境相互作用形成的开放巨系统[1]。人在这个复杂巨系统中始终占主导地位，人与地关系矛盾的协调过程自古到今一直是地理学研究的古老而永恒的主题[2]，从古代的"天人合一"思想演进到近代的人地关系协调思想，再升华到现代的"可持续发展"理论，最后升华到生态文明理论，其思维主线始终围绕人地和谐共生这一核心伸展。早在1979年吴传钧院士在中国地理学会第四次全国代表大会上所做的"地理学的昨天、今天和明天"的学术报告中就提出，人地关系地域系统是地理学研究的核心，协调人地关系是其中心目标[3,4]。人类对人地关系的认识亦经历了原始宗教的自然崇拜、天命论、天人合一论、地理环境决定论、或然论、人定胜天论、人地和谐共生论等不同人地观的演替，从马克思的"合理调节"思想到恩格斯关于人与自然作为一个"和谐的整体"的思想，再演进到今天的可持续发展思想和生态文明思想，都是人类认识人地关系的不断升华。国内外历史的教训让我们铭记：人类不能把自然当作奴隶，也不能作自然的奴隶；人与自然之间需要的是和谐，应该是"和

睦相处""相得益彰"，美丽中国建设正是寻求人类与环境和睦共处的最佳手段[5]。

（二）人地耦合共生的熵变类型

根据耗散结构理论，人地耦合共生系统作为远离平衡态的开放系统，形成耗散结构的过程正是因开放而不断向其内输入低熵能量物质和信息，产生负熵流而得以维持。根据热力学第二定律，人地耦合共生系统遵循熵方程为 $ds=d_is+d_es$。式中，d_is 为人地耦合关系的熵产生，$d_is \geq 0$；d_es 为人地耦合系统与环境之间的熵交换引起的熵流，其值可正可负可为 0；ds 为人地耦合系统的熵变，可以衡量人地关系状态的变化。

当 $ds=d_is+d_es<0$ 时，$|d_es|>d_is$，d_es 越大，ds 就越小，说明负熵流的输入量抵消系统内部熵产生后有盈余，人地系统耦合共生的有序度增加；当 $ds=d_is+d_es=0$ 时，即 $|d_es|=d_is$，说明系统外的负熵流与系统内的熵产生总量相等，人地系统耦合共生的有序度不变；当 $ds=d_is+d_es>0$ 时，有两种情况：一是 $d_is>0$，$d_es \geq 0$，则 $ds>0$；二是 $d_is>0$，$|d_es|<d_is$，则 $ds>0$。两种情况表明负熵流未输入或输入量小于系统内熵产生量，则人地系统耦合共生的有序度降低，人地关系向失调方向发展。

分别记人类活动系统、地理环境系统和人地系统的熵变为 $d_人s$、$d_地s$ 和 ds，则按 ds 的上述解释，$d_人s$ 和 $d_地s$ 均分别具备三种状态，每种人类活动系统的状态与每种地理环境系统的状态组合成人地系统的 9 种状态，如表 2.2 所示。表 2.2 中的 9 种状态可归结为以下四种类型。

表 2.2　人地系耦合共生状态的熵变类型

人地系统 ds		人类活动系统 $d_人s$		
		$d_人s>0$	$d_人s=0$	$d_人s<0$
地理环境系统 $d_地s$	$d_地s>0$	$d_人s>0$, $d_地s>0$ G	$d_人s=0$, $d_地s>0$ F	$d_人s<0$, $d_地s>0$ P
	$d_地s=0$	$d_人s>0$, $d_地s=0$ E	$d_人s=0$, $d_地s=0$ D	$d_人s<0$, $d_地s=0$ B
	$d_地s<0$	$d_人s>0$, $d_地s<0$ H	$d_人s=0$, $d_地s<0$ C	$d_人s<0$, $d_地s<0$ A

（1）人地系统 $ds<0$ 的耦合共生型：包括 A、B、C 三种状态，最理想的状态为 A（$d_人s<0$，$d_地s<0$），即人类活动系统与地理环境系统均向有序性增强方向发展，且由 C → B → A，人地关系协调共生的有序度越来越大，人地关系由低级协调向高级协调方向演进。

（2）人地系统 $ds>0$ 的人地冲突型：包括 E、F、G 三种状态，冲突最厉害的状态为 G（$d_人s>0$，$d_地s>0$），表现为经济发展衰退，地理环境恶化，可视为人地冲突的最终状态，且由 E→F→G，人地关系冲突导致系统无序度越来越大，向冲突加剧的失调方向演进。

（3）人地系统 $ds=0$ 的警戒协调型：包括状态 D，是由协调共生型向人地冲突型跨越的"门槛"类型。人地系统跨越这种门槛包括正向跨越（由冲突型到协调型）和负向跨越（由协调型到冲突型）两大类，无论何种类型，状态 D（$d_人s=d_地s=0$）均反映着人地关系协调共生的警戒水平。

（4）人地关系 ds 不确定的混沌型：包括 H、P 两种状态，受人地系统复杂性的影响，无法在特定时期给予其准确定性的类型。

可见，美丽中国建设作为一个由人类活动系统和地理环境系统组成的人地耦合共生巨系统，维持二者协调共生关系的充要条件就是从其外部环境不断获取负熵流，在此基础上形成人类活动系统与地理环境系统之间，以及两大系统内部益于人类发展的因果反馈关系。这里，自我强化的正反馈关系和自我调节维持稳定的负反馈关系之间的相互耦合决定着人地关系的行为与美丽中国建设的前途。正因为如此，美丽中国建设目标以人地关系耦合共生为核心，注重建立人类活动系统内部和地理环境系统内部，以及二者之间的因果反馈关系网，力求把人类活动系统的熵产生降至最低，把地理环境系统为人类活动系统可持续发展提供负熵的能力提至最高，力求通过熵变规律，创造一个自然、资源、人口、经济与环境诸要素相互依存、相互作用、复杂有序的人地关系协调共生系统。遵循区域自然规律、经济发展规律和人地系统的熵变规律，对不同类型、不同发展阶段的区域人地系统，因地制宜、因势利导地制定出切合实际的美丽中国建设路线图，以此解决区域面临的各种人地关系问题，促进区域保持经常性的持续、稳定、和谐发展状态。

二、人地耦合共生论的基本观点

人地耦合共生论的基本观点是，人地关系是一种自人类起源以来就存在的客观本源关系、相互共生关系和互为报应关系，人类开发利用自然资源和环境时，要保持与自然环境之间的协调和共生。人与自然是一个相互依存、相互影响的生命共同体，人与自然和谐相处的基本逻辑在于人既是自然的保护者，也是自然的建设者，人是自然界的一部分，人靠自然界生活，人类必须尊重自然、顺应自然和保护自然。人与自然和谐共生关系包含地与地、地与人、人与人三种耦合关系，以及人与水、人与土地、人与能源、人与气候、人与碳、人与生态、人与污染、人与经济、人与居、人与贸易十种多要素主控关系。

（一）人地耦合共生的三种和谐关系

人地耦合共生的三种和谐关系包括：一是地与地的耦合共生关系，强调人类利用自然界时要保持自然环境之间的生态平衡与协调共生，不可以牺牲这一地区生态环境为代价，达到优化另一地区生态环境的目的；二是地与人的耦合共生关系，强调人类在开发利用自然的过程中，不能超过自然界本身的承载能力和阈值，要保持自然环境与人类之间的协调共生；三是人与人的耦合共生关系，强调人类在开发利用自然资源与环境时，人与人之间保持和睦、妥协与协调，不可把自然界作为人与人之间争夺利益、掠夺式获取利益的主要载体[6]。

地与地、地与人、人与人之间存在的三种耦合共生关系正是美丽中国建设中实现"五位一体"总体布局重点协调的三种关系，因而其成为美丽中国建设的核心理论基础。

人地耦合共生是美丽中国与生态文明建设的终极目标。人地耦合共生关系是新时代的人地关系，也是美丽中国建设的主要宗旨。以人为本是人地系统优化调控和美丽中国建设的切入点，人的意识建设是人地系统优化调控与美丽中国建设的重点，和谐共生是人地系统优化调控的目标点，也是美丽中国建设调控的目标点[7]；从人地对立冲突格局转变为人地耦合共生格局，是美丽中国建设中模拟人地最佳距离、优化调控人地系统的动态机理，也是美丽中国建设寻求人地最佳距离奋斗的目标（图 2.3）。正如英国学者 R.J.Benett 和 R.J.Chorley 在其合著的《环境系统》著作中所言，调节和共生是人地系统的两大关系。调节是在小范围内对小规模的能流和物流进行的短时间人为控制，而人类对大范围、大规模的

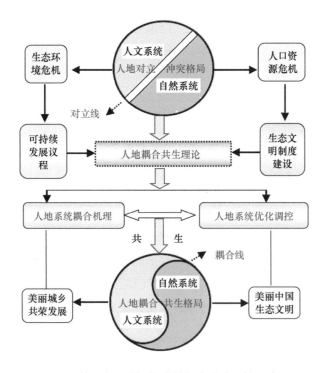

图 2.3　美丽中国建设的人地耦合共生理论示意图

能流和物流的确无法进行长时间调节，只有通过协调共生来实现人类与自然界的和平共处[8, 9]。

人与自然和谐共生的生态文明思想是美丽中国建设的立论之基[10, 11]。生态文明强调人与自然相互尊重，和谐共处，其内涵体现在人与自然新和谐、绿色文明新境界和人类社会新形态。以生态文明思想为基础建设美丽中国，既要求建设顺应自然、保护自然的生态文明，又要将生态文明建设全面融入经济建设、政治建设、文化建设和社会建设的各方面和全过程，是对现有中华传统文明的整合与重塑。

（二）人地耦合共生的十种主控要素关系

在美丽中国建设中，需要从要素尺度协调好人水关系、人土关系、人力关系、人气关系、人碳关系、人生关系、人环关系、人经关系、人贸关系、人居关系多要素关系（图2.4），从系统尺度进一步协调人文系统和自然系统之间的耦合关系。在厘清影响人地耦合发展主控要素的基础上，从区际远程尺度、区内近程尺度和近远程尺度耦合的角度，探讨在近远程自然要素（水、生态、土地、能源、气候和环境等）和人文要素（人口、经济、基础设施、社会、创新、政策和全球化等）综合影响下，人文系统与自然系统的交互胁迫与耦合关系；分析地对人的影响机制，人对地的影响机制，人与地的互动机制，以及人口、土地、水资源、经济、贸易、交通、能源、市场等各种要素在人地系统之间的合理流动机制等；揭示人文系统与自然系统的近远程耦合机理、耦合阶段、耦合类型，总结出不同类型的人地系统耦合共生规律。构建人地耦合共生的关系方程 $UE=f(U_i-G_j)$，$i=1,2,3,\cdots,$

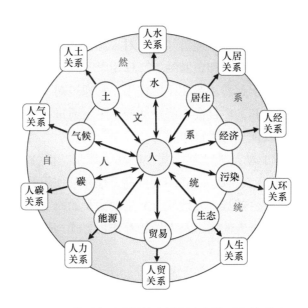

图 2.4　美丽中国建设的人地耦合主控要素关系图

m, j=1，2，3，…，n，定量揭示人地耦合发展曲线，将人地耦合发展程度分为低度耦合、较低耦合、中度耦合、较高耦合、高度耦合和完全耦合 6 种类型，分别对应随性耦合、间接耦合、松散耦合、协同耦合、紧密耦合和控制耦合，进而建立人地耦合塔[12]，为美丽中国建设提供定量的科学依据。

通过人地耦合升压效应、耦合减压效应和耦合恒压效应，辨识自然环境对人类社会需求度的满足程度；模拟人地交互耦合的动态涨落过程，定量揭示人地系统交互耦合的自适应阈值，为人类发展需求提供良好的自然本底基础，为建设美丽中国奠定绿色发展支撑。

（三）人地耦合共生的动力机制

人地耦合共生过程是以人占主导的复杂过程，人作为调控人地系统的真正主人，一方面不断地适应其生存的地理环境，另一方面通过社会经济活动作用于地理环境，并深刻影响地理环境的结构、性质和功能。反过来，地理环境则通过资源和环境为人类生产与社会活动提供物质基础及生存空间，并制约人类活动规模、强度和效果。

在人地之间的耦合共生过程中，资源环境作为"地"的一面，其变化有自然过程的性质；人类社会经济活动作为"人"的一面，其变化有人文过程的性质；真正的人地耦合共生过程则表现为在自然过程的基础上叠加人文过程。由于人文过程伴随区域人口的不断增长、人的物质和能量需求的不断提高而日益得到强化，人文过程作用于自然过程即"人"作用于"地"的强度越来越大，人的需求驱动成为人地耦合共生的真正动力源。从人的生存与发展角度看，人的需求包括生存、享受、发展三大需求，废弃物排放亦是为了满足某种需求进行的，可归结为第四类需求，受四类需求驱动的影响，人类通过一系列社会经济活动作用于资源与环境构成的自然过程，即作用于"地"，"地"对来源于"人"的需求驱动做出响应后，产生的反作用力（正面的和负面的）又作用于"人"，其间技术进步在"人"与"地"双向作用过程中起着桥梁和手段作用，它通过对"人"的作用，提高人类作用于"地"的能力和人类社会经济活动的水平；通过对"地"的作用，增强资源环境的利用效益及恢复再生自净能力。

可见，人的需求驱动是人地耦合共生的动力源泉，而技术进步则是促使这种动力作用于"地"的现实桥梁，它将不断提高人地相互作用的层次、强度与深度，并直接影响人地耦合共生前景。人地耦合共生动力学的研究，应以人为中心，以技术进步为切入点，围绕人的需求及人地相互作用方式与强度构建对象系统，确定其组成要素与动力结构。

（四）人地耦合共生的总体思路：以人为本，和谐至上

人地耦合共生的切入点与重点是以人为本。按照耗散结构理论的基本观点，

人地耦合共生系统是一个开放的非平衡自组织系统、各要素间有非线性相互作用的动态涨落系统，人地耦合共生系统耗散结构的形成与演变正是因开放而不断地向其内输入低熵能量、物质和信息，产生负熵流而得以维持。由于人地耦合共生系统中的生物过程和非生物过程都叠加着强烈的人文过程，人在人地耦合共生系统中扮演着既是"地"的产儿，又是"地"的主宰的双重角色，人对地的利益驱动是导致人地关系紧张的关键因素，因此人们把人地耦合共生系统称为"人化"的系统。人具有识别和获取食物、燃料、矿物等低熵物质和各种低熵信息，并将其集中形成更有序、熵更低的人地耦合共生系统的能力，人通过生产和消费，从人地耦合共生系统中获得大量"积蓄"（资源、生态环境容量等），又不断向其中输入更多的低熵能量、物质和信息，促使人地耦合共生系统耗散结构的形成，促使低级阶段的耗散结构进化成为高级阶段的耗散结构，低级状态的人地耦合共生系统进化成为高级状态的人地耦合共生系统。可见，人地耦合共生系统的优化调控坚持"以人为本"，既要把"人"作为人地耦合共生系统优化调控的切入点，又要把"人"作为人地耦合共生系统优化调控的重点。

人地耦合共生系统优化调控的重中之重是人的意识建设。可以肯定地说，对人地耦合共生优化全过程影响最大、最为深刻的根本因素是人口因素，但作为根本因素的人口具体指人的意识，而非人口增长，这是因为对人地关系调控冲击最大的不是个体的人，而是人的意识，其次才是人口数量的增长。因为人的意识最具有破坏性，也最具有建设性，人的意识如何，决定人们的行为方式和对待人地关系问题的态度，它能使一切积极或消极行为与过程自发地变为现实，能指导人们自觉地终止不良经济社会行为，人们转而自发地加入改善人地关系的行列，并自觉地将传统发展战略转移到可持续发展的轨道上来。可见，人的意识的形成与培养是从根本上遏止区域人地关系恶化的关键途径，道德文明的力量将最终替代资金、技术成为调节人地关系、实现人地耦合共生、建设美丽中国的主要动力。

人地耦合共生系统优化调控的目标点是追求和谐发展。调控人地耦合共生系统的最终目标就是要充分利用和促进系统内部所有的积极关系，终止或避免要素之间的一切消极关系，最终实现人地系统的良性循环与和谐发展。这里的和谐发展强调经济社会发展的重要性，保护资源与生态环境的主要目的不是要人类回归"原始"自然，做自然的"奴隶"，而是经济社会的更好发展。和谐发展过程从来就是一个由低度和谐向高度和谐进化的动态调控过程，所以人地耦合共生系统优化调控的强度可通过"和谐度"来量度。

若令人地耦合共生系统中的人口系统、资源系统、生态系统、环境系统、经济系统、社会系统六大系统指标之和为 n，分别记为 i_1, i_2, …, i_n, $i=(i_1, i_2, …, i_n)$，$W_j(i_j)$ 为关于 i_j 的某种满意度的度量，$0 \leq W_j(i_j) \leq 1$，$j=1$, 2, …, n，$A=[A_1, A_2, …, A_n]^T$ 为权向量，$\sum_{j}^{n} A_j = 1$，$0 \leq A_j \leq 1$，则特定区域

在某一时刻人地耦合共生系统发展过程中的静态和谐度为

$$H_s(i) = \prod_j^n W_j(i_j)A_j \, , \, 0 \leqslant H_s(i) \leqslant 1$$

$H_s(i)$ 越大，特定区域人地系统的和谐状况就越好。若设特定区域人地耦合共生系统在（$t-T$）$\sim t$ 各时刻的静态和谐度分别记为 $H_s(t-T+1)$，$H_s(t-T+2)$，$\cdots$，$H_s(t-1)$，则动态和谐度可度量为

$$H_d(t) = \frac{1}{T} \sum_{j=0}^{T-1} H_s(t-j)$$

式中，T 为基准时刻，$0 \leqslant H_d(t) \leqslant 1$。若 $t_2 \geqslant t_1$，且 $H_d(t_2) \geqslant H_d(t_1)$，则说明特定区域的人地耦合共生系统一直处在和谐发展的轨迹中，这正是每个区域人地耦合共生系统调控所期望的至上目标，也是美丽中国建设追求的目标。

（五）人地耦合共生的空间结构：区域定位与空间共生

人地耦合共生系统作为开放的空间地域单元，在优化调控过程中，系统输入输出的复杂性与边界信息交换的复杂性，使空间结构突出展现为特定区域人地耦合共生系统的地域本身与其周围地域之间形成的空间组织网络体系，它决定特定区域发展的空间定位及空间区位的合理分配，即空间协调共生问题。以人地耦合共生系统空间结构的组织功能为依据，可把人地耦合共生系统的空间结构由小到大划分为四大相互联系的空间区，如表 2.3 所示。由表 2.3 看出，四大功能区所涉及的空间范围由小到大、由里向外依次为 RQ＜FQ＜ZQ＜EQ，各功能区存在的主要问题各不相同，人口问题主要集中在核心区 RQ，生态环境问题主要集中在发生区 FQ，资源问题主要集中在支持区 ZQ，经济与社会发展问题主要集中在作用区 EQ，四大功能区之间的相互作用与空间定位由里向外如图 2.5 所示。由

表 2.3　区域人地系统空间结构优化调控的各功能区基本特征

功能区代号	功能区名称	功能区的空间范围（由小到大）	主体特征	存在的主要问题
RQ	核心区	人口居住的所有区域	以作为人地耦合共生系统主宰的人为主体	人口问题占主导地位
FQ	发生区	包括核心区 RQ 所在的自然空间地域单元本身	以经济社会活动的发生为主体	生态环境问题占主导地位
ZQ	支持区	包括发生区 FQ 所在的区域本身及与周围相连的地域	以输入的各种资源为主体，包含人地系统内所有资源	资源问题占主导地位
EQ	作用区	包括核心区 RQ、发生区 FQ、支持区 ZQ 和经济社会活动所涉及的任何地域	以输出的各种产品为主体	经济与社会发展问题占主导地位

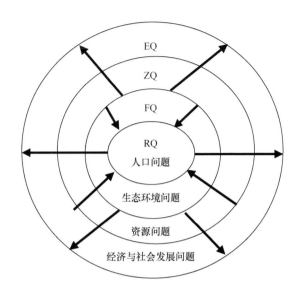

图 2.5　人地耦合共生系统空间结构各功能区的相互作用与空间定位示意图

图 2.5 看出，人口问题在人地系统空间结构的组成中，始终占据核心地位，是造成其他问题的主要根源，依次为生态环境问题、资源问题和经济与社会发展问题，这些问题均是由人口问题引发出的深层次问题。解决人地耦合共生系统优化问题的关键首先是解决人口问题，然后依次解决生态环境问题、资源问题和经济与社会发展问题。

在人地耦合共生系统优化调控过程中，要使系统达到高度和谐发展，人类必须规范人地耦合共生系统的六大基本行为，包括人口行为、资源行为、生态行为、环境行为、经济行为和社会行为，做好各种行为的优化调控，行为调控的切入点为人口行为，行为调控的主体为经济行为。六种行为相互关联的产业组织关系和空间组织关系用行为矩阵可表示为：

$$E = E^\alpha + \sum_{i=1}^{m} e^{\beta_i} = \begin{bmatrix} E_{11}^\alpha + \sum_{i=1}^{m} e_{11}^{\beta_i} & E_{12}^\alpha + \sum_{i=1}^{m} e_{12}^{\beta_i} + \cdots + E_{16}^\alpha + \sum_{i=1}^{m} e_{16}^{\beta_i} \\ E_{21}^\alpha + \sum_{i=1}^{m} e_{21}^{\beta_i} & E_{22}^\alpha + \sum_{i=1}^{m} e_{22}^{\beta_i} + \cdots + E_{26}^\alpha + \sum_{i=1}^{m} e_{26}^{\beta_i} \\ E_{31}^\alpha + \sum_{i=1}^{m} e_{31}^{\beta_i} & E_{32}^\alpha + \sum_{i=1}^{m} e_{32}^{\beta_i} + \cdots + E_{36}^\alpha + \sum_{i=1}^{m} e_{36}^{\beta_i} \\ E_{41}^\alpha + \sum_{i=1}^{m} e_{41}^{\beta_i} & E_{42}^\alpha + \sum_{i=1}^{m} e_{42}^{\beta_i} + \cdots + E_{46}^\alpha + \sum_{i=1}^{m} e_{46}^{\beta_i} \end{bmatrix} \begin{matrix} 核心区RQ \\ \\ 发生区FQ \\ \\ 支持区ZQ \\ \\ 作用区EQ \end{matrix}$$

在上述矩阵中，E_{ij}^α 表示 α 区域人地耦合共生系统功能区 i（i=1，2，3，4）具有类型 j 的行为，矩阵中的每一行表示相应功能区中的所有行为类型，每一列表示四个功能区中的某一类型行为；e_{ij}^β 表示 β 区域人地耦合共生系统在 α 区域人地耦合共生系统的空间区域上产生的各种行为；m 表示与 α 相关联的若干个区域人地耦合共生系统的数目，m 个区域人地耦合共生系统在 α 区域人地耦合共生系统的空间区域上产生的各种行为可记为 $e^{\beta_1}, e^{\beta_2}, \cdots, e^{\beta_m}$。

由于人地耦合共生系统在空间组织过程中往往会涉及周围更大范围的区域，两个或多个不同区域的人地耦合共生系统在空间结构上将必然形成空间重叠现象，具体表现为多个区域人地耦合共生系统在支持区 ZQ 和作用区 EQ 的相互重叠，如图 2.6 所示。这种重叠将导致区域之间为捍卫自身利益而展开资源竞争、生产要素竞争和经济社会发展的竞争，结果必然加剧区域发展的不平衡。因此，协调优化和调控区域人地耦合共生系统，不仅包括人地耦合共生系统各要素之间以及各要素内部发展的动态协调与优化，而且包括区域之间人地耦合共生系统的空间协调和优化，只有同时实现了区域之间人地耦合共生系统的产业组织协调和空间组织协调，消除了区域盲目竞争与区域冲突，才能实现人地耦合共生系统经济社会行为对空间区位的合理占据，才能真正实现区域之间的协调发展和空间共生。

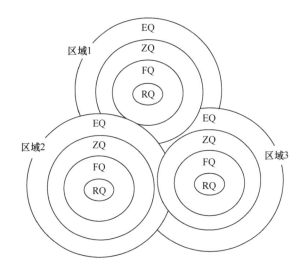

图 2.6　区域人地耦合共生系统空间结构的交互重叠与空间竞争共生示意图

三、人地耦合三角共生模式

根据美丽中国建设目标，从人地耦合的主控要素中优选关键要素进行情景模拟，分析主控要素作用下地与地、人与地、人与人之间和谐共生的机制和模式，提出美丽中国建设中以人为本的人地耦合三角共生模式（图 2.7）。该模式是一种几何上稳定的和谐共生模式，由人与水和谐、人与土和谐、人与气候和谐、人与环境和谐、人与经济和谐、人与社会和谐等 6 大和谐关系构成，每一种主控要素都分别影响地与地、人与地、人与人这三种和谐共生模式，6 种和谐关系与三种和谐共生模式交织构成人地耦合的三角共生模式，重塑人地耦

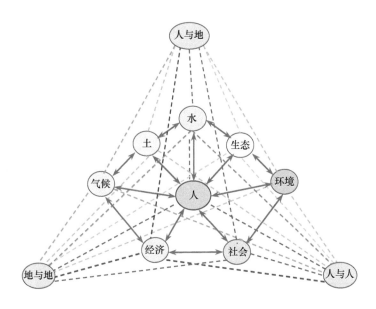

图 2.7　美丽中国建设的人地耦合三角共生模式示意图

合发展新格局。其中，人与水和谐是核心，人与土和谐是载体，人与气候和谐是关键，人与生态和谐是本底，人与环境和谐是基础，人与经济和谐是动力，人与社会和谐是目标。通过构建人地耦合三角共生模式，促进美丽中国建设从双要素共生到多要素共生，从点和谐到面和谐，将人地关系对立的低质区转为人地耦合共生的高质区，让城市与乡村共同成为人们美好生活的向往家园！

四、基于人地耦合共生理论的美丽中国建设研究重点方向

将美丽中国建设与城乡人地系统耦合作为一个复杂的开放巨系统，按照美丽中国建设的人地系统时空演变征—寻求关键主控要素—辨识近远程耦合关系—揭示近远程耦合机理—发现耦合规律—求解临界阈值—研发耦合器—进行调控试验—完成情景模拟—提出优化方案—实现美丽中国建设国家目标这样一条思路开展研究，通过研究模拟美丽中国建设中的人地最佳距离、优化调控人地系统耦合机理，推动人地对立冲突格局转变为人地耦合共生格局。在研究过程中，可采用多学科交叉—多要素耦合—多模型集成—多情景模拟—多指标预警—多目标决策等的综合研究思路（图 2.8）。

（一）美丽中国建设的人地系统近远程耦合关系与关键主控要素辨识

以人为核心，以美丽中国建设的水 – 土 – 气候 – 生态 – 人居环境 5 大要素

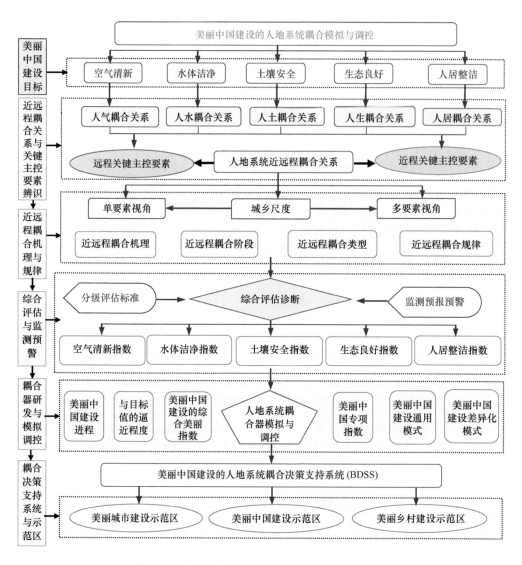

图 2.8　美丽中国建设的人地耦合共生系统模拟与调控技术思路图

为研究对象，以城市与乡村为两大介质，采用遥感与 GIS 数据、历史统计数据和空间统计与回归分析方法，分析美丽中国建设的 5 大类要素动态演变特征及美丽中国建设的短板，分别分析美丽中国建设中的人与水（简称人水）耦合关系、人与气候（简称人气）耦合关系、人与土（简称人土）耦合关系、人与生态（简称人生）耦合关系、人与居住（简称人居）耦合关系等单要素近远程胁迫与相互促进的动态演变关系，进一步上升为从整体上揭示美丽中国建设的城乡人地系统近远程耦合非线性动态演进关系；在此基础上，从多重复杂要素中辨识对美丽中国影响最大、贡献最显著的水、土、气等近远程关键主控要素及其临界指标，进一步辨识近远程主控因子之间的交互胁迫关系，构建交互耦合矩阵，分析交互胁迫强度，为调控美丽中国建设标准、建设进程与建设速度提供关键主控变量（包括主控的快变量与慢变量）。

（二）美丽中国建设的人地系统近远程耦合机理与规律

从美丽中国建设的五大单要素角度，"一对一"地揭示水－土－气候－生态等关键主控要素影响下，美丽中国建设的人地系统近远程耦合机理、耦合类型、耦合阶段和耦合规律，为实现美丽中国建设的人水关系、人土关系、人气关系和人居关系调控提供定量的科学依据；从美丽中国建设的多要素综合角度，"一对多""多对多"地揭示水－土－气候－生态等关键主控要素影响下，美丽中国建设的人地系统近远程耦合机理、耦合类型、耦合阶段和耦合规律，为找出美丽中国建设存在的短板成因、加快美丽中国建设进程提供科学支撑；从城乡两大介质融合发展角度，揭示城乡融合发展与美丽中国建设之间的交互耦合关系，分析城乡高质量发展对美丽中国建设的需求与影响，以及美丽中国建设对城乡高质量发展的促进效应，进一步揭示城乡融合发展与美丽中国建设的交互耦合机理、耦合程度和耦合规律，为美丽城市和美丽乡村建设提供科技支撑。

（三）美丽中国建设的人地系统综合评估与监测预警

以美丽中国建设的人地系统耦合机理与规律为指导，确定美丽中国建设综合指标与专项指标的分级评估标准及弹性阈值，采用美丽中国评估通用指标体系，研发美丽中国建设的人地系统综合诊断评估模型，定量核算美丽中国建设的空气清新指数、水体洁净指数、土壤安全指数、生态良好指数、人居整洁指数及美丽中国建设的综合美丽指数；分析全国及各省美丽中国建设进度及其与2035年和2050年目标值的逼近程度；采用预警方法技术和预警信号模型，选择参照指标系统，建立美丽中国建设的预警指标体系和信号系统，确定预警指标贡献率，求解预警指标的偏差所引起的美丽中国建设的偏离程度，建立美丽中国预警响应系统，对美丽中国建设过程及人地系统耦合过程进行警情警兆预警，为全国及各省美丽中国建设适时监测，适时发出预警报告，适时进行轨迹矫正和纠错。

（四）美丽中国建设的人地系统耦合器研发与模拟调控

根据影响美丽中国建设的水、土、气候等关键主控要素的临界阈值，选择水、土、气候、生态等不同资源环境因子主控快变量与慢变量交互影响的多种情景，采用情景分析模型，建立美丽中国建设的城乡人地系统动态情景模拟与计算试验系统，确定试验调控变量，设计多个试验情景，反复试验计算，调控出与临界阈值及资源环境容量相适应的美丽中国建设情景方案。采用人地系统耦合器调控方法，研发多目标－多介质－多情景－多尺度的美丽中国建设人地耦合器，调控美丽中国建设的进度、速度及其与目标值的逼近程度。根据情景模拟方案和人地系统耦合器调控结果，优选出针对不同阶段、不同地区美丽中国建设的通用模式和差异化模式，为全国和各地区美丽中国建设提供可借鉴的范式。

（五）美丽中国建设的人地系统耦合决策支持系统与示范区

以空间仿真模拟与 GIS 技术为支撑，应用遥感、GIS、传感网、大数据空间分布信息方法、空间差值与空间网格尺度转换方法、曲面建模等空间化技术，获取大范围空间上的自然要素、人文要素的连续空间信息，实现美丽中国建设多源数据的标准化和时空动态可视化表达。在统一的时空框架下，综合空间图、统计图、流量图、3D 图等多种可视化表达方法，实现多尺度四维仿真模拟。采用层次分解、协同关联和级联交互等方法，通过标准化组装方式建立具有自组织特性的耦合模型库，为美丽中国人地系统的交互可视化情景模拟提供高效的模型库支持；利用异步演化、协同交互和反馈网络等方法实现多重交互和多重反馈下美丽中国建设的情景模拟及动态可视化情景。基于活动网络图、状态与活动网络图或基于 petri 网等典型可视化建模方法搭建可视化建模平台，形成集成环境要素空间化、系统模拟动态仿真及多尺度优化决策模块的美丽中国建设人地系统耦合决策支持系统（BDSS），在典型美丽中国、典型美丽城市和典型美丽乡村建设示范区应用。

主要参考文献

[1] 吴传钧. 人地关系与经济布局. 北京: 学苑出版社, 1998.

[2] 毛汉英. 人地系统与区域持续发展研究. 北京: 中国科学技术出版社, 1995.

[3] 吴传钧. 论地理学的研究核心——人地关系地域系统. 经济地理, 1991, 11(3): 1-4.

[4] 陆大道, 郭来喜. 地理学的研究核心: 人地关系地域系统——论吴传钧院士的地理学思想与学术贡献. 地理学报, 1998, 53(2): 97-105.

[5] 吴攀升, 贾文毓. 人地耦合论: 一种新的人地关系理论. 海南师范学院学报(自然科学版), 2002, 15(4): 51-53.

[6] 方创琳. 中国人地关系研究的新进展与展望. 地理学报, 2004, z1: 21-32.

[7] 方创琳. 区域人地系统的优化调控与可持续发展. 地学前缘, 2003, 10(4): 256-259.

[8] 李后强. 非线性系统, 人地协同论与系统辩证论——兼论"持续、快速、健康"发展的模式设计. 世界科技研究与发展, 1996, 18(5): 36-41.

[9] 方创琳, 王振波. 美丽中国建设的理论基础与评估方案探索. 地理学报, 2019, 74(4): 619-632.

[10] 葛全胜, 方创琳, 江东. 美丽中国建设的地理学使命与人地系统耦合路径. 地理学报, 2020, 75(6): 1109-1119.

[11] Fang C L, Wang Z B. Beautiful China initiative: human-natural harmony theory, evaluation index system and application. Journal of Geographical Sciences, 2020, 30(5): 691-704.

[12] 方创琳, 崔学刚, 梁龙武. 城镇化与生态环境耦合圈理论及耦合器调控. 地理学报, 2019, 74(12): 2529-2546.

第三章

美丽中国建设评估
体系优选过程与分级标准

　　美丽中国建设评估需要构建权威性和通用性强的科学指标体系，这是美丽中国建设进程评估的关键。本章在充分衔接联合国2030年可持续发展目标、国家生态文明建设考核、绿色发展、高质量发展、循环经济评价等指标体系的基础上，通过多方案比较，优选出由空气清新、水体洁净、土壤安全、生态良好、人居整洁5类二级指标和22个三级指标构成的美丽中国建设评估指标体系，并由国家发展和改革委员会以《美丽中国建设评估指标体系及实施方案》（发改环资〔2020〕296号）文件发布实施。以此评估指标体系为基准，量化辨识了22个具体指标的基本内涵、数据获取渠道、指标计算公式等。同时，根据22个具体指标的实际可能取值范围，参照相关国家标准、规划目标、国家行动计划、国内外先进水平等确定了22个指标的上限、下限和分级标准，对每个具体指标进行标准化处理后划分为Ⅰ、Ⅱ、Ⅲ、Ⅳ、Ⅴ5个等级，为开展美丽中国建设评估提供科学的指标体系与分级标准。

第一节 美丽中国建设评估指标与相关指标体系逻辑关系

由于美丽中国建设评估指标与联合国可持续发展目标、国家生态文明建设考核、绿色发展、高质量发展、循环经济评价等指标体系有着千丝万缕的有机联系，而国际权威机构及国家相关部门已经在生态文明、绿色发展、高质量发展、循环经济发展、可持续发展等方面发布了相关评价、考核或目标体系。基于概念内涵与外延，厘清美丽中国建设评估指标体系与这些相关指标体系的联系与区别，可为美丽中国建设评估指标体系的构建提供有益借鉴和参考[1]。

一、与联合国 2030 年可持续发展目标的衔接关系

2015 年 9 月，联合国可持续发展峰会在纽约总部召开，联合国 193 个成员方在峰会上正式通过了联合国可持续发展目标（sustainable development goals，SDGs），这是对联合国 2000 年提出的千年发展目标（millennium development goals，MDGs）的继承、延续和深化。该目标首次以具体的、可考量指标和完成期限为导向，旨在 2015～2030 年以综合方式彻底解决社会、经济和环境三个维度的发展问题，实现全球共同可持续发展。

联合国 2030 可持续发展指标体系包括 17 个可持续发展目标、169 个具体目标和 300 多个技术指标。该指标体系主要集中于粮食和食品安全、疾病防控及社会公平与人权、水安全、能源安全、土地安全及生态环境安全等方面，是联合国历史上通过的规模最为宏大和最具雄心的发展议程。其 17 个可持续发展目标与美丽中国的发展方向基本一致，涵盖了天蓝、地绿、水清、土净、人居等各个维度。

美丽中国评估指标体系实质是联合国持续发展议程各项指标在中国的具体落实。美丽中国建设是我国走向生态文明的必由之路，同时也是助力全球可持续发展的中国行动。全球可持续发展目标与我国建设美丽中国的内涵同根同源，异曲同工，二者都希望通过努力实现国家、区域的环境与经济协调发展，同时保障子孙后代的发展权益，全面提升人类福祉水平。联合国 2030 可持续发展目标的各项指标亦可以作为评价美丽中国建设成果的重要依据。作为全球最大的发展中国家，中国在落实可持续发展目标、建设美丽中国过程中，既面临难得的机遇，也面临艰巨的挑战。科学系统评价全国及重点区域美丽中国建设现状，识别美丽中国建设面临的关键问题，针对性地开展专项治理，是当前美丽中国建设的重要方向，同时也是我国实现联合国 2030 可持续发展目标的重要需求。在美丽中国评价中注重与联合国 SDG 指标的衔接，将有助于提升指标体系的可信度与评价

结果的可比性，便于分析中国可持续发展建设在全球范围内的位置，同时有助于将中国生态文明与可持续发展经验介绍到世界其他国家，实现中国助力全球可持续发展的庄严承诺。

二、与国家生态文明建设考核目标体系的逻辑关系

为贯彻落实党的十八大和十九大精神，加快绿色发展，推进生态文明建设，规范生态文明建设目标评价考核工作，根据有关党内法规和国家法律法规，由中共中央办公厅、国务院办公厅于 2016 年 12 月印发了《生态文明建设目标评价考核办法》（以下简称《办法》）。根据《办法》的要求，国家发展和改革委员会、国家统计局、生态环境部、中央组织部等部门制定印发了《生态文明建设考核目标体系》，它们分别作为生态文明建设年度考核和五年评价考核的依据。

《生态文明建设考核目标体系》包括 5 类 23 个考核目标。生态文明建设目标考核工作由国家发展和改革委员会、生态环境部、中央组织部牵头，会同财政部、自然资源部、水利部、农业农村部、国家统计局、国家林业和草原局、国家海洋局等部门组织实施。《生态文明建设考核目标体系》以《中华人民共和国国民经济和社会发展第十三个五年规划纲要》确定的资源环境约束性目标为主，体现少而精，避免目标泛化，使考核工作更加聚焦。在目标设计上，按照涵盖重点领域和目标不重复、可分解、有数据支撑的原则，包括资源利用、生态环境保护、年度评价结果、公众满意程度、生态环境事件 5 方面，共 23 项考核目标；在目标赋分上，对环境质量等体现人民获得感的目标赋予较高的分值，对约束性、部署性等目标依据其重要程度，分别赋予相应的分值；在目标得分上，体现"奖罚分明""适度偏严"，对超额完成目标的地区按照超额比例进行加分，对 3 项约束性目标未完成的地区考核等级直接确定为不合格。

从指标内容分析，《生态文明建设考核目标体系》是美丽中国建设评估指标体系的重要组成部分，主要以资源环境约束性目标完成情况考核为主，但绿色发展和生态监测指标涉及得较少；而美丽中国建设评估指标体系以人与自然和谐、绿色发展为主，不仅包括资源环境约束性目标，还要包括绿色发展与人居环境改善等激励性指标，考核主题偏重对自然生态之美、绿色发展之美及人居整洁之美的刻画。

从考核或评估期限分析，《生态文明建设考核目标体系》突出年度考核和五年评价考核，重点考察当年和 5 年各种资源环境约束性指标的突破情况；而美丽中国建设评估指标体系建议重点是 5 年 2 次评估，不做年度考核和五年考核。

三、与《绿色发展指标体系》的逻辑关系

《绿色发展指标体系》由国家统计局、国家发展和改革委员会、生态环境部

会同有关部门制定，于 2016 年 12 月印发。包含《生态文明建设考核目标体系》中的主要目标，增加了有关措施性、过程性的指标，包括资源利用、环境治理、环境质量、生态保护、增长质量、绿色生活、公众满意程度等 7 类 56 项评价指标。采用综合指数法测算生成绿色发展指数，衡量地方每年生态文明建设的动态进展，侧重于工作引导。同时五年规划期内年度评价的综合结果也将纳入生态文明建设目标考核。

从评估内容分析，《绿色发展指标体系》突出经济发展层面的评价，经济发展过程中强调了生态环境保护，是一个专项评价指标体系，是美丽中国建设评估指标体系的有机组成部分，绿色发展指数可作为美丽中国建设指标体系的综合指标。而美丽中国建设评估指标体系是一种相对综合的评估指标体系，评估主题除了包括绿色发展指标外，还包括对自然生态环境、人居环境整治程度等的评价。

从考核或评估期限分析，《绿色发展指标体系》作为年度考核指标，时效性较强，而美丽中国建设评估指标体系评价期限侧重于国家基本实现现代化的中长期目标，要通过对自然生态之美、绿色发展之美、人居整洁之美的刻画，重点开展 5 年评估、10 年评估和 20 年评估，可不做年度考核和 5 年考核。

四、与高质量发展指标体系的逻辑关系

高质量发展的提法最早出现在 2017 年 10 月党的十九大报告中，"我国经济已由高速增长阶段转向高质量发展阶段"。2017 年 12 月中央经济工作会议上又进一步强调"推动高质量发展，是保持经济持续健康发展的必然要求，是适应我国社会主要矛盾变化和全面建成小康社会、全面建设社会主义现代化国家的必然要求，是遵循经济规律发展的必然要求"，并提出围绕推动高质量发展，做好 8 项重点工作，"必须加快形成推动高质量发展的指标体系、政策体系、标准体系、统计体系、绩效评价、政绩考核"。全国层面正式出台高质量发展评估指标体系，湖南、湖北、江苏等省已发布了省级尺度和地级市尺度的监测、考核或评估指标体系试运行版。部分省区虽未出台高质量发展监测、考核或评估指标体系，但都在加紧研究，有些城市已率先印发试行的指标体系。

从部分省区高质量发展指标体系来看，高质量发展指标体系是围绕创新、协调、绿色、开放、共享五大发展理念设计的，虽然涉及生态环境保护指标，但更多的是偏重于经济活力、创新力和竞争力，强调经济发展从高资源消耗、高经济增长、高碳排放、高环境污染、低综合效益的"四高一低"的粗放模式向低资源消耗、低经济增长、低碳排放、低环境污染、高综合效益的"四低一高"的模式转型，这个评价总体上可作为美丽中国建设过程中的阶段性评估，或者作为美丽中国建设的专项指标体系，而不是综合评估指标体系。而美丽中国建设评估指标体系是一种综合评估指标体系，评估主题除包括绿色发展指标外，还包括对自然

环境、人居环境整洁程度等的评价。

从考核或评估期限分析，高质量发展指标体系主要作为年度和五年考核指标，时效性较强，而美丽中国建设指标体系评价期限侧重于国家基本实现现代化的中长期目标，要通过对自然生态之美、绿色发展之美、人居整洁之美的刻画，重点开展 5 ～ 10 年评估和 20 年评估。

五、与国家生态文明建设示范市县（区）指标体系的逻辑关系

为深入贯彻落实党的十八大精神，以生态文明建设试点示范推进生态文明建设，生态环境部于 2013 年 5 月颁布了《国家生态文明建设试点示范区指标（试行）》（环发〔2013〕58 号），于 2016 年 1 月印发了《国家生态文明建设示范区管理规程（试行）》和《国家生态文明建设示范县、市指标（试行）》（环生态〔2016〕4 号），之后几经修订，于 2018 年 5 月发布了《国家生态文明建设示范市县指标（修订）》的考核指标，确定了生态制度、生态环境、生态空间、生态经济、生态生活和生态文化共 6 大领域 40 项指标。

从考核内容分析，生态文明建设示范市县（区）指标体系重点从生态制度、生态环境、生态空间、生态经济、生态生活和生态文化 6 方面进行示范市县（区）的评价考核，是生态环境部门的主要工作，是一项专项考核指标体系；而美丽中国建设评估指标体系是一种综合评估指标体系，考核主题同样偏重对自然生态之美、绿色发展之美、人居整洁之美的刻画。

从考核或评估期限分析，生态文明建设示范市县（区）指标体系重点以指标达标为考核期限，只要达标就可纳入示范市县，达不到标准则可继续建设；而美丽中国建设评估指标体系建议重点开展 5 年评估，不做年度考核和五年考核。

六、与《循环经济评价指标体系》的逻辑关系

为贯彻落实《国务院关于加快发展循环经济的若干意见》（国发〔2005〕22 号），加快循环经济发展，建设资源节约型、环境友好型社会，国家发展和改革委员会同生态环境部、国家统计局等有关部门开展了"循环经济评价指标体系"的研究工作，于 2007 年 6 月印发了《循环经济评价指标体系》（发改环资〔2007〕1815 号），并主要从宏观层面和工业园区分别建立了 3 类 17 项指标构成的《循环经济评价指标体系》（2017 年版）。

从指标内容分析，《循环经济评价指标体系》着重从能源资源减量、过程及末端废弃物利用、提高资源与废弃物资源化利用率等角度进行考核评价，适用于国家、省域两个层面，不适合于地市层面，因而是一种专项经济评价指标体系，其中的一些指标可作为美丽中国建设指标体系中的绿色发展指标和生态

环境保护指标,是建设美丽中国和生态文明的内在有机组成部分,更多关注的是资源利用方式,主要考察各领域的资源循环利用水平,属于经济发展方式的一种阶段性评估。而美丽中国建设评估指标体系是一种综合评估指标体系,评估主题除包括绿色发展指标外,还包括对自然生态环境、人居整洁程度等的评价。

从考核或评估期限分析,《循环经济评价指标体系》作为年度考核指标,时效性较强,而美丽中国建设指标体系评价期限侧重于国家基本实现现代化的中长期目标,要通过对自然生态之美、绿色发展之美、人居整洁之美的刻画,重点开展5年评估、10年评估和20年评估。

第二节　美丽中国建设评估指标体系优选过程

以联合国可持续发展指标体系和国家生态文明考核指标体系、绿色发展指标体系、高质量发展指标体系、循环经济评价指标体系等为参考依据,优选美丽中国建设评估指标体系。

一、美丽中国建设评估指标体系优选的基本原则

(一)科学性原则

美丽中国建设评估指标体系的选择必须遵循科学规律,既要有反映美丽中国建设各子系统的主要特征和状态指标,又要有反映各准则层的动态变化和发展趋势指标,并使目标层、准则层和评价指标层有机联系起来,形成一个层次鲜明的整体。

(二)通用性原则

美丽中国建设评估指标的数据来源于权威机构,统计数据必须可采集、可量化、可对比,指标选取符合逻辑,测算方法基于学界现有的研究基础,具有充分的学理性,研究报告基于客观事实对数据进行分析,在全国层面具有通用性,力求用一把尺子度量不同地区的美丽程度。

(三)敏感性原则

美丽中国建设评估指标体系尽可能相互独立,筛选出数目足够少却能表征该系统本质行为的最主要指标,具有高度敏感性,避免重复,避免选择总量指标,这样才能用尽可能少的指标对美丽中国建设程度进行准确评价。

(四)差异性原则

地域分异规律是地理科学的基本规律。地理环境不同的结构和特征是地理

要素相互作用的结果，体现为要素的空间差异性，但同时也存在着规律性。美丽中国建设评估指标的选取须考虑全国不同自然区域的空间差异性，不同的空间单元可以具有不同的指标，也可以根据区域特征基于相同的指标变阈值、变权重和变速度。

（五）连续性原则

美丽中国建设评估的空间须具有连续性与行政区划的完整性。空间连续性原则是指自然区划所划分出来的具有个体性的、区域上完整的自然区域或行政单元。不同类型的美丽中国建设评估指标体系所评估的区域作为个体保持空间连续性，不可分离也不可重复。

（六）可操作性原则

美丽中国建设评估指标体系应充分考虑指标量化的难易程度，应具有较强的可测性和可比性，所需数据应容易获得，计算方法容易掌握。指标要具有可测性、可比性、适用性、前瞻性、完备性和合理性，只有这样的指标体系才具有可操作性。

（七）开放性原则

美丽中国建设是一个动态的过程。在国家政策导向下，其建设程度随着时间的推移趋向提升与完善。因此，美丽中国建设评估指标体系是一个有机整体，应该具有开放性特征，未来需要在发展过程中进行补充、修订和完善。

二、基于"五位一体"总体布局的广义美丽中国建设评估指标体系

该指标体系按照"五位一体"的总体布局和生态文明建设的本质特征，充分考虑不同区域和省市的自然条件、主体功能、地域文化、发展基础和地方政策的异质性，因地制宜地构建包括生态环境之美、绿色发展之美、社会和谐之美、体制完善之美和文化传承之美等多维度、多层次、多目标的美丽中国建设评估指标体系。该指标体系包括 5 类目标、31 个具体指标[2]（表 3.1）。

基于广义美丽中国建设框架与"五位一体"的生态、经济、社会、政治、文化等核心内涵，参考国家《生态文明建设考核目标体系》《绿色发展指标体系》等，构建包括生态环境、绿色发展、社会和谐、体制完善、文化传承 5 个维度的美丽中国建设评估指标体系。美丽中国建设评估主要采用联合国人类发展指数（HDI）测评法。

表 3.1　基于"五位一体"战略布局的广义美丽中国建设评估指标体系

美丽维度		指标名称	单位	指标方向	指标说明
A 生态 环境 之美	A_1	国家各类生态功能区数量	处	+	包括世界自然遗产数量、国家级风景名胜区、国家级自然保护区数量
	A_2	生态用地面积比例	%	+	指市域行政区内森林＋草地＋水系的面积占比
	A_3	污水处理率	%	+	数据来自中国城市统计年鉴
	A_4	生活垃圾无害化处理率	%	+	数据来自中国城市统计年鉴
	A_5	细颗粒物（$PM_{2.5}$）年平均浓度	$\mu m/m^3$	−	数据根据国控空气质量检测站点汇总
	A_6	空气质量优良率	%	+	数据来自生态环境部网站
B 绿色 发展 之美	B_1	人均 GDP	元	+	数据来自中国城市统计年鉴
	B_2	第二产业占 GDP 比重	%	−	数据来自中国城市统计年鉴
	B_3	第三产业占 GDP 比重	%	+	数据来自中国城市统计年鉴
	B_4	单位 GDP 能耗	t 标准煤	−	数据来自中国城市统计年鉴和夜间灯光反演能源数据
	B_5	单位 GDP 水耗	m^3	−	各地级市统计年鉴或统计公报
	B_6	人均财政收入	元	+	数据来自中国城市统计年鉴
C 社会 和谐 之美	C_1	城镇化率	%	+	数据来自各地级市统计年鉴或统计公报
	C_2	城镇居民人均可支配收入	元	+	数据来自中国城市统计年鉴
	C_3	农村居民人均可支配收入	元	+	数据来自中国城市统计年鉴
	C_4	教育支出占公共财政预算支出比重	%	+	数据来自中国城市统计年鉴
	C_5	每万人拥有卫生技术人员数量	人	+	数据来自中国城市统计年鉴
	C_6	科学技术支出占公共财政预算支出比重	%	+	数据来自中国城市统计年鉴
	C_7	路网密度	km/km^2	+	根据市域内铁路、国道、省道长度计算
	C_8	互联网普及率	%	+	各地级市统计年鉴或统计公报
D 体制 完善 之美	D_1	信用制度和基础建设		+	数据来自中国城市营商环境调研
	D_2	近 5 年重大环境污染事件发生次数	次	−	根据公开网站收集统计
	D_3	近 5 年重大腐败案件发生的频次	次	−	根据公开网站收集统计
	D_4	近 5 年恶性事件发生次数	次	−	根据公开网站收集统计
	D_5	近 5 年重大自然灾害发生次数	次	−	根据公开网站收集统计

美丽维度		指标名称	单位	指标方向	指标说明
E 文化传承之美	E₁	每百万人拥有公共图书馆图书总藏量	千册	+	数据来自中国城市统计年鉴
	E₂	每万人在校大学生数	人	+	数据来自中国城市统计年鉴
	E₃	世界文化遗产地数量	个	+	数据来自中国文化遗产研究院、世界遗产网等
	E₄	世界非物质文化遗产数量	个	+	数据来自中国文化遗产研究院、世界遗产网等
	E₅	国家级文物保护单位数量	个	+	数据来自中国文化遗产研究院、世界遗产网等
	E₆	国家非物质文化遗产数量	个	+	数据来自中国文化遗产研究院、世界遗产网等

三、基于"天－地－人－水"的狭义美丽中国建设评估指标体系

该指标体系以建设天蓝、地绿、水清的美丽中国为依据，综合考虑人与生产、生活、生态的关系，可以总结为"天蓝－地绿－水清－人和"的指标构成，具体包括4类目标、13个具体目标、55个具体指标（表3.2），该评估指标体系由高峰等完成[3]。

表 3.2 基于"天－地－人－水"的狭义美丽中国建设评估指标体系 [3]

目标	具体目标	评价指标	指标解释	指标来源
水清	水资源利用	安全饮用水人口比例	使用得到安全管理的饮用水服务的人口比例	SDG 6.1.1
		用水效率	按时间列出的用水效率变化	SDG 6.4.1
		水压力/用水紧缺度	用水紧张程度：淡水汲取量占可用淡水资源的比例	SDG 6.4.2
		人均水资源量	人均水资源量	非SDG
	水环境治理	废水达标处理率	安全处理废水的比例	SDG 6.3.1
		水质良好的陆地水体比例	陆地环境水质良好的水体比例	SDG 6.3.2
		氨氮排放强度	氨氮排放强度	非SDG
		COD 排放强度	COD 排放强度	
		近岸海域水质优良比率	近岸海域水质优良比率	
	水生态保护	涉水生态系统面积变化	与水有关的生态系统范围随时间的变化	SDG 6.6.1
		河网密度	河网密度	非SDG
		水体富营养化程度	水体富营养化程度	
		再生水利用率	再生水利用率	

目标	具体目标	评价指标	指标解释	指标来源
地绿	植被修复保护	森林覆盖率	森林面积占陆地总面积的比例	SDG 15.1.1
		山区绿化覆盖指数	山区绿化覆盖指数	SDG 15.4.2
		草地覆盖度	草地综合植被覆盖度	非SDG
		净初级生产力	净初级生产力	
	土地退化防治	退化土地占国土面积的比例	已退化土地占土地总面积的比例	SDG 15.3.1
		固废安全处理比例	定期收集并得到适当最终排放的城市固体废物占城市固体废物总量的比例，按城市分列	SDG 11.6.1
		农药施用强度	单位耕地面积农药施用量	非SDG
		化肥施用强度	单位耕地面积化肥施用量	
	生物多样性保育	自然保护区面积比例	保护区内陆地和淡水生物多样性的重要场地所占比例，按生态系统类型分列	SDG 15.1.2
		重要动植物栖息地面积比例	保护区内山区生物多样性的重要场地的覆盖情况	SDG 15.4.1
		红色名录指数	红色名录指数	SDG 15.5.1
		非法野生动植物偷猎和贩运案件数	野生生物贸易中偷猎和非法贩运的比例	SDG 15.7.1
天蓝	能源消耗	化石能源占能源消费量的比例	化石能源在最终能源消费总量中的份额	SDG 7.1.2 SDG 7.2.1
		能源投入强度	以一次能源和国内生产总值计量的能源密集度	SDG 7.3.1
		第二产业增加值占GDP的比例	第二产业增加值占GDP的比例	非SDG
		节能环保产业产值占GDP的比例	节能环保产业产值占GDP的比例	
	空气质量	城市细颗粒物	城市细颗粒物（如$PM_{2.5}$和PM_{10}）年度均值（按人口权重计算）	SDG 11.6.2
		O_3浓度	O_3浓度	非SDG
		空气质量优良率	空气质量优良率	
		SO_2人均排放量	SO_2人均排放量	
		氮氧化物人均排放量	氮氧化物人均排放量	
	健康损害	家庭和环境空气污染导致的死亡率	家庭和环境空气污染导致的死亡率	SDG 3.9.1
		重度污染天数比例	重度污染天数比例	非SDG
		室内空气质量指数	室内空气质量指数	
		大气污染造成的经济损失	大气污染造成的经济损失	

目标	具体目标	评价指标	指标解释	指标来源
人和	经济富强	人均 GDP	实际人均国内生产总值	SDG 8.1.1
		制造业产值占 GDP 的比例	制造业附加值占国内生产总值的比例	SDG 9.2.1
		固定资产投资效率	固定资产投资效率	非 SDG
		人均社会消费品零售额	人均社会消费品零售额 / 居民消费占 GDP 的比例	
		贫困发生率	低于贫困线的人口占农村人口的比例	
	民生幸福	公共交通便利度	可便利使用公共交通的人口比例，按年龄、性别和残疾人分列	SDG 11.2.1
		开放公共空间面积	城市建设区中供所有人使用的开放公共空间的平均比例，按性别、年龄和残疾人分列	SDG 11.7.1
		城镇低保人口	低保人口数量	非 SDG
		居民生活幸福感	居民生活幸福感	
	科技进步	R&D 经费支出占 GDP 的比例	研究和开发支出占国内生产总值的比例	SDG 9.5.1
		万人研究人员数	每百万居民中的研究人员数	SDG 9.5.2
		高技术产业增加值占工业增加值的比例	高科技产业附加值在总附加值中的比例 / 新产品销售收入占主营业务收入的比例	SDG 9.b.1
		万人发明专利拥有量	万人发明专利拥有量	非 SDG
	综合管理	生态环境保护经费投入占 GDP 的比例	作为政府协调开支计划组成部分的与水和环境卫生有关的官方发展援助数额；在养护和可持续利用生物多样性和生态系统方面的官方发展援助和公共支出	SDG 6.a.1 和 SDG 15.a.1
		社会保障财政支出占财政支出的比例	为支助清洁能源研发和可再生能源生产，包括为支助混合系统而流入发展中国家的国际资金	SDG 7.a.1
		居民对公共事务参与度	已设立以民主方式定期运作的、民间社会直接参与城市规划和管理架构的城市比例	SDG 11.3.2
		公民对生态环境改善的满意度	居民对本地区生态文明建设的满意程度	非 SDG

　　"水清"评价指标体系综合考虑 SDG6（为所有人提供水和环境卫生并对其进行可持续管理）具体指标，以及国内现行的《国务院关于实行最严格水资源管理制度的意见》（国发〔2012〕3 号）、《水利部关于加快推进水生态文明建设工作的意见》（水资源〔2013〕1 号）、《国务院关于全国水土保持规划（2015—2030 年）的批复》（国函〔2015〕160 号）、《水污染防治行动计划》（国发〔2015〕17 号）、《关于在湖泊实施湖长制的指导意见》和《关于全面加强生态环境保护 坚决打好污染防治攻坚战的意见》（中发〔2018〕17 号）等一系列水资源

管理、水污染防治的相关政策措施，将"水清"指标体系划分为水资源利用、水环境治理和水生态保护三个维度，选取 13 个评价指标。

"地绿"评价指标体系综合考虑 SDG11（建设包容、安全、有抵御灾害能力和可持续的城市和人类住区）、SDG15（保护、恢复和促进可持续利用陆地生态系统，可持续管理森林，防治荒漠化，制止和扭转土地退化，遏制生物多样性的丧失）具体指标，以及国内现行的《近期土壤环境保护和综合治理工作安排》（国办发〔2013〕7 号）、《土壤污染防治行动计划》（国发〔2016〕31 号）、《国务院办公厅关于健全生态保护补偿机制的意见》（国办发〔2016〕31 号）、《关于推进山水林田湖生态保护修复工作的通知》（财建〔2016〕725 号）、《关于划定并严守生态保护红线的若干意见》和《关于全面加强生态环境保护 坚决打好污染防治攻坚战的意见》（中发〔2018〕17 号）等一系列土壤环境治理、生态系统保护的相关政策措施，将"地绿"指标体系划分为植被修复保护、土地退化防治和生物多样性保育 3 个维度，选取 12 个评价指标。

"天蓝"评价指标体系综合考虑 SDG3（确保健康的生活方式，促进各年龄段人群的福祉）、SDG7（确保人人获得负担得起的、可靠和可持续的现代能源）、SDG11（建设包容、安全、有抵御灾害能力和可持续的城市和人类住区）具体指标，以及国内现行的《大气污染防治行动计划》（国发〔2013〕37 号）、《国务院关于国家应对气候变化规划（2014—2020 年）的批复》（国函〔2014〕126 号）、《关于推进山水林田湖生态保护修复工作的通知》（财建〔2016〕725 号）、《绿色发展指标体系》和《生态文明建设考核目标体系》（发改环资〔2016〕2635 号）、《关于全面加强生态环境保护 坚决打好污染防治攻坚战的意见》（中发〔2018〕17 号）、《打赢蓝天保卫战三年行动计划》（国发〔2018〕22 号）等一系列空气污染防治、气候变化应对的相关政策措施，将"天蓝"指标体系划分为能源消耗与产业结构、空气质量和健康损害三个主要维度，选取 13 个评价指标。

"人和"评价指标体系综合考虑 SDG6（为所有人提供水和环境卫生并对其进行可持续管理）、SDG7（确保人人获得负担得起的、可靠和可持续的现代能源）、SDG8（促进持久、包容和可持续经济增长，促进充分的生产性就业和人人获得体面工作）、SDG9（建造具备抵御灾害能力的基础设施，促进具有包容性的可持续工业化，推动创新）、SDG11（建设包容、安全、有抵御灾害能力和可持续的城市和人类住区）、SDG15（保护、恢复和促进可持续利用陆地生态系统，可持续管理森林，防治荒漠化，制止和扭转土地退化，遏制生物多样性的丧失）以及国内现行的《宜居城市科学评价标准》《美丽乡村建设指南》（GB/T 32000—2015）、《国务院办公厅关于改善农村人居环境的指导意见》（国办发〔2014〕25 号）、《中共中央 国务院关于打赢脱贫攻坚战的决定》（中发〔2015〕34 号）、《"十三五"脱贫攻坚规划》（国发〔2016〕64 号）、《乡村振兴战略规划（2018—2022 年）》等一系列和谐社会、美丽乡村、宜居城市评价和脱贫攻坚的相关政策措施，将"人和"指标体系划分为经济富强、民生幸福、科技进步和综合管理四个主要维度，选取 17 个评价指标。

四、基于生态文明建设的美丽中国建设评估指标体系

基于生态文明建设的美丽中国建设评估指标体系包括资源利用、环境治理、环境质量、生态保护、增长质量、绿色生活、生态文明建设年度评价结果、生态文明建设和生态环境改善的满意程度，以及地区重特大突发环境事件、造成恶劣社会影响的其他环境污染责任事件、严重生态破坏责任事件的发生情况 9 个一级指标、72 个二级指标（表 3.3）。二级指标涵盖了《国民经济和社会发展第十三个五年规划纲要》确定的资源环境约束性指标、《国民经济和社会发展第十三个五年规划纲要》和《中共中央 国务院关于加快推进生态文明建设的意见》等提出的主要监测评价指标，以及其他绿色发展重要监测评价指标。

表 3.3　基于生态文明建设的美丽中国建设评估指标体系

一级指标	序号	二级指标	计量单位	指标类型	数据来源	指标来源的国家指标
一资源利用	1	能源消费总量	万 t 标准煤	◆	国家统计局、国家发展和改革委员会	绿色发展指标、生态文明指标
	2	单位 GDP 能源消耗降低	%	★	国家统计局、国家发展和改革委员会	绿色发展指标、生态文明指标
	3	单位 GDP 二氧化碳排放降低	%	★	国家统计局、国家发展和改革委员会	绿色发展指标、生态文明指标
	4	非化石能源占一次能源消费比重	%	★	国家统计局、国家能源局	绿色发展指标、生态文明指标
	5	用水总量	亿 m³	◆	水利部	绿色发展指标、生态文明指标
	6	万元 GDP 用水量下降	%	★	水利部、国家统计局	绿色发展指标、生态文明指标
	7	单位工业增加值用水量降低率	%	◆	水利部、国家统计局	绿色发展指标
	8	农田灌溉水有效利用系数	—	◆	水利部	绿色发展指标
	9	耕地保有量	亿亩[①]	★	自然资源部	绿色发展指标、生态文明指标
	10	新增建设用地规模	万亩	★	自然资源部	绿色发展指标、生态文明指标
	11	单位 GDP 建设用地面积降低率	%	◆	自然资源部、国家统计局	绿色发展指标
	12	资源产出率	万元 /t	◆	国家统计局、国家发展和改革委员会	绿色发展指标、循环经济指标

① 1亩≈666.7m²。

续表

一级指标	序号	二级指标	计量单位	指标类型	数据来源	指标来源的国家指标
一 资源利用	13	能源产出率	万元 /t 标煤		国家统计局、国家发展和改革委员会	循环经济指标
	14	主要废弃物循环利用率	%		生态环境部	循环经济指标
	15	规模以上工业企业重复用水率	%		生态环境部	循环经济指标
	16	主要再生资源回收率	%		生态环境部	循环经济指标
	17	水资源产出率	元 /t		生态环境部	循环经济指标
	18	资源循环利用产业总产值	亿元		生态环境部	循环经济指标
	19	城市再生水利用率	%		生态环境部	循环经济指标
	20	建设用地产出率	万元 /hm²		生态环境部	循环经济指标
	21	一般工业固体废物综合利用率	%	△	生态环境部、工业和信息化部	绿色发展指标、循环经济指标
	22	农作物秸秆综合利用率	%	△	农业农村部	绿色发展指标、循环经济指标
二 环境治理	23	化学需氧量排放总量减少	%	★	生态环境部	绿色发展指标、生态文明指标
	24	氨氮排放总量减少	%	★	生态环境部	绿色发展指标、生态文明指标
	25	二氧化硫排放总量减少	%	★	生态环境部	绿色发展指标、生态文明指标
	26	氮氧化物排放总量减少	%	★	生态环境部	绿色发展指标、生态文明指标
	27	危险废物处置利用率	%	△	生态环境部	绿色发展指标
	28	生活垃圾无害化处理率	%	◆	住房和城乡建设部	绿色发展指标
	29	城市餐厨废弃物资源化处理率	%		住房和城乡建设部	循环经济指标
	30	城镇生活垃圾填埋处理量	亿 t		住房和城乡建设部	循环经济指标
	31	工业固体废物处置量	亿 t		生态环境部	循环经济指标
	32	城市建筑垃圾资源化处理率	%		住房和城乡建设部	循环经济指标
	33	污水集中处理率	%	◆	住房和城乡建设部	绿色发展指标
	34	环境污染治理投资占 GDP 的比例	%	△	住房和城乡建设部、生态环境部、国家统计局	绿色发展指标

续表

一级指标	序号	二级指标	计量单位	指标类型	数据来源	指标来源的国家指标
三 环境质量	35	地级及以上城市空气质量优良天数比率	%	★	生态环境部	绿色发展指标、生态文明指标
	36	细颗粒物（PM$_{2.5}$）未达标地级及以上城市浓度下降	%	★	生态环境部	绿色发展指标、生态文明指标
	37	地表水达到或好于Ⅲ类水体比例	%	★	生态环境部、水利部	绿色发展指标、生态文明指标
	38	地表水劣Ⅴ类水体比例	%	★	生态环境部、水利部	绿色发展指标、生态文明指标
	39	重要江河湖泊水功能区水质达标率	%	◆	水利部	绿色发展指标
	40	地级及以上城市集中式饮用水水源水质达到或优于Ⅲ类比例	%	◆	生态环境部、水利部	绿色发展指标
	41	近岸海域水质优良（一、二类）比例	%	◆	国家海洋局、生态环境部	绿色发展指标、生态文明指标
	42	受污染耕地安全利用率	%	△	农业农村部	绿色发展指标
	43	单位耕地面积化肥使用量	kg/hm²	△	国家统计局	绿色发展指标
	44	工业废水排放量	亿 t		生态环境部	循环经济指标
	45	重点污染物排放量（分别计算）	万 t		生态环境部	循环经济指标
	46	单位耕地面积农药使用量	kg/hm²	△	国家统计局	绿色发展指标
四 生态保护	47	森林覆盖率	%	★	国家林业和草原局	绿色发展指标、生态文明指标
	48	森林蓄积量	亿 m³	★	国家林业和草原局	绿色发展指标、生态文明指标
	49	草原综合植被覆盖度	%	◆	农业农村部	绿色发展指标、生态文明指标
	50	自然岸线保有率	%	◆	国家海洋局	绿色发展指标
	51	湿地保护率	%	◆	国家林业和草原局、国家海洋局	绿色发展指标
	52	陆域自然保护区面积	万 hm²	△	生态环境部、国家林业和草原局	绿色发展指标
	53	海洋保护区面积	万 hm²	△	国家海洋局	绿色发展指标
	54	新增水土流失治理面积	万 hm²	△	水利部	绿色发展指标
	55	可治理沙化土地治理率	%	◆	国家林业和草原局	绿色发展指标
	56	新增矿山恢复治理面积	hm²	△	自然资源部	绿色发展指标

续表

一级指标	序号	二级指标	计量单位	指标类型	数据来源	指标来源的国家指标
五发展质量	57	人均 GDP 增长率	%	◆	国家统计局	绿色发展指标
	58	居民人均可支配收入	元 / 人	◆	国家统计局	绿色发展指标
	59	第三产业增加值占 GDP 比重	%	◆	国家统计局	绿色发展指标
	60	战略性新兴产业增加值占 GDP 比重	%	◆	国家统计局	绿色发展指标
	61	研究与试验发展经费支出占 GDP 比重	%	◆	国家统计局	绿色发展指标
六绿色生活	62	公共机构人均能耗降低率	%	△	国管部门	绿色发展指标
	63	绿色产品市场占有率（高效节能产品市场占有率）	%	△	国家发展和改革委员会、工业和信息化部、质检部	绿色发展指标
	64	新能源汽车保有量增长率	%	◆	公安部	绿色发展指标
	65	绿色出行（城镇每万人口公共交通客运量）	万人次 / 万人	△	交通运输部、国家统计局	绿色发展指标
	66	城镇绿色建筑占新建建筑比重	%	△	住房和城乡建设部	绿色发展指标
	67	城市建成区绿地率	%	△	住房和城乡建设部	绿色发展指标
	68	农村自来水普及率	%	◆	水利部	绿色发展指标
	69	农村卫生厕所普及率	%	△	国家卫健委	绿色发展指标
七年度评估结果	70	各地区生态文明建设年度评价的综合情况		—	国家统计局、国家发展和改革委员会、生态环境部等有关部门	生态文明指标
八公众满意程度	71	居民对本地区生态文明建设、生态环境改善的满意程度		—	国家统计局等有关部门	绿色发展指标、生态文明指标
九生态环境事件	72	地区重特大突发环境事件、造成恶劣社会影响的其他环境污染责任事件、严重生态破坏责任事件的发生情况	扣分项	—	生态环境部、国家林业和草原局等有关部门	生态文明指标

注：标★的为《国民经济和社会发展第十三个五年规划纲要》确定的资源环境约束性指标；
　　标◆的为《国民经济和社会发展第十三个五年规划纲要》和《中共中央　国务院关于加快推进生态文明建设的意见》等提出的主要监测评价指标；
　　标△的为其他绿色发展重要监测评价指标。

"资源利用"涵盖的 22 个二级指标为能源消费总量、单位 GDP 能源消耗降低、单位 GDP 二氧化碳排放降低、非化石能源占一次能源消费比重、用水总量、万元 GDP 用水量下降、单位工业增加值用水量降低率、农田灌溉水有效利用系数、耕地保有量、新增建设用地规模、单位 GDP 建设用地面积降低率、资源产出率、能源产出率、主要废弃物循环利用率、规模以上工业企业重复用水率、主要再生资源回收率、水资源产出率、资源循环利用产业总产值、城市再生水利用率、建设用地产出率、一般工业固体废物综合利用率、农作物秸秆综合利用率。

"环境治理"涵盖的 12 个二级指标为化学需氧量排放总量减少、氨氮排放总量减少、二氧化硫排放总量减少、氮氧化物排放总量减少、危险废物处置利用率、生活垃圾无害化处理率、城市餐厨废弃物资源化处理率、城镇生活垃圾填埋处理量、工业固体废物处置量、城市建筑垃圾资源化处理率、污水集中处理率、环境污染治理投资占 GDP 比重。

"环境质量"涵盖的 12 个二级指标为地级及以上城市空气质量优良天数比率、细颗粒物（PM$_{2.5}$）未达标地级及以上城市浓度下降、地表水达到或好于Ⅲ类水体比例、地表水劣Ⅴ类水体比例、重要江河湖泊水功能区水质达标率、地级及以上城市集中式饮用水水源水质达到或优于Ⅲ类比例、近岸海域水质优良（一、二类）比例、受污染耕地安全利用率、单位耕地面积化肥使用量、工业废水排放量、重点污染物排放量（分别计算）、单位耕地面积农药使用量。

"生态保护"涵盖的 10 个二级指标为森林覆盖率、森林蓄积量、草原综合植被覆盖度、自然岸线保有率、湿地保护率、陆域自然保护区面积、海洋保护区面积、新增水土流失治理面积、可治理沙化土地治理率、新增矿山恢复治理面积。

"发展质量"涵盖的 5 个二级指标为人均 GDP 增长率、居民人均可支配收入、第三产业增加值占 GDP 比重、战略性新兴产业增加值占 GDP 比重、研究与试验发展经费支出占 GDP 比重。

"绿色生活"涵盖的 8 个二级指标为公共机构人均能耗降低率、绿色产品市场占有率（高效节能产品市场占有率）、新能源汽车保有量增长率、绿色出行（城镇每万人公共交通客运量）、城镇绿色建筑占新建建筑比重、城市建成区绿地率、农村自来水普及率、农村卫生厕所普及率等。

"年度评估结果""公众满意程度""生态环境事件"各包括 1 个二级指标，分别为各地区生态文明建设年度评价的综合情况，居民对本地区生态文明建设、生态环境改善的满意程度，地区重特大突发环境事件、造成恶劣社会影响的其他环境污染责任事件、严重生态破坏责任事件的发生情况。

五、基于综合视角的美丽中国建设评估指标体系

美丽中国建设符合自然发展的规律，人与自然是生命共同体，人类必须尊

重自然、顺应自然、保护自然。党的十九大报告用一个章节来部署加快生态文明体制改革、建设美丽中国的四大举措，即推进绿色发展、着力解决突出环境问题、加大生态系统保护力度和改革生态环境监管机制，同时提出要建设人与自然和谐共生的现代化，既要创造更多物质财富和精神财富以满足人民日益增长的美好生活需要，也要提供更多优质生态产品以满足人民日益增长的优美生态环境需要。

依据党的十九大报告提出建设美丽中国的四大举措与现代化建设要求，统筹考虑美丽中国广义的"五位一体"的总体布局与宏观导向，生态环境有效保护、自然资源永续利用、经济社会绿色发展、人与自然和谐共处的可持续发展目标和天蓝地绿、山清水秀、强大富裕、人地和谐的可持续发展新格局，从生态建设、环境保护、绿色发展、人地和谐、体制完善等综合视角构建5类41个二级指标构成的美丽中国建设评估指标体系（表3.4）。

生态建设类指标体系评估结果反映地区生态环境质量，主要运用国家各类生态功能区数量、生态用地面积比例、污水处理率、生活垃圾无害化处理率、森林覆盖率、山区绿化覆盖指数、草地覆盖度和净初级生产力8项具体指标来综合体现。

环境保护类指标体系评估反映地区大气、水等环境要素治理状况，选取细颗粒物（$PM_{2.5}$）未达标地级及以上城市浓度下降、地级及以上城市空气质量优良天数比率、化学需氧量排放总量减少、氨氮排放总量减少、二氧化硫排放总量减少、氮氧化物排放总量减少、地表水达到或好于Ⅲ类水体比例、地表水劣Ⅴ类水体比例8项具体指标来综合体现。

绿色发展类指标体系反映地区经济的绿色发展水平，选取人均GDP、第二产业占GDP比重、第三产业占GDP比重、单位GDP能耗降低、万元GDP用水量下降率、人均财政收入、单位GDP建设用地面积降低率、战略性新兴产业增加值占GDP比重、研究与试验发展经费支出占GDP比重9项具体指标体现。

表3.4 基于综合视角的美丽中国建设评估指标体系

美丽维度		指标名称	单位	指标方向	指标说明
A 生态建设	A_1	国家各类生态功能区数量	处	+	包括世界自然遗产数量＋国家级风景名胜区＋国家级自然保护区数量
	A_2	生态用地面积比例	%	+	指市域行政区内森林＋草地＋水系的面积占比
	A_3	污水处理率	%	+	数据来自中国城市统计年鉴
	A_4	生活垃圾无害化处理率	%	+	数据来自中国城市统计年鉴
	A_5	森林覆盖率	%	−	森林面积占陆地总面积的比例
	A_6	山区绿化覆盖指数	%	+	山区绿化覆盖指数
	A_7	草地覆盖度	%	+	草地综合植被覆盖度
	A_8	净初级生产力		+	净初级生产力

续表

美丽维度		指标名称	单位	指标方向	指标说明
B 环境保护	B_1	细颗粒物（$PM_{2.5}$）未达标地级及以上城市浓度降低率	%	+	在一定时间内细颗粒物（$PM_{2.5}$）未达标地级及以上城市年平均浓度的降低速度。地级及以上城市$PM_{2.5}$年平均浓度是指某一区域所有地级及以上城市$PM_{2.5}$年平均浓度的算术平均值。采用算术平均法依次计算城市监测点位单点日平均浓度、城市日平均浓度、城市年平均浓度、区域年平均浓度。具体计算方法参照《环境空气质量评价技术规范（试行）》（HJ 663—2013）。$PM_{2.5}$年平均浓度二级浓度限值为 $35\mu g/m^3$，适用于城市区域。统计范围为未达标的地级及以上城市
	B_2	地级及以上城市空气质量优良天数比率	%	+	地级及以上城市空气质量指数为0～100的天数占全年有效监测天数的百分比。根据《环境空气质量指数（AQI）技术规定（试行）》（HJ 633—2012）规定:空气质量指数（AQI）划分为0～50、51～100、101～150、151～200、201～300和大于300六档，对应空气质量的六个级别，从一级优，二级良，三级轻度污染，四级中度污染，直至五级重度污染，六级严重污染
	B_3	化学需氧量排放总量减少	万 t	+	化学需氧量排放量降低率指在一定时间内化学需氧量排放量的降低速度
	B_4	氨氮排放总量减少	万 t	+	指在一定时间内氨氮排放量的降低速度
	B_5	二氧化硫排放总量减少	万 t	+	指在一定时间内二氧化硫排放量的降低速度
	B_6	氮氧化物排放总量减少	万 t	+	指在一定时间内氮氧化物排放量的降低速度
	B_7	地表水达到或好于Ⅲ类水体比例	%	+	指根据我国国控河流型断面和湖库型断面水质状况，计算得出的断面达到或好于Ⅲ类水质的比例；监测断面为环境保护部《"十三五"国家地表水环境质量监测网设置方案》中确定的国控地表水断面
	B_8	地表水劣Ⅴ类水体比例	%	+	指根据我国国控河流型断面和湖库型断面水质状况，计算得出的断面劣Ⅴ类水质的比例。监测断面为环境保护部《"十三五"国家地表水环境质量监测网设置方案》中确定的国控地表水断面
C 绿色发展	C_1	人均GDP	元	+	数据来自中国城市统计年鉴
	C_2	第二产业占GDP比重	%	−	数据来自中国城市统计年鉴
	C_3	第三产业占GDP比重	%	+	数据来自中国城市统计年鉴
	C_4	单位GDP能耗降低	t标准煤	−	数据来自中国城市统计年鉴2019和夜间灯光反演能源数据
	C_5	万元GDP用水量下降	m^3	−	各地级市统计年鉴或统计公报
	C_6	人均财政收入	元/人	+	数据来自中国城市统计年鉴
	C_7	单位GDP建设用地面积降低率	%	+	数据来自中国城市统计年鉴
	C_8	战略性新兴产业增加值占GDP比重	%	+	指报告期内规模以上工业战略性新兴产业总产值占规模以上工业总产值（当年价）的比重
	C_9	研究与试验发展经费支出占GDP比重	%	+	指全社会研究与试验发展（R&D）经费支出与国内（地区）生产总值（当年价）的比率

美丽维度		指标名称	单位	指标方向	指标说明
D 人地和谐	D_1	居民人均可支配收入	元	+	数据来自中国城市统计年鉴
	D_2	教育支出占公共财政预算支出比重	%	+	数据来自中国城市统计年鉴
	D_3	每万人拥有卫生技术人员数量	人	+	数据来自中国城市统计年鉴
	D_4	科学技术支出占公共财政预算支出比	%	+	数据来自中国城市统计年鉴
	D_5	互联网普及率	%	+	各地级市统计年鉴或统计公报
	D_6	大气污染造成的经济损失	亿元	−	大气污染造成人体健康、农作物以及清洗费用等方面的经济损失
	D_7	家庭和环境空气污染导致的死亡率	%	−	每10万人中室内和室外空气污染造成的死亡人数
	D_8	贫困发生率	%	−	低于贫困线的人口占农村人口的比例
E 体制完善	E_1	信用制度和基础建设	百分制	+	数据来自：中国城市营商环境调研
	E_2	近5年重大环境污染事件发生次数	次	−	根据公开网站收集统计
	E_3	近5年重大腐败案件发生的频次	次	−	根据公开网站收集统计
	E_4	近5年恶性事件发生次数	次	−	根据公开网站收集统计
	E_5	近5年重大自然灾害发生次数	次	−	根据公开网站收集统计
	E_6	居民对公共事务参与度	百分制	+	国家统计局
	E_7	公民对生态环境改善的满意度	百分制	+	国家统计局
	E_8	非法野生动植物偷猎和贩运案件数	件	−	非法捕获和贩运的野生动植物案件总数，其中，非法野生动植物偷猎案件数指非法捕获的野生动植物案件数；非法野生动植物贩运案件数指非法进口或出口的野生动植物案件数

人地和谐类指标体系反映地区的社会发展与生态环境和谐程度，选取地区的居民人均可支配收入、教育支出占公共财政预算支出比重、每万人拥有卫生技术人员数量、科学技术支出占公共财政预算支出比、互联网普及率、大气污染造成的经济损失、家庭和环境空气污染导致的死亡率、贫困发生率8项具体指标体现。

体制完善类指标体系评估结果反映地区体制完善程度，主要体现在信用制度和基础建设、近 5 年重大环境污染事件发生次数、近 5 年重大腐败案件发生的频次、近 5 年恶性事件发生次数、近 5 年重大自然灾害发生次数、居民对公共事务参与度、公民对生态环境改善的满意度、非法野生动植物偷猎和贩运案件数 8 项具体指标来表征。

以生态建设、环境保护、绿色发展、人地和谐及机制完善要素的评价结果为基础，运用加权方法，进行美丽中国建设进程的综合评估，得出不同区域发展的美丽指数。

六、美丽中国建设评估的实施指标体系

以上述各类评估指标体系研究为基础，中国科学院与国家发改委联合进行多方案比选，并由国家发展和改革委员会联合相关部委编制《美丽中国建设评估指标体系及实施方案》，后经征求相关部委多轮意见并经领导同意后，2020 年 2 月 28 日由国家发展和改革委员会以发改环资〔2020〕296 号文件正式下发了《美丽中国建设评估指标体系及实施方案》，成为美丽中国建设评估的实施指标体系。

该评估指标体系重点聚焦生态环境改善和人居环境改善两大方面，包括空气清新、水体洁净、土壤安全、生态良好、人居整洁 5 类指标。按照突出重点、群众关切、数据可得的原则，注重美丽中国建设结果性评估，分类细化提出 22 项具体指标（表 3.5）。后续将根据党中央、国务院部署以及经济社会发展、生态文明建设实际情况，对美丽中国建设评估指标体系持续进行完善。

表 3.5　美丽中国建设评估的实施指标体系

评估指标	序号	具体指标（单位）	数据来源
空气清新 B_1	C_1	地级及以上城市细颗粒物（$PM_{2.5}$）浓度（$\mu g/m^3$）	生态环境部
	C_2	地级及以上城市可吸入颗粒物（PM_{10}）浓度（$\mu g/m^3$）	
	C_3	地级及以上城市空气质量优良天数比例（%）	
水体洁净 B_2	C_4	地表水水质优良（达到或好于Ⅲ类）比例（%）	生态环境部
	C_5	地表水劣Ⅴ类水体比例（%）	
	C_6	地级及以上城市集中式饮用水水源地水质达标率（%）	
土壤安全 B_3	C_7	受污染耕地安全利用率（%）	生态环境部，农业农村部
	C_8	污染地块安全利用率（%）	生态环境部，自然资源部
	C_9	农膜回收率（%）	农业农村部
	C_{10}	化肥利用率（%）	
	C_{11}	农药利用率（%）	

评估指标	序号	具体指标（单位）	数据来源
生态良好 B$_4$	C$_{12}$	森林覆盖率（%）	国家林业和草原局 自然资源部
	C$_{13}$	湿地保护率（%）	
	C$_{14}$	水土保持率（%）	水利部
	C$_{15}$	自然保护地面积占陆域国土面积比例（%）	国家林业和草原局，自然资源部
	C$_{16}$	重点生物物种数保护率（%）	生态环境部
人居整洁 B$_5$	C$_{17}$	城镇生活污水集中收集率（%）	住房和城乡建设部
	C$_{18}$	城镇生活垃圾无害化处理率（%）	
	C$_{19}$	农村生活污水处理和综合利用率（%）	生态环境部
	C$_{20}$	农村生活垃圾无害化处理率（%）	住房和城乡建设部
	C$_{21}$	城市公园绿地 500m 服务半径覆盖率（%）	
	C$_{22}$	农村卫生厕所普及率（%）	农业农村部

数据来源：《美丽中国建设评估指标体系及实施方案》（发改环资〔2020〕296 号），国家发展和改革委员会，2020 年 2 月。

空气清新类指标包括地级及以上城市细颗粒物（PM$_{2.5}$）浓度、地级及以上城市可吸入颗粒物（PM$_{10}$）浓度、地级及以上城市空气质量优良天数比例 3 个指标（图 3.1）。

水体洁净类指标包括地表水水质优良（达到或好于Ⅲ类）比例、地表水劣Ⅴ类水体比例、地级及以上城市集中式饮用水水源地水质达标率 3 个指标。

土壤安全类指标包括受污染耕地安全利用率、污染地块安全利用率、农膜回收率、化肥利用率、农药利用率 5 个指标。

生态良好类指标包括森林覆盖率、湿地保护率、水土保持率、自然保护地面积占陆域国土面积比例、重点生物物种数保护率 5 个指标。

人居整洁类指标包括城镇生活污水集中收集率、城镇生活垃圾无害化处理率、农村生活污水处理和综合利用率、农村生活垃圾无害化处理率、城市公园绿地 500m 服务半径覆盖率、农村卫生厕所普及率 6 个指标。

在全国通用的 22 个评估指标数量不变的前提下，各地区可根据地方差异与不同特点，因地制宜地选取若干适合当地的扩展性指标，来构建适合当地特色的美丽中国建设评估差异化指标体系，体现各地区美丽中国建设的差异性。扩展性指标选取原则如下：一是在确保原有的 5 个二级指标、22 个三级指标不变的前提下，可扩展的三级指标数不超过 5 个，即分地区美丽中国建设评估的三级指标总数不超过 27 个；二是在确保 5 个二级指标、22 个三级指标不变的前提下，每个二级指标内可扩展的三级指标数不超过 2 个。

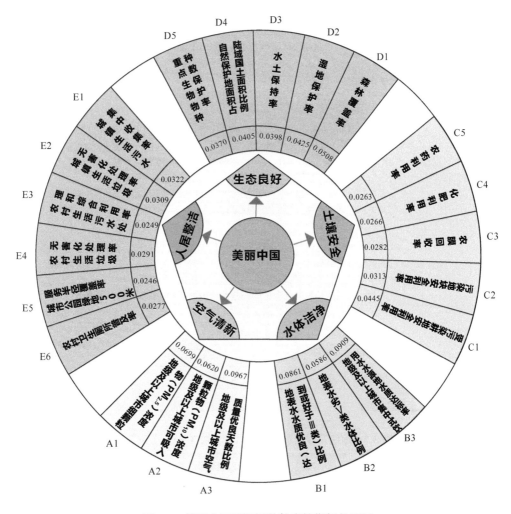

图 3.1　美丽中国建设评估的实施指标体系图

第三节　美丽中国建设评估指标的量化辨识

美丽中国建设评估指标的量化辨识包括空气清新类指标、水体洁净类指标、土壤安全类指标、生态良好类指标和人居整洁类指标共 22 个具体指标的量化辨识过程。

一、空气清新类指标的量化辨识

空气清新类指标包括地级及以上城市细颗粒物（PM$_{2.5}$）浓度、地级及以上城市可吸入颗粒物（PM$_{10}$）浓度、地级及以上城市空气质量优良天数比例 3 个指标，3 个指标的基本内涵、计算公式、数据采集来源、数据采集时间、空间尺度等如表 3.6 ～ 表 3.8 所示。

表 3.6　地级及以上城市细颗粒物（PM$_{2.5}$）浓度

指标名称（单位）	地级及以上城市细颗粒物（PM$_{2.5}$）浓度（μg/m³）
指标编号	C$_1$
基本内涵	环境空气中空气动力学当量直径 ≤ 2.5μm 的颗粒物年平均浓度值（一个日历年内各日平均浓度值的算术平均值）
对美丽中国建设进程评估的重要意义	党的十九大报告提出将污染防治攻坚战作为决胜全面建成小康社会的三大攻坚战之一，要把解决突出生态环境问题作为民生优先领域，持续实施大气污染防治行动，坚决打赢蓝天保卫战，要以空气质量明显改善为刚性要求，基本消除重污染天气，明显改善大气环境质量，解决人民群众"心肺之患"，提高老百姓的蓝天幸福感。细颗粒物（PM$_{2.5}$）浓度是《大气污染防治行动计划》（简称"大气十条"）的核心监测指标，对美丽中国评估具有重要意义
计算公式	$C_1 = \sum PM_{2.5}/n$ 式中，C_1 为行政区域内年均细颗粒物（PM$_{2.5}$）浓度；PM$_{2.5}$ 为行政区域内细颗粒物日均浓度；n 为日历一年中 PM$_{2.5}$ 浓度有效监测天数。行政区域日均浓度可先计算各空气监测点位的日均浓度，由各点位的日均浓度算术平均得到行政区域内日均浓度，再由此计算统计时段内行政区域内 PM$_{2.5}$ 日浓度均值，将全年日浓度均值累加除以年有效监测天数，获得年均浓度数据
数据采集来源	各级生态环境部门（实地监测数据）
数据采集时间	2000 年以来，每年动态更新一次
空间尺度	所有地级行政单元、省（自治区、直辖市）
数据格式	Excel

表 3.7　地级及以上城市可吸入颗粒物（PM$_{10}$）浓度

指标名称（单位）	地级及以上城市可吸入颗粒物（PM$_{10}$）浓度（μg/m³）
指标编号	C$_2$
基本内涵	环境空气中空气动力学当量直径 ≤ 10μm 的颗粒物年平均浓度值（一个日历年内各日平均浓度值的算术平均值）
对美丽中国建设进程评估的重要意义	提升大气环境质量事关人民群众的切身健康，是美丽中国建设的核心。可吸入颗粒物（PM$_{10}$）浓度是《大气污染防治行动计划》（简称"大气十条"）的核心监测指标，是监测大气环境质量变化的核心指针，对美丽中国评估具有重要意义
计算公式	$C_2 = \sum PM_{10}/n$ 式中，C_2 为行政区域内年均可吸入颗粒物（PM$_{10}$）浓度；PM$_{10}$ 为行政区域内可吸入颗粒物日均浓度；n 为日历一年中 PM$_{10}$ 浓度有效监测天数。行政区域日均浓度可先计算各空气监测点位的日均浓度，由各点位的日均浓度算术平均得到行政区域内日均浓度，再由此计算统计时段内行政区域内 PM$_{10}$ 日浓度均值，将全年日浓度均值累加除以年有效监测天数，获得年均浓度数据
数据采集来源	各级生态环境部门（实地监测数据）
数据采集时间	2000 年以来，每年动态更新一次
空间尺度	所有地级行政单元、省（自治区、直辖市）
数据格式	Excel

表 3.8　地级及以上城市空气质量优良天数比例

指标名称（单位）	地级及以上城市空气质量优良天数比例（%）
指标编号	C_3
基本内涵	按照《环境空气质量指数（AQI）技术规定（试行）》（HJ 633—2012）规定 AQI 达到 0 ～ 50（一级，优）和 51 ～ 100（二级，良）两个级别的天数之和占有效监测天数的比例
对美丽中国建设进程评估的重要意义	空气清新是美丽中国建设的基本要求，空气质量优良天数比例是检验大气污染防治成效的核心指标，同时也是《大气污染防治行动计划》（简称"大气十条"）的核心监测指标，对美丽中国评估具有重要意义
计算公式	$C_3=B/C\times100\%$ 式中，C_3 为行政区域内空气质量 AQI 优良天数比例；B 为日历一年中空气质量达到 AQI 0 ～ 50（一级，优）和 51 ～ 100（二级，良）两个级别的天数之和；C 为日历一年中空气质量有效监测天数
数据采集来源	各级生态环境部门（实地监测数据）
数据采集时间	2000 年以来，每年动态更新一次
空间尺度	省（自治区、直辖市）、所有地级行政单元
数据格式	Excel

二、水体洁净类指标的量化辨识

水体洁净类指标包括地表水水质优良（达到或好于Ⅲ类）比例、地表水劣Ⅴ类水体比例、地级及以上城市集中式饮用水水源地水质达标率 3 个指标。3 个指标的基本内涵、计算公式、数据采集来源、数据采集时间、空间尺度等如表 3.9 ～表 3.11 所示。

表 3.9　地表水水质优良（达到或好于Ⅲ类）比例

指标名称（单位）	地表水水质优良（达到或好于Ⅲ类）比例（%）
指标编号	C_4
基本内涵	按照《地表水环境质量标准》（GB 3838—2002）规定的地表水域环境功能达到或好于Ⅲ类的地表水监测断面占全部地表水监测断面的比例
对美丽中国建设进程评估的重要意义	水环境保护事关人民群众切身利益，事关国家基本实现现代化。切实加大水污染防治力度，保障国家水安全，是建设"蓝天常在、青山常在、绿水常在"的美丽中国的核心任务之一。地表水水质优良（达到或好于Ⅲ类）比例是《水污染防治行动计划》（简称"水十条"）的主要指标，是监测水环境质量的核心指针，对美丽中国评估有重要意义
计算公式	$C_4=G/A\times100\%$ 式中，C_4 为行政区域内地表水水质优良（达到或好于Ⅲ类）比例；G 为地表水水质优良（达到或好于Ⅲ类）的国控及省控监测断面；A 为行政区域内全部地表水体国控及省控监测断面

续表

指标名称（单位）	地表水水质优良（达到或好于Ⅲ类）比例（%）
数据采集来源	各级生态环境部门（实地监测数据）
数据采集时间	2000 年以来，每年动态更新一次
空间尺度	省（自治区、直辖市）、所有地级行政单元
数据格式	Excel

表 3.10　地表水劣 Ⅴ 类水体比例

指标名称（单位）	地表水劣Ⅴ类水体比例（%）
指标编号	C_5
基本内涵	按照《地表水环境质量标准》（GB 3838—2002）规定的地表水域环境功能为劣Ⅴ类地表水监测断面占全部地表水监测断面的比例
对美丽中国建设进程评估的重要意义	劣Ⅴ类水体治理是水污染治理攻坚战的关键，事关人民群众的切身利益。降低地表水劣Ⅴ类水体比例是《水污染防治行动计划》（简称"水十条"）的核心目标，是监测水环境质量的核心指针，加大劣Ⅴ类水体治理力度是遏制水环境恶化的关键措施，对美丽中国评估具有重要意义
计算公式	$C_5=C/D×100\%$ 式中，C_5 为行政区域内地表水劣Ⅴ类水体比例；C 为地表水水质劣Ⅴ类的国控及省控监测断面；D 为行政区域内全部地表水体国控及省控监测断面
数据采集来源	各级生态环境部门（实地监测数据）
数据采集时间	2000 年以来，每年动态更新一次
空间尺度	省（自治区、直辖市）、所有地级行政单元
数据格式	Excel

表 3.11　地级及以上城市集中式饮用水水源地水质达标率

指标名称（单位）	地级及以上城市集中式饮用水水源地水质达标率（%）
指标编号	C_6
基本内涵	集中式饮用水水源地水质达到或优于《地表水环境质量标准》（GB 3838—2002）Ⅲ类标准占所有集中式饮用水水源地的比例
对美丽中国建设进程评估的重要意义	饮水安全和质量是人类发展和福祉的根本所在。提供安全饮用水是促进健康和减少贫困的最有效手段之一。饮用水安全问题，直接关系到广大人民群众的健康。切实做好饮用水安全保障工作是美丽中国建设的基本要求。提高集中式饮用水水源地水质达标率是加快解决饮用水水源地突出环境问题的核心，也是《全国集中式饮用水水源地环境保护专项行动方案》的重要目标，对美丽中国评估具有重要意义
计算公式	$C_6=C/D×100\%$ 式中，C_6 为行政区域内集中式饮用水水源地水质达标率；C 为集中式饮用水水源地水质达标数量；D 为行政区域内全部集中式饮用水水源地数量

续表

指标名称（单位）	地级及以上城市集中式饮用水水源地水质达标率（%）
数据采集来源	各级生态环境部门（实地监测数据）
数据采集时间	2000 年以来，每年动态更新一次
空间尺度	省（自治区、直辖市）、所有地级行政单元
数据格式	Excel

三、土壤安全类指标的量化辨识

土壤安全类指标包括受污染耕地安全利用率、受污染地块安全利用率、农膜回收率、化肥利用率、农药利用率 5 个指标。5 个指标的基本内涵、计算公式、数据采集来源、数据采集时间、空间尺度等如表 3.12 ～表 3.16 所示。

表 3.12　受污染耕地安全利用率

指标名称（单位）	受污染耕地安全利用率（%）
指标编号	C_7
基本内涵	按照《受污染耕地安全利用率核算方法（试行）》核算的实现安全利用的受污染耕地面积占行政区域内受污染耕地总面积的比例
对美丽中国建设进程评估的重要意义	土壤是经济社会可持续发展的物质基础，关系人民群众身体健康，关系美丽中国建设，保护好土壤环境是推进生态文明建设和维护国家生态安全的重要内容。当前，我国土壤环境总体状况堪忧，部分地区污染较为严重。提高受污染耕地安全利用率是《土壤污染防治行动计划》（简称"土十条"）的核心目标，是切实加强土壤污染防治，逐步改善土壤环境质量的重点，是净化农产品产地环境的关键，对美丽中国评估具有重要意义
计算公式	$C_7 = A/B \times 100\%$ 式中，C_7 为行政区域内受污染耕地安全利用率；A 为行政区域内实现安全利用的受污染耕地面积；B 为行政区域内受污染耕地总面积
数据采集来源	各级农业农村部门、各级生态环境部门
数据采集时间	2000 年以来，每年动态更新一次
空间尺度	省（自治区、直辖市）、所有地级行政单元
数据格式	Excel

表 3.13　受污染地块安全利用率

指标名称（单位）	受污染地块安全利用率（%）
指标编号	C_8
基本内涵	符合规划用地土壤环境质量要求的再开发利用污染地块面积，占行政区域内全部再开发利用污染地块面积的比例

指标名称（单位）	受污染地块安全利用率（%）
对美丽中国建设进程评估的重要意义	建设用地受污染地块修复关系人民群众身体健康，对美丽中国建设意义重大。提高受污染地块安全利用率是《土壤污染防治行动计划》（简称"土十条"）的核心目标，是切实加强土壤污染防治，逐步改善土壤环境质量重点
计算公式	$C_8=H/K×100\%$ 式中，C_8 为行政区域内污染地块安全利用率；H 为行政区域内符合规划用地土壤环境质量要求的再开发利用污染地块面积；K 为行政区域内再开发利用污染地块总面积
数据采集来源	各级生态环境部门、各级自然资源部门
数据采集时间	2000 年以来，每年动态更新一次
空间尺度	省（自治区、直辖市）、所有地级行政单元
数据格式	Excel

表 3.14　农膜回收率

指标名称（单位）	农膜回收率（%）
指标编号	C_9
基本内涵	按照原农业部印发的《农膜回收行动方案》（农科教发〔2017〕8 号）要求，行政区域内农膜回收量占区域内农膜使用总量的比例
对美丽中国建设进程评估的重要意义	加快推进农膜回收利用，防治农膜残留污染，提高废旧农膜资源化利用水平，推动农业绿色发展，事关土壤污染防治和美丽中国建设。农膜回收率是《农膜回收行动方案》的核心监测指标，对美丽中国评估具有重要意义
计算公式	$C_9=R/U×100\%$ 式中，C_9 为行政区域内农膜回收率；R 为行政区域内农膜回收量；U 为行政区域内农膜使用总量
数据来源	各级农业农村部门
数据时间	2000 年以来，每年动态更新一次
空间尺度	省（自治区、直辖市）、所有地级行政单元
数据格式	Excel

表 3.15　化肥利用率

指标名称（单位）	化肥利用率（%）
指标编号	C_{10}
基本内涵	指作物当季吸收利用的养分占总养分的比率
对美丽中国建设进程评估的重要意义	化肥是重要的农业生产资料，是粮食的"粮食"。化肥在促进粮食和农业生产发展中起了不可替代的作用，但目前也存在化肥过量施用、盲目施用等问题，带来了成本的增加和环境的污染，亟须改进施肥方式，提高肥料利用率，减少不合理投入，保障粮食等主要农产品有效供给，促进农业可持续发展。提高化肥利用率是原农业部制订的《到 2020 年化肥使用量零增长行动方案》的核心指标，对美丽中国评估有重要意义

指标名称（单位）	化肥利用率（%）
计算公式	$C_{10}=A/B×100\%$ 式中，C_{10} 为行政区域内化肥利用率；A 为行政区域内氮磷钾区作物吸收的养分量；B 为行政区域内养分施入量
数据采集来源	各级农业农村部门
数据采集时间	2000 年以来，每年动态更新一次
空间尺度	省（自治区、直辖市）、所有地级行政单元
数据格式	Excel

表 3.16　农药利用率

指标名称（单位）	农药利用率（%）
指标编号	C_{11}
基本内涵	病虫害防治过程中，作物靶标获取的农药质量占施药总质量的比率，称为农药利用率，是衡量农药科学使用水平的重要指标
对美丽中国建设进程评估的重要意义	农药是重要的农业生产资料，对防病治虫、促进粮食和农业稳产高产至关重要。但由于农药使用会带来农产品残留超标、作物药害、环境污染等问题，亟须推进农业发展方式转变，有效控制农药使用量，保障农业生产安全和生态环境安全。提高农药利用率是原农业部制订的《到 2020 年农药使用量零增长行动方案》的核心指标，对美丽中国评估具有重要意义
计算公式	$$PE = \sum_1^j (C × PE_j)$$ 式中，PE_j 为某作物农药利用率，%；C 为某作物病虫害防治面积占总防治面积权重；j 为作物种类。 $$PE_j = \gamma × \alpha × \sum_1^X \left(\frac{S_i}{S} × \overline{D} \right)$$ 式中，$\overline{D}$ 为喷雾方式在作物上喷施常规剂型农药时的利用率实测值，是综合考虑某施药机械在某种作物全生育期施药的农药利用率（D）的算术平均数；S_i 为某种施药机械在某种农作物上的病虫防治面积；S 为某种农作物的化学防治总面积；S/S 为喷雾方式在某种作物病虫防治上的使用权重；α 为农药剂型优化后的增效系数；γ 为农药喷洒操作水平影响因子
数据采集来源	各级农业农村部门
数据采集时间	2015 年以来，每 2 年动态更新一次
空间尺度	所有地级行政单元、省（自治区、直辖市）
数据格式	Excel

四、生态良好类指标的量化辨识

生态良好类指标包括森林覆盖率、湿地保护率、水土保持率、自然保护地面积占陆域国土面积比例、重点生物物种种数保护率 5 个指标。5 个指标的基本内涵、计算公式、数据采集来源、数据采集时间、空间尺度等如表 3.17 ～表 3.21 所示。

表 3.17　森林覆盖率

指标名称（单位）	森林覆盖率（%）
指标编号	C_{12}
基本内涵	行政区域内森林面积占土地总面积的比率
对美丽中国建设进程评估的重要意义	美丽中国，绿色是本。林业是自然资源、生态景观的集大成者，是山川原野的天然化妆师。发展林业是实现山川秀美的重要保证。森林既是陆地生态系统的主体，也是可再生资源的生产地，还是陆地上最经济的"吸碳器"和"储碳库"。森林是人类文化产生和发展的源泉。依托林业孕育和发展起来的生态文化，强调人与自然协调发展，建设美丽中国，应充分挖掘和提升林业的文化功能和精神价值，实现生态文化的大发展大繁荣。森林覆盖率是反映一个区域森林资源和林地占有实际水平的重要指标。提升森林覆盖率是《关于积极推进大规模国土绿化行动的意见》中提出的支撑美丽中国建设的核心目标，对美丽中国评估具有重要意义
计算公式	$C_{12}=F/L\times100\%$ 式中，C_{12} 为行政区域内森林覆盖率；F 为森林面积；L 为土地总面积
数据采集来源	各级林草部门、各级自然资源部门
数据采集时间	2000 年以来，每年动态更新一次
空间尺度	省（自治区、直辖市）、所有地级行政单元
数据格式	Excel

表 3.18　湿地保护率

指标名称（单位）	湿地保护率（%）
指标编号	C_{13}
基本内涵	行政区域内受保护湿地面积占其湿地总面积的百分比。受保护湿地是指由县级以上人民政府及其有关部门批准建立的各类保护地内的湿地，主要包括国家公园、自然保护区、湿地公园、森林公园、湿地保护小区、地质公园、风景名胜区、水源地保护区和水产种质资源保护区等区域内的湿地
对美丽中国建设进程评估的重要意义	湿地被称为"地球之肾"，在保护生物多样性、调洪蓄水、降污固碳、调节气候、美化环境等方面具有不可替代的生态功能。我国将重要湿地纳入生态保护红线严格保护，把"湿地面积不低于 8 亿亩"列为到 2020 年生态文明建设的主要目标之一，把湿地保护纳入中央对地方的绿色发展评价指标体系，并于 2016 年出台了《湿地保护修复制度方案》。湿地保护率是表征湿地保护状况的直接指标，是美丽中国建设的核心指标之一，对美丽中国评估具有重要意义
计算公式	$C_{13}=A/B\times100\%$ 式中，C_{13} 为湿地保护率；A 为行政区域内受保护湿地面积；B 为行政区域内湿地总面积
数据采集来源	各级林草部门、各级自然资源部门
数据采集时间	2000 年以来，每年动态更新一次
空间尺度	省（自治区、直辖市）、所有地级行政单元
数据格式	Excel

表 3.19　水土保持率

指标名称（单位）	水土保持率（%）
指标编号	C_{14}
基本内涵	满足生态文明和美丽中国建设要求下，通过水土流失预防和治理，区域内非水土流失面积占国土面积的比例
对美丽中国建设进程评估的重要意义	水土保持在预防和治理水土流失，保护和合理利用水土资源，减轻水、旱、风沙灾害，改善生态环境，保障经济社会可持续发展等方面具有重要意义，是美丽中国建设的重要基础和核心任务之一。水土保持率是反映水土保持状况的核心指标，对美丽中国评估具有重要意义
计算公式	$C_{14}=A/B \times 100\%$ 式中，C_{14} 为行政区域内水土保持率；A 为行政区域内非水土流失面积；B 为行政区域面积。水土保持率＝区域非水土流失面积／区域面积
数据采集来源	各级水利部门
数据采集时间	2000 年以来，每年动态更新一次
空间尺度	省（自治区、直辖市）、所有地级行政单元
数据格式	Excel

表 3.20　自然保护地面积占陆域国土面积比例

指标名称（单位）	自然保护地面积占陆域国土面积比例（%）
指标编号	C_{15}
基本内涵	行政区域内自然保护地面积占陆域国土面积比例。自然保护地是由各级政府依法划定或确认，对重要的自然生态系统、自然遗迹、自然景观及其所承载的自然资源、生态功能和文化价值实施长期保护的陆域
对美丽中国建设进程评估的重要意义	自然保护地是生态建设的核心载体、美丽中国的重要象征，在维护国家生态安全中居于首要地位。自然保护地面积占陆域国土面积比例是《关于建立以国家公园为主体的自然保护地体系的指导意见》中的核心指标。加快建立以国家公园为主体的自然保护地体系，提供高质量生态产品，对推进美丽中国建设具有重要意义
计算公式	$C_{15}=A/B \times 100\%$ 式中，C_{15} 为行政区域内自然保护地面积占陆域国土面积比例；A 为行政区域内自然保护地面积；B 为行政区域内陆域国土面积
数据来源	各级林草部门和各级自然资源部门
数据时间	2000 年以来，每年动态更新一次
空间尺度	省（自治区、直辖市）、所有地级行政单元
数据格式	Excel

表 3.21　重点生物物种种数保护率

指标名称（单位）	重点生物物种种数保护率（%）
指标编号	C_{16}
基本内涵	行政区域内受保护重点生物物种种数占本地重点生物物种种数的比例。重点生物物种是指"国家重点保护野生动物名录"中的保护以及"生物多样性红色名录"中的受威胁物种
对美丽中国建设进程评估的重要意义	生物多样性是生态文明的本源基础。近年来，国家相继颁布了《野生植物保护条例》《濒危野生动植物进出口管理条例》《国家重点保护野生植物名录》，实施了全国野生动植物保护及自然保护区建设工程、极小种群野生植物拯救保护等重大生态修复工程，来推动我国野生植物保护事业。加强重点生物物种保护是推进生态文明、建设美丽中国的有效措施。重点生物物种种数保护率是表征生物多样性保护的核心指标，对美丽中国评估具有重要意义
计算公式	$C_{16}=A/B\times100\%$ 式中，C_{16} 为重点生物物种种数保护率；A 为行政区域内受保护重点生物物种种数；B 为行政区域内重点生物物种种数
数据采集来源	各级生态环境部门
数据采集时间	2000 年以来，每年动态更新一次
空间尺度	省（自治区、直辖市）、所有地级行政单元
数据格式	Excel

五、人居整洁类指标的量化辨识

人居整洁类指标包括城镇生活污水集中收集率、城镇生活垃圾无害化处理率、农村生活污水处理和综合利用率、农村生活垃圾无害化处理率、城市公园绿地 500m 服务半径覆盖率、农村卫生厕所普及率 6 个指标。指标的基本内涵、计算公式、数据采集来源、数据采集时间、空间尺度等如表 3.22 ～表 3.27 所示。

表 3.22　城镇生活污水集中收集率

指标名称（单位）	城镇生活污水集中收集率（%）
指标编号	C_{17}
基本内涵	城镇污水处理设施生活污水集中收集量与城镇生活污水排放总量的比例
对美丽中国建设进程评估的重要意义	污水集中收集率是截污控污措施落实情况的直接反映，更好地反映了城镇污水的收集普及水平和管网的转输能力。全面提升城镇污水管网的运行性能是城镇污水处理提质增效的核心和关键。提升城镇生活污水集中收集率是全面提升污水处理能力和水平的先决条件，是削减污染物排放总量的重要依托，是实现水环境质量稳中向好、逐步改善的基本保障。城镇生活污水集中收集率是反映城镇生活污水整治能力的核心指标，对美丽中国评估具有重要意义
计算公式	$C_{17}=A/B\times100\%$ 式中，C_{17} 为城镇生活污水集中收集率；A 为城镇污水处理设施生活污水集中收集量；B 为城镇生活污水排放总量

续表

指标名称（单位）	城镇生活污水集中收集率（%）
数据采集来源	各级住房城乡建设部门
数据采集时间	2000 年以来，每年动态更新一次
空间尺度	省（自治区、直辖市）、所有地级行政单元
数据格式	Excel

表 3.23　城镇生活垃圾无害化处理率

指标名称（单位）	城镇生活垃圾无害化处理率（%）
指标编号	C_{18}
基本内涵	城镇生活垃圾无害化处理量与城镇生活垃圾产生量比例。在统计上，生活垃圾产生量不易取得，可用清运量代替
对美丽中国建设进程评估的重要意义	随着城镇化的快速发展，人民生活水平的不断提升，"垃圾围城"成为全国大中型城市发展中的"痛点"。生活垃圾无害化处理，关系广大人民群众生活环境，关系节约使用资源，也是社会文明水平的一个重要体现。实现垃圾的减量化、资源化和无害化是城镇环境卫生工作的重要目标。城镇生活垃圾无害化处理率是反映城镇人居环境整治能力的核心指标，对美丽中国评估具有重要意义
计算公式	$C_{18}=A/B\times100\%$ 式中，C_{18} 为城镇生活垃圾无害化处理率；A 为城镇生活垃圾无害化处理量；B 为城镇生活垃圾产生量（可用清运量代替）
数据采集来源	各级住房城乡建设部门
数据采集时间	2000 年以来，每年动态更新一次
空间尺度	省（自治区、直辖市）、所有地级行政单元
数据格式	Excel

表 3.24　农村生活污水处理和综合利用率

指标名称（单位）	农村生活污水处理和综合利用率（%）
指标编号	C_{19}
基本内涵	农村生活污水处理和综合利用量占农村生活污水排放总量的比例
对美丽中国建设进程评估的重要意义	治理农业农村污染，是实施乡村振兴战略的重要任务，事关全面建成小康社会，事关农村生态文明建设。为加快解决农业农村突出环境问题，打好农业农村污染治理攻坚战，生态环境部和农业农村部 2018 年联合制定了《农业农村污染治理攻坚战行动计划》，加快推进农村生活污水治理。农村生活污水处理和综合利用率是表征当前农村人居环境质量状况的核心指标，对美丽中国评估具有重要意义
计算公式	$C_{19}=A/B\times100\%$ 式中，C_{19} 为农村生活污水处理和综合利用率；A 为农村生活污水处理和综合利用量；B 为农村生活污水排放总量

指标名称（单位）	农村生活污水处理和综合利用率（%）
数据采集来源	各级生态环境部门
数据采集时间	2000 年以来，每年动态更新一次
空间尺度	省（自治区、直辖市）、所有地级行政单元
数据格式	Excel

表 3.25　农村生活垃圾无害化处理率

指标名称（单位）	农村生活垃圾无害化处理率（%）
指标编号	C_{20}
基本内涵	农村地区生活垃圾无害化处理量与农村地区生活垃圾产生量的比例
对美丽中国建设进程评估的重要意义	随着人民生活水平的不断提高，农村生活垃圾产生量与日俱增，由此带来的环境污染问题日益严重，生活垃圾处理是我国社会主义新农村建设中面临的突出问题之一。良好的人居环境是广大农民的殷切期盼。加大农村生活垃圾治理力度是《农业农村污染治理攻坚战行动计划》的核心目标之一。农村生活垃圾无害化处理率是反映农村人居生活环境改善的重要指标，对美丽中国评估具有重要意义
计算公式	$C_{20}=A/B\times100\%$ 式中，C_{20} 为农村地区生活垃圾无害化处理率；A 为农村地区生活垃圾无害化处理量；B 为农村地区生活垃圾产生量
数据采集来源	各级住房城乡建设部门
数据采集时间	2000 年以来，每年动态更新一次
空间尺度	省（自治区、直辖市）、所有地级行政单元
数据格式	Excel

表 3.26　城市公园绿地 500m 服务半径覆盖率

指标名称（单位）	城市公园绿地 500m 服务半径覆盖率（%）
指标编号	C_{21}
基本内涵	从公园绿地的四周边界分别向外延伸 500m 范围可以覆盖到的居住用地面积占居住用地总面积的比例（公园绿地是指面积在 5000m² 以上的公园绿地）
对美丽中国建设进程评估的重要意义	城市公园绿地改善了城市人居环境，提升了城市功能品质，增强了城市综合竞争力，增进了社会和谐。布局合理的城市绿地更能切实提高城市居民生活品质。城市公园绿地 500m 服务半径覆盖率通过居民利用公园绿地的公平性和可达性评价公园绿地布局是否合理，是表征城市人居环境状况的核心指标，对美丽中国评估具有重要意义

续表

指标名称（单位）	城市公园绿地 500m 服务半径覆盖率（%）
计算公式	$C_{21}=G/R\times100\%$ 式中，C_{21} 为城市公园绿地 500m 服务半径覆盖率；G 为城市公园绿地服务半径覆盖的居住用地面积；R 为城市居住用地总面积
数据采集来源	各级住房城乡建设部门
数据采集时间	2000 年以来，每年动态更新一次
空间尺度	省（自治区、直辖市）、所有地级行政单元
数据格式	Excel

表 3.27　农村卫生厕所普及率

指标名称（单位）	农村卫生厕所普及率（%）
指标编号	C_{22}
基本内涵	达到卫生厕所标准要求的农户数占农村总户数的比例。卫生厕所标准执行《农村户厕卫生标准》（GB 19379—2003）
对美丽中国建设进程评估的重要意义	美丽乡村建设是美丽中国建设的重要组成部分，普及农村卫生厕所，是改善农村人居环境的重点环节，厕所映射着国人卫生习惯的改变，影响着亿万群众的出行，关系着美丽乡村建设全局。农村卫生厕所普及率是反映农村地区居民卫生健康状况的重要指标，对美丽中国评估具有重要意义
计算公式	$C_{22}=A/H\times100\%$ 式中，C_{22} 为农村卫生厕所普及率；A 为年末该地区达到卫生厕所标准要求的农户数；H 为同期该地区农村总户数。农村总户数是指居住和生活在县城（不含）以下的乡镇、村的总户数。达到卫生厕所标准要求的农户数是指三格化粪池式、双瓮漏斗式、三联沼气池式、粪尿分集式、完整下水道水冲式、双坑交替式、其他类型（通风改良式、阁楼式、深坑防冻式）卫生户厕之和
数据采集来源	各级农业农村部门
数据采集时间	2000 年以来，每年动态更新一次
空间尺度	省（自治区、直辖市）、所有地级行政单元
数据格式	Excel

第四节　美丽中国建设评估指标分级标准

美丽中国建设评估指标分级标准包括美丽中国建设评估实施指标体系的分级标准和各地区差异化指标体系分级标准等。

一、美丽中国建设评估实施指标体系的分级标准

根据美丽中国建设评估实施指标体系 22 项具体指标的实际可能取值范围，并参照相关国家标准、规划目标、国家行动计划、国内外先进水平等确定各指标的上限和下限，对每项具体指标进行标准化处理，划分为Ⅰ、Ⅱ、Ⅲ、Ⅳ、Ⅴ等 5 级。22 项具体指标的分级标准如表 3.28 所示。

表 3.28　美丽中国建设评估实施指标体系分级标准一览表

指标类型	指标代码	指标名称（单位）	区域	差（Ⅰ级）	较差（Ⅱ级）	一般（Ⅲ级）	良好（Ⅳ级）	优秀（Ⅴ级）
空气清新 B_1	C_1	地级及以上城市 $PM_{2.5}$ 浓度（μg/m³）	全国	150～65	65～50	50～35	35～15	15～0
	C_2	地级及以上城市 PM_{10} 浓度（μg/m³）	全国	200～130	130～100	100～70	70～40	40～0
	C_3	地级及以上城市空气质量优良天数比例（%）	全国	0～30	30～50	50～80	80～90	90～100
水体洁净 B_2	C_4	地表水水质优良比例（%）	北方流域	0～15	15～35	35～55	55～70	70～100
			南方流域	0～25	25～45	45～65	65～80	80～100
	C_5	地表水劣Ⅴ类水体比例（%）	北方流域	100～30	30～20	20～10	10～5	5～0
			南方流域	100～10	10～5	5～3	3～1	1～0
	C_6	地级及以上城市集中式饮用水水源地水质达标率（%）	全国	0～70	70～80	80～90	90～95	95～100
土壤安全 B_3	C_7	受污染耕地安全利用率（%）	全国	0～60	60～85	85～90	90～95	95～100
	C_8	污染地块安全利用率（%）	全国	0～60	60～85	85～90	90～95	95～100
	C_9	农膜回收率（%）	冀辽鲁豫甘新	0～60	60～90	90～95	95～98	98～100
			全国其他省级单元	0～50	50～70	70～80	80～90	90～100
	C_{10}	化肥利用率（%）	全国	0～12	12～20	20～30	30～35	35～60
	C_{11}	农药利用率（%）	全国	0～30	30～35	35～40	40～45	45～70
生态良好 B_4	C_{12}	森林覆盖率（%）	全国	0～10	10～15	15～20	20～25	25～80
	C_{13}	湿地保护率（%）	全国	0～20	20～30	30～50	50～60	60～100
	C_{14}	水土保持率（%）	全国	0～65	65～70	70～75	75～80	80～100
	C_{15}	自然保护地面积占陆域国土面积的比例（%）	全国	0～5	5～10	10～15	15～18	18～40
	C_{16}	重点生物物种种数保护率（%）	全国	0～40	40～60	60～80	80～97	97～100

续表

指标类型	指标代码	指标名称（单位）	区域	差（Ⅰ级）	较差（Ⅱ级）	一般（Ⅲ级）	良好（Ⅳ级）	优秀（Ⅴ级）
人居整洁 B₅	C₁₇	城镇生活污水集中收集率（%）	全国	0～50	50～70	70～85	85～95	95～100
	C₁₈	城镇生活化垃圾无害化处理率（%）	全国	0～50	50～70	70～85	85～95	95～100
	C₁₉	农村生活污水处理和综合利用率（%）	全国	0～20	20～35	35～50	50～60	60～100
	C₂₀	农村生活垃圾无害化处理率（%）	全国	0～40	40～60	60～75	75～90	90～100
	C₂₁	城市公园绿地 500m 服务半径覆盖率（%）	规划新区	0～50	50～80	80～95	95～98	98～100
			旧城区	0～25	25～50	50～70	70～80	80～100
	C₂₂	农村卫生厕所普及率（%）	全国	0～15	15～30	30～60	60～80	80～100

注：当指标数值等于 s 级上限和（$s+1$）级下限时，将该数值作为（$s+1$）级考虑。例如，PM$_{2.5}$ 浓度为 15μg/m³ 时，认定为优秀（Ⅴ级）。

二、美丽中国建设分省差异化评估指标体系的分级标准

为了兼顾各地区美丽中国建设的差异性，在全国通用的 22 个评估指标数量不变的前提下，各省可根据地方差异与不同特点，因地制宜地选取若干适合当地的扩展性指标，来构建适合当地特色的美丽中国建设评估差异化评估指标体系，体现各省美丽中国建设的差异性。扩展性指标选取及分级原则如下：

在确保 5 个二级指标、22 个三级指标不变的前提下，可扩展的三级指标数不超过 5 个，即分省美丽中国建设评估的三级指标总数不超过 27 个。

在确保 5 个二级指标、22 个三级指标不变的前提下，每个二级指标内可扩展的三级指标数不超过 2 个。

分省制定的差异化评估指标体系中，对出现的扩展性指标的分级标准可由各省根据指标的现状值和预期可达目标自行制定，确定扩展性指标的上限和下限，评估过程中同样需要确定Ⅰ、Ⅱ、Ⅲ、Ⅳ、Ⅴ级指标的上限值和下限值，对每项扩展性指标进行标准化处理。

将标准化后的指标 x' 划分为 5 级：$0 \leq x' < 20$ 为差（Ⅰ级），$20 \leq x' < 40$ 为较差（Ⅱ级），$40 \leq x' < 60$ 为一般（Ⅲ级），$60 \leq x' < 80$ 为良好（Ⅳ级），$80 \leq x' \leq 100$ 为优秀（Ⅴ级）。标准化处理的计算公式同全国评估指标计算公式

一致。除扩展性指标外，其他评估指标的分级标准与全国保持一致。

主要参考文献

[1] 方创琳, 鲍超, 王振波. 美丽中国建设的科学基础和评估指标体系研究. 《中国城市发展报告》编委会编. 中国城市发展报告(2020/2021). 北京: 中国城市出版社, 2021.

[2] 方创琳, 王振波. 美丽中国建设的理论基础与评估方案探索. 地理学报, 2019, 74(4): 619-632.

[3] 高峰, 赵雪雁, 黄春林, 等. 地球大数据支撑的美丽中国评价指标体系构建及评价. 北京: 科学出版社, 2021.

第四章

美丽中国建设
评估技术流程与方法

　　根据美丽中国建设评估指标体系与实施方案，将美丽中国建设评估的技术路线设置为 11 个大步骤，将评估的技术流程分为前期准备、评估启动培训、实地调研与数据采集、评估报告编写、成果汇交评审、成果报批发布六大阶段。本章给出了美丽中国建设评估技术流程，评估数据采集与校验方法、评估指标权系数计算方法、评估指标标准化处理方法、综合美丽指数计算方法、公众满意度调查方法等。采用熵技术支持的评估指标权系数层次分析法（AHP）算法和大数据技术支持的评估指标权系数 APP 算法计算评估指标的权系数；采用模糊隶属度函数方法对评估指标进行标准化处理，进一步采用逐级综合加权法分别计算空气清新指数、水体洁净指数、土壤安全指数、生态良好指数、人居整洁指数和综合美丽指数，并进行分级分析，客观体现美丽中国建设进程及综合美丽程度。从主观视角开发美丽中国建设满意度调查 APP 系统，根据公众满意度调查结果制定分级计算方法，主观判断公众对美丽中国建设的满意程度。

第一节　评估技术路线与流程

美丽中国建设评估的技术路线包括 11 个技术步骤，评估工作流程分为前期准备、评估启动培训、实地调研与数据采集、评估报告编写、成果汇交评审、成果报批发布六大阶段。

一、评估技术路线

美丽中国建设评估的技术路线如图 4.1 所示，具体技术路线分为如下 11 个步骤。

第一步：构建美丽中国建设评估指标体系。包括由国家发展和改革委员会发布实施的全国美丽中国建设评估指标体系和根据各地区特点与差异性提出扩展

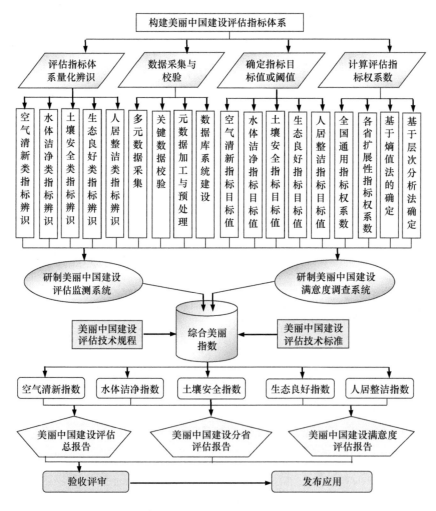

图 4.1　美丽中国建设评估的技术流程示意图

性指标体系，全国评估指标不超过 22 个，各省评估指标体系不超过 27 个（包含 5 个体现各省特点的扩展性指标）。

第二步：对确定的评估指标体系进行量化辨识。包括空气清新类指标的量化辨识、水体洁净类指标的量化辨识、土壤安全类指标的量化辨识、生态良好类指标的量化辨识、人居整洁类指标的量化辨识。各类具体评估指标的内涵和计算公式由自然资源部、生态环境部、住房和城乡建设部、水利部、农业农村部、国家林业和草原局、国家统计局等部门提供算法。

第三步：采集评估指标的计算数据并校验。包括中国科学院采集的多元数据、元数据加工与预处理、数据库系统建设等。原始数据主要由各级自然资源部门、生态环境部门、住房和城乡建设部门、水利部门、农业农村部门、林草部门、统计部门等提供，中国科学院采用遥感监测、遥感反演、GIS 技术和大数据方法对数据进行校验。

第四步：确定评估指标的目标值与阈值。包括空气清新类指标的目标值与阈值、水体洁净类指标的目标值与阈值、土壤安全类指标的目标值与阈值、生态良好类指标的目标值与阈值、人居整洁类指标的目标值与阈值。

全国通用评估指标目标值与阈值的确定。由自然资源部、生态环境部、住房和城乡建设部、水利部、农业农村部、国家林业和草原局、国家统计局等部门根据工作职责，综合考虑全国发展阶段、资源环境现状及对标先进国家水平，分阶段研究提出 2025 年、2028 年、2030 年、2033 年、2035 年美丽中国建设预期目标，并结合各省经济社会发展水平、发展定位、产业结构、资源环境禀赋等因素，商地方科学合理分解各省目标，在目标确定和分解上体现地区差异。

分省差异评估指标目标值与阈值的确定。由各省自然资源部门、生态环境部门、住房和城乡建设部门、水利部门、农业农村部门、林业和草原门等部门根据工作职责，综合考虑各省发展阶段、资源环境现状及对标先进国家水平，分阶段研究提出 2025 年、2028 年、2030 年、2033 年、2035 年各省美丽中国建设预期目标。

第五步：计算评估指标权系数。包括采用熵技术支持下的 AHP 模型和研发美丽中国建设评估指标权系数手机 APP 计算的权系数。

第六步：对评估指标进行标准化处理。采用模糊隶属度函数方法，根据各项评估指标的分级目标值对美丽中国建设评估的具体指标进行归一化处理，将标准化后的指标 x' 划分为 5 级：0 ~ 20 为差（Ⅰ级），20 ~ 40 为较差（Ⅱ级），40 ~ 60 为一般（Ⅲ级），60 ~ 80 为良好（Ⅳ级），80 ~ 100 为优秀（Ⅴ级）。

第七步：研制美丽中国建设评估监测系统和公众满意度调查系统。美丽中国建设评估动态监测系统简称"科美评"（KMP）系统，旨在实现美丽中国建设评估的便捷化、规范化、动态化和可视化，建立统一的美丽中国建设动态评估监测系统，包括数据采集模块、综合评估模块、动态监测模拟模块、结果分析表达模块、可视化模块、美丽中国样板展示模块等，评估数据采集汇总与评估全过程均可借助该系统完成。研发的美丽中国建设公众满意度调查系统重点从主观层面分别获得社会公众对美丽中国建设的满意程度。

第八步：编制美丽中国建设评估技术规程与技术标准。在技术规程和技术标准中，明确美丽建设的基本原则、评估要求、评估指标体系、指标分级标准、数据采集汇交流程、综合美丽指数与专项指数计算方法、计算结果分析方法、成果编制要求与制图要求等。各地区可根据美丽中国建设技术规程制定各省美丽中国建设技术规程实施细则或者地方美丽中国建设技术规程。

第九步：计算综合美丽指数与专项指数。根据美丽中国评估指标体系和权系数，采用模糊隶属度函数模型和综合加权模型研制综合美丽指数和空气清新指数、水体洁净指数、土壤安全指数、生态良好指数、人居整洁指数的计算方法。进一步计算特定时间内全国及各地区综合美丽指数和专项指数，并对综合美丽指数和专项指数进行系统分析。

第十步：编制美丽中国建设评估报告与公众满意度调查报告。根据综合美丽指数和专项指数计算结果，编制美丽中国建设评估白皮书、美丽中国建设评估总报告、美丽中国建设评估分省报告、美丽中国建设公众满意度调查报告、美丽中国建设评估图片集、美丽中国建设样板点集萃、美丽中国建设评估文件汇编等，并组织专家对评估报告进行验收评审。

第十一步：对通过专家评审验收的全国及各省美丽中国评估报告采取内外有别的形式进行发布应用。对内向国家相关部门报送美丽中国建设评估报告白皮书、存在的问题短板及相关建议报告，对外通过新闻媒体发布美丽中国建设评估报告要点，宣传美丽中国建设取得的历史性巨大成就，号召社会公众以身作则，投身于美丽中国建设的全过程中去。

二、评估技术流程

美丽中国建设评估技术流程包括六大阶段，即前期准备阶段、评估启动培训阶段、实地调研与数据采集阶段、评估报告编写阶段、成果汇交评审阶段、成果报批发布阶段（表4.1）。

（一）前期准备阶段

在认真学习领会中央领导关于美丽中国建设及其评估的批示精神和国家发展和改革委员会关于《美丽中国建设评估指标体系及实施方案》（〔2020〕296号）的基础上，做好如下工作。

表 4.1　美丽中国建设评估技术流程表

序号	阶段安排	时间期限	重点工作内容	执行机构
1	前期准备阶段	2～3个月	组建评估组织工作机构 编制评估技术规程 编制评估工作手册 落实评估工作经费 制定评估管理制度	美丽中国建设评估执行委员会 评估总体技术组
2	评估启动培训阶段	1个月	召开评估工作部署会 召开评估培训会 准备各项评估材料	美丽中国建设评估执行委员会 各省评估分队所在单位
3	实地调研与数据采集阶段	2～3个月	分组实地调研 数据采集与校验 满意度问卷调查	相关部委 各省相关厅局委办 各省评估分队所在单位
4	评估报告编写阶段	2～3个月	处理加工数据 汇交分省评估数据表 编制分省评估报告 绘制评估图件	美丽中国建设评估执行委员会 各省评估分队所在单位
5	成果汇交评审阶段	1～2个月	总体技术组提交全国评估报告 评审验收分省评估报告 评审验收全国评估报告	美丽中国建设评估执行委员会 各省评估分队所在单位 专家咨询委员会
6	成果报批发布阶段	1个月	评估执行委员会上报评估报告 评估指导小组审核评估报告 评估领导小组批复评估报告 上报评估报告至上级主管部门审核 正式发布审核后的评估报告	国家相关部委 美丽中国建设评估执行委员会 各省评估分队所在单位

1.组建美丽中国建设评估组织机构和工作机构

包括国家层面的美丽中国建设评估工作机制、美丽中国建设评估工作领导小组、指导小组、美丽中国建设评估执行委员会、总体技术组、分省评估领导小组、分省评估工作队等。国家层面的美丽中国建设评估工作机制由国家发展和改革委员会负责协调成立，美丽中国评估工作领导小组、指导小组、美丽中国建设评估执行委员会由国家文件指定的第三方评估机构负责组建。

美丽中国建设评估执行委员会设主任 1 名、副主任 5 名，成员 31 名左右。主要职责是贯彻落实评估工作机制、评估工作领导小组、指导小组的主要决议；做好与相关部委、各地区的协调对接工作；组建美丽中国建设评估总体技术组和分省评估工作队；督促总体技术组完成全国及各省美丽中国建设评估报告；成立评估专家咨询委员会，组织评审验收全国及各省评估报告；上报全国美丽中国建设评估报告到评估指导小组；协调解决各级评估组织机构运行过程中存在的困难与问题。

评估总体技术组设组长 1 名、副组长 5～7 名，组员由 31 个分省评估工作队队长和全国评估报告撰写人员共同构成。根据工作需要临时设立数据汇交小组、资料收集小组、对外联络小组、系统研发维护小组等。

评估总体技术组的工作职责是贯彻落实评估工作领导小组、指导小组、美丽中国建设评估执行委员会的主要决议；编制美丽中国建设评估工作手册；编制美丽中国建设评估技术规程；研制美丽中国建设评估监测与动态模拟系统；研制美丽中国建设公众满意度问卷调查 APP 系统；督促各省评估汇交数据表和分省评估报告；完成全国美丽中国建设评估总报告；上报全国及各省美丽中国建设评估报告到美丽中国建设评估执行委员会；组织美丽中国建设评估工作部署培训会、阶段性检查、评审验收会和成果发布会等。

分省评估工作队成立领导小组和工作小组，工作职责是提交所在省的美丽中国建设评估工作方案，经美丽中国建设评估执行委员会备案后开展所在省的评估工作；根据总体技术组统一安排，按评估工作手册，完成所在省的实地调研、资料收集、数据采集、问卷调查等，按时保质保量地完成所承担省的评估工作；向总体技术组按时提交各省美丽中国建设评估数据、重要评估资料及文件，并将其上传到美丽中国建设评估系统。按评估报告编写框架，提交各省美丽中国建设评估报告。按问卷调查报告编写框架，提交各省美丽中国满意度问卷调查报告。按照评估执行委员会工作安排，按时参加各种必要的工作部署会、培训会、交流会、验收会和总结会。

2. 签订分省评估工作合同与承诺责任书

美丽中国建设评估执行委员会与各省评估的承担单位和承担人签订工作合同，明确评估的权责利、评估内容、成果汇交、工作经费、工作要求和工作纪律等。

3. 制定评估管理制度与评估全程监督机制

包括评估队伍遴选与退出的管理规定、评估成果汇交的管理规定、评估成果验收的管理规定、评估绩效考核的管理规定、评估成果发布管理规定、评估工作纪律、保密管理规定等。

（1）建立评估全程监督机制。根据美丽中国建设评估的需要，不定期邀请国家相关部委专业技术人员开展美丽中国建设的培训、宣讲，召开阶段性评估报告评审会和验收会，分别对 31 个省市自治区评估报告进行验收评审；不定期检查评估过程，随时预防评估中发生的问题。

（2）建立评估绩效奖惩罚错机制。对保质保量完成分省评估任务，并对总体技术组工作做出重大贡献的评估队和成员进行奖励。对工作不认真、敷衍了事、未能按时保质保量完成任务的评估分队承担单位和个人通报批评到各单位，视具体情况收回部分或者全部工作经费。

4. 提出评估工作要求与纪律

（1）做到持证评估。各省评估工作队携带美丽中国建设评估执行委员会开具的工作函，在开展实地调研和组织各类评估会议时，须携带评估工作手册，须佩戴美丽中国建设评估工作证，一人一证，不得转让，不得复制或者借给其他人员冒用开展非法的美丽中国建设评估活动。

（2）做到科学公正。评估工作要求采用真实科学的数据，按照科学的技术方法进行，不得弄虚作假，不得虚报瞒报，不得篡改评估数据。

（3）做到尽职尽责。按照评估执行委员会工作安排，按时参加各种培训会、交流会和总结会。工作队负责人及其队员一旦签订承诺责任书，中途不得退出评估队伍。美丽中国建设评估执行委员会根据各省工作队工作成效，有权替换或者解散分省评估工作队，补充新的评估工作队。

（4）做到安全评估。各评估工作队要做好对实地调研期间出差人员的安全保障工作和疫情期间的安全防护工作，所在单位或者评估工作队要给所有人员购买人身意外伤害保险。

（5）做好保密工作。在评估工作结束之前，未经评估领导小组及美丽中国建设评估执行委员会同意，评估工作队所有成员不得向任何单位和任何个人透露任何评估信息；不得以单位或个人名义通过微信、网络、新闻媒体、邮件向外发布评估过程、评估数据和评估结果。

（6）做到廉洁自律。所有参与美丽中国建设评估的成员要严格按照中央"八项规定"要求开展评估工作，人人做到廉洁自律。

（二）评估启动培训阶段

根据美丽中国建设评估的工作安排，采用现场和视频相结合的形式，开展美丽中国建设评估的培训工作。培训内容包括：如何使用《美丽中国建设评估工作手册》，如何确定美丽中国建设评估指标体系权重，如何进行数据采集、数据汇交、指标体系如何量化辨识，如何开展实地调研，如何编写评估报告，如何制作评估图件，如何开展公众满意度调查，如何选择美丽中国建设样板点等。

（三）实地调研与数据采集阶段

1. 实地调研

各省评估队按照《美丽中国建设评估工作手册》，以省为单位开展实地调研，详细了解地方政府建设美丽中国的成功经验、存在问题、建设目标和诉求，搜集相关资料，包括政府工作报告、美丽中国建设相关文件、政策措施、典型试点等。

2. 数据采集与校验

各省按照《美丽中国建设评估工作手册》，以省、地级行政单位为空间尺度采集 2000 ~ 2019 年的各项指标的原始数据，并提供 2023 年、2025 年、2028 年、2030 年、2033 年和 2035 年的目标值。美丽中国建设评估执行委员会对采集到的相关数据进行科学性、真实性和权威性校验。

3. 美丽中国满意度问卷调查

各省评估队按美丽中国建设满意度调查 APP 系统操作指南，通过所在省的公众号、单位网站、新闻媒体等多种渠道开展所在省份美丽中国建设公众满意度网上问卷调查，在截至时间内汇总调查结果。

（四）评估报告编写阶段

1. 数据加工处理

对搜集的各省数据进行元数据分析、数据预处理、标准化归一化处理和数据汇交。

2. 分省原始数据汇交

各省评估队按照《美丽中国建设评估工作手册》要求，在规定时间内提交该省地级以上行政单元各项评估指标原始数据表，提交各省评估指标的目标值数据表，同时上传到美丽中国建设评估动态监测系统。

3. 评估数据汇交

各省评估队在规定时间内提交以省为单位的评估结果数据表。

4. 根据数据计算结果编制评估报告

提纲包括前言、评估过程、数据采集、差异化指标、单项指标和综合指标评估、满意度调查结果、评估结论、数据集、图件、附件等。评估报告应重点说明评估方法与过程，对美丽中国建设评估实施指标体系 22 个具体指标、5 个专项指数、美丽中国建设综合指数等计算结果进行分析，说明全国、各地区在美丽中国建设进程中的优势和短板，提出未来美丽中国建设的具体路径和举措。评估报告要表述清晰、概括全面、观点鲜明、结论准确。美丽中国建设评估报告的编写大纲至少包括如下内容。

（1）摘要。简要说明各省美丽中国建设评估报告计算过程、评估结果，存在的主要短板、典型示范样板、主要对策建议等，不超过 1000 字。

（2）评估工作背景与过程。简要介绍评估工作背景、队伍组织、数据采集、数据校验、具体评估过程、美丽中国满意度调查过程等，不超过 3000 字，图文并茂，增加补充调研照片、会场照片等。

（3）评估指标体系与评估方法。简要介绍评估工作流程、差异化评估指标体系的确定、指标权重与分级标准、评估技术流程与方法，在本技术规程的基础上，对补充、修改和细化的方法进行重点说明。对选择的扩展性指标说明理由，不超过 5000 字。

（4）建设现状与存在问题。根据美丽中国建设评估体系中具体指标的原始值，进行省内不同地区间的时空对比分析，与目标值的对标分析，与国家或大区平均值的对比分析等，总结各地区在大气环境、水环境、土壤环境、生态环境、人居环境方面的优势和短板，字数不限。

（5）评估结果分析与讨论。分别从空气清新指数、水体洁净指数、土壤安全指数、生态良好指数、人居整洁指数、美丽中国建设综合指数等方面，以文字、表格、图片形式分别表达各类指数的评估及分级结果，概括分析全国及各地区各类评估指数的基本特征，存在的短板和提升重点方向。

（6）美丽中国建设满意度调查结果与分析。对美丽中国建设或者分省美丽中国建设满意度的网络调查结果进行分析，找出公众对于美丽中国建设进程整体以及不同方面的满意度短板，并将调查结果与定量评估结果进行对比分析。

（7）评估总结论与对策建议。基于评估结果，说明全国及各地区在美丽中国建设进程中存在的突出问题及潜在的生态环境风险，提出未来引导全国及各地区加快推进美丽中国建设的具体举措。

（8）附件。包括全国及各地区评估的原始数据表、评估过程数据表、评估结果分析图表、评估结果分级图、美丽中国建设典型经验与样板点图片和其他附件。

（五）成果汇交评审阶段

美丽中国建设评估成果主要包括评估报告、评估数据表、满意度调查表和评估图件，四者共同构成评估成果表达的统一整体，缺一不可。全国评估成果以全国及省级行政单元为分析尺度，分省评估成果以省及地级行政单元为分析尺度。

1. 评估报告上报

各省评估队在规定时间内提交以省为单位的评估报告到总体技术组，总体技术组审核后提交到评估执行委员会。

2. 评估报告评审

评估执行委员会组织相关专家组成美丽中国建设评估专家委员会，在规定时间内完成对全国及 31 个省（区、市）评估报告的评审验收。并将验收后的全国评估报告和分省评估报告上报到美丽中国建设评估指导小组审核。

（六）成果报批发布阶段

1. 评估报告报批

评估指导小组将审核通过后的全国及 31 个省（区、市）评估报告在规定时间内上报评估领导小组批准。

2. 评估报告审核

评估领导小组在规定时间内将审核通过后的全国及分省评估报告上报国家主管部门审核。

3. 评估报告发布

评估领导小组将国家主管部门审核通过后的评估报告，采取内外有别的方式进行发布或者内部上报。

第二节 评估数据采集与校验方法

采集评估数据是开展评估的最基础工作，也是获得科学评估结果的关键，包括原始数据采集与校验方法、评估数据的汇交要求、数据分析流程与方法、评估数据库系统建设等。

一、原始数据采集与校验方法

全国尺度的原始数据采集以省级行政单元为空间尺度进行汇总，各省、自治区、直辖市的数据采集以地级行政单元为空间尺度进行汇总。

数据采集的时间要求分两个时段，过去数据值采集时间范围为 2000 年至评估年，以年为单位进行采集；目标数据值采集时间范围为评估年至 2035 年，按照以 5 年为周期开展 2 次评估的要求，分别采集 2023 年、2025 年、2028 年、2030 年、2033 年和 2035 年的目标数据。

（一）原始数据采集方法

通过实地调研，根据相应的指标计算需要收集空气清新、水体洁净、土壤安全、生态良好、人居整洁方面的统计数据。数据采集的基本形式是通过实地调研，由各省将相关数据按照数据清单填报形成电子版提交，或者在线汇交到美丽中国建设评估监测与动态模拟系统。所需提交的数据清单和数据来源参见表 4.2，三级指标的数据采集样表见表 4.3，表 4.4 以三级指标污染地块安全利用率为例展示了该指标采集过去值与目标值的样表。

（二）原始数据校验流程与方法

为了提高数据的可靠性和客观性，在统计数据基础上优先选用最新高精度遥感产品获取森林覆盖率、湿地保护率、地表水水质变化等动态监测数据，运用无人机等高新技术辅助采集第一手数据。为突出公众参与并反映民情民意，通过网络 APP 问卷调查形式获取当地居民对当地美丽中国建设满意度调查的数据。运用高分遥感、无人机、大数据等形式对相关统计数据进行交互校验，确保数据的真实性、准确性和有效性。通过数据长期趋势分析判别异常值，并对异常数据进行确认和修正。

二、评估数据的汇交要求

评估数据表是用表格形式表达评估结果，对美丽中国建设评估的分层级综

表 4.2 美丽中国建设评估指标数据采集表

一级指标	二级指标	三级指标代码	三级指标名称（单位）	需收集的数据（单位）	数据来源及提供部门
A₁ 美丽中国建设进程综合指数	B₁ 空气清新指数	C_1	地级及以上城市细颗粒物（$PM_{2.5}$）浓度（$\mu g/m^3$）	地级及以上城市细颗粒物（$PM_{2.5}$）浓度（$\mu g/m^3$）	全国及各省（区、市）生态环境部门
		C_2	地级及以上城市可吸入颗粒物（PM_{10}）浓度（$\mu g/m^3$）	地级及以上城市可吸入颗粒物（PM_{10}）浓度（$\mu g/m^3$）	全国及各省（区、市）生态环境部门
		C_3	地级及以上城市空气质量优良天数比例（%）	地级及以上城市空气质量优良天数比例（%）	全国及各省（区、市）生态环境部门
	B₂ 水体洁净指数	C_4	地表水水质优良（达到或好于Ⅲ类）比例（%）	地表水水质优良（达到或好于Ⅲ类）断面数量、总监测断面数量，地表水水质优良（达到或好于Ⅲ类）比例（%）	全国及各省（区、市）生态环境部门
		C_5	地表水劣Ⅴ类水体比例（%）	国控和省控地表水劣Ⅴ类水体断面数量、国控省控总监测断面数量，地表水劣Ⅴ类水体比例（%）	全国及各省（区、市）生态环境部门
		C_6	地级及以上城市集中式饮用水水源地水质达标率（%）	地级及以上城市集中式饮用水水源地水质达标数量、地级及以上城市集中式饮用水水源地总数量（%）	全国及各省（区、市）生态环境部门
	B₃ 土壤安全指数	C_7	受污染耕地安全利用率（%）	受污染耕地面积（km^2）、受污染耕地安全利用率（%）	全国及各省（区、市）农业农村部门、生态环境部门
		C_8	污染地块安全利用率（%）	污染地块面积（km^2）、污染地块安全利用面积（km^2），污染地块安全利用率（%）	全国及各省（区、市）自然资源部门
		C_9	农膜回收率（%）	农膜回收量（万t）、农膜使用总量（万t），农膜回收率（%）	全国及各省（区、市）农业农村部门
		C_{10}	化肥利用率（%）	化肥实际有效利用量（万t）、化肥施用总量（万t），化肥利用率（%）	全国及各省（区、市）农业农村部门
		C_{11}	农药利用率（%）	农药实际利用量（万t）、农药施用总量（万t），农药利用率（%）	全国及各省（区、市）农业农村部门

103

续表

一级指标	二级指标	三级指标代码	三级指标名称（单位）	需收集的数据（单位）	数据来源及提供部门
A_1 美丽中国建设进程综合指数	B_4 生态良好指数	C_{12}	森林覆盖率（%）	森林面积（km^2）、陆域国土面积（km^2）、森林覆盖率（%）	全国及各省（区、市）林草部门、自然资源部门
		C_{13}	湿地保护率（%）	受保护湿地面积（km^2）、湿地总面积（km^2）、湿地保护率（%）	全国及各省（区、市）林草部门、自然资源部门
		C_{14}	水土保持率（%）	水土保持面积（km^2）、水土流失面积（km^2）、水土保持率（%）	全国及各省（区、市）水利部门
		C_{15}	自然保护地面积占陆域国土面积比例（%）	自然保护地面积（km^2）、陆域国土面积（km^2）、自然保护地面积占陆域国土面积比例（%）	全国及各省（区、市）林草部门、自然资源部门
		C_{16}	重点生物物种数保护率（%）	重点生物物种数保护种数、重点生物物种总种数、重点生物物种数保护率（%）	全国及各省（区、市）生态环境部门
	B_5 人居整洁指数	C_{17}	城镇生活污水集中收集率（%）	城镇生活污水集中收集量（万t）、城镇生活污水排放总量（万t）、城镇生活污水集中收集率（%）	全国及各省（区、市）住房和城乡建设部门
		C_{18}	城镇生活垃圾无害化处理率（%）	城镇生活垃圾无害化处理量（万t）、城镇生活垃圾产生量（万t），清运量代替，万t）、城镇生活垃圾无害化处理率（%）	全国及各省（区、市）住房和城乡建设部门
		C_{19}	农村生活污水处理和综合利用率（%）	农村生活污水处理和综合利用量（万t）、农村生活污水排放总量（万t）、农村生活污水处理和综合利用率（%）	全国及各省（区、市）生态环境部门
		C_{20}	农村生活垃圾无害化处理率（%）	农村生活垃圾无害化处理量（万t）、农村生活垃圾产生量（万t），清运量代替，万t）、农村生活垃圾无害化处理率（%）	全国及各省（区、市）住房和城乡建设部门
		C_{21}	城市公园绿地500m服务半径覆盖率（%）	城市公园绿地服务半径覆盖的居住用地面积（km^2）、城市居住用地总面积（km^2）、城市公园绿地500米服务半径覆盖率（%）	全国及各省（区、市）住房和城乡建设部门
		C_{22}	农村卫生厕所普及率（%）	农村累计卫生厕所普及数、农村总户数、农村卫生厕所普及率（%）	全国及各省（区、市）农业农村部门

注：本表是根据全国通用的评估指标体系设立的数据收集内容，若出现各省扩展性指标，则收集扩展性指标的数据。

表 4.3　三级指标 XXX 的过去值与目标值数据采样表

序号	省、地级行政单元名称	过去值 2000年	2001年	2002年	2003年	2004年	2005年	2006年	2007年	2008年	2009年	2010年	2011年	2012年	2013年	2014年	2015年	2016年	2017年	2018年	2019年	2020年	目标值 2023年	2025年	2028年	2030年	2033年	2035年
1	地市 1	⋮	⋮	⋮	⋮	⋮	⋮	⋮	⋮	⋮	⋮	⋮	⋮	⋮	⋮	⋮	⋮	⋮	⋮	⋮	⋮	⋮	⋮	⋮	⋮	⋮	⋮	⋮
2	地市 2	⋮	⋮	⋮	⋮	⋮	⋮	⋮	⋮	⋮	⋮	⋮	⋮	⋮	⋮	⋮	⋮	⋮	⋮	⋮	⋮	⋮	⋮	⋮	⋮	⋮	⋮	⋮
⋮	⋮	⋮	⋮	⋮	⋮	⋮	⋮	⋮	⋮	⋮	⋮	⋮	⋮	⋮	⋮	⋮	⋮	⋮	⋮	⋮	⋮	⋮	⋮	⋮	⋮	⋮	⋮	⋮
n	地市 n	⋮	⋮	⋮	⋮	⋮	⋮	⋮	⋮	⋮	⋮	⋮	⋮	⋮	⋮	⋮	⋮	⋮	⋮	⋮	⋮	⋮	⋮	⋮	⋮	⋮	⋮	⋮
	全省汇总或平均	⋮	⋮	⋮	⋮	⋮	⋮	⋮	⋮	⋮	⋮	⋮	⋮	⋮	⋮	⋮	⋮	⋮	⋮	⋮	⋮	⋮	⋮	⋮	⋮	⋮	⋮	⋮

备注：本表的题名中，XXX 指标指的是表 4.2 中所列的"三级指标名称（单位）"及"需收集的数据（单位）"这两列中所指明的指标。

表 4.4　三级指标污染地块安全利用率过去值与目标值采集表

序号	地市名称	过去值 2000年	2001年	2002年	2003年	2004年	2005年	2006年	2007年	2008年	2009年	2010年	2011年	2012年	2013年	2014年	2015年	2016年	2017年	2018年	2019年	2020年	目标值 2023年	2025年	2028年	2030年	2033年	2035年
		污染地块安全利用面积 /km²																										
1	地市 1	⋮	⋮	⋮	⋮	⋮	⋮	⋮	⋮	⋮	⋮	⋮	⋮	⋮	⋮	⋮	⋮	⋮	⋮	⋮	⋮	⋮	⋮	⋮	⋮	⋮	⋮	⋮
2	地市 2	⋮	⋮	⋮	⋮	⋮	⋮	⋮	⋮	⋮	⋮	⋮	⋮	⋮	⋮	⋮	⋮	⋮	⋮	⋮	⋮	⋮	⋮	⋮	⋮	⋮	⋮	⋮
⋮	⋮	⋮	⋮	⋮	⋮	⋮	⋮	⋮	⋮	⋮	⋮	⋮	⋮	⋮	⋮	⋮	⋮	⋮	⋮	⋮	⋮	⋮	⋮	⋮	⋮	⋮	⋮	⋮
n	地市 n	⋮	⋮	⋮	⋮	⋮	⋮	⋮	⋮	⋮	⋮	⋮	⋮	⋮	⋮	⋮	⋮	⋮	⋮	⋮	⋮	⋮	⋮	⋮	⋮	⋮	⋮	⋮

续表

序号	地市名称	过去值																					目标值					
		2000年	2001年	2002年	2003年	2004年	2005年	2006年	2007年	2008年	2009年	2010年	2011年	2012年	2013年	2014年	2015年	2016年	2017年	2018年	2019年	2020年	2023年	2025年	2028年	2030年	2033年	2035年
		污染地块安全利用面积/km²																										
	全省汇总或平均	⋮	⋮	⋮	⋮	⋮	⋮	⋮	⋮	⋮	⋮	⋮	⋮	⋮	⋮	⋮	⋮	⋮	⋮	⋮	⋮	⋮	⋮	⋮	⋮	⋮	⋮	⋮
		污染地块面积/km²																										
1	地市1	⋮	⋮	⋮	⋮	⋮	⋮	⋮	⋮	⋮	⋮	⋮	⋮	⋮	⋮	⋮	⋮	⋮	⋮	⋮	⋮	⋮	⋮	⋮	⋮	⋮	⋮	⋮
2	地市2	⋮	⋮	⋮	⋮	⋮	⋮	⋮	⋮	⋮	⋮	⋮	⋮	⋮	⋮	⋮	⋮	⋮	⋮	⋮	⋮	⋮	⋮	⋮	⋮	⋮	⋮	⋮
⋮	⋮	⋮	⋮	⋮	⋮	⋮	⋮	⋮	⋮	⋮	⋮	⋮	⋮	⋮	⋮	⋮	⋮	⋮	⋮	⋮	⋮	⋮	⋮	⋮	⋮	⋮	⋮	⋮
n	地市n	⋮	⋮	⋮	⋮	⋮	⋮	⋮	⋮	⋮	⋮	⋮	⋮	⋮	⋮	⋮	⋮	⋮	⋮	⋮	⋮	⋮	⋮	⋮	⋮	⋮	⋮	⋮
	全省汇总或平均	⋮	⋮	⋮	⋮	⋮	⋮	⋮	⋮	⋮	⋮	⋮	⋮	⋮	⋮	⋮	⋮	⋮	⋮	⋮	⋮	⋮	⋮	⋮	⋮	⋮	⋮	⋮
		污染地块安全利用率/%																										
1	地市1	⋮	⋮	⋮	⋮	⋮	⋮	⋮	⋮	⋮	⋮	⋮	⋮	⋮	⋮	⋮	⋮	⋮	⋮	⋮	⋮	⋮	⋮	⋮	⋮	⋮	⋮	⋮
2	地市2	⋮	⋮	⋮	⋮	⋮	⋮	⋮	⋮	⋮	⋮	⋮	⋮	⋮	⋮	⋮	⋮	⋮	⋮	⋮	⋮	⋮	⋮	⋮	⋮	⋮	⋮	⋮
⋮	⋮	⋮	⋮	⋮	⋮	⋮	⋮	⋮	⋮	⋮	⋮	⋮	⋮	⋮	⋮	⋮	⋮	⋮	⋮	⋮	⋮	⋮	⋮	⋮	⋮	⋮	⋮	⋮
n	地市n	⋮	⋮	⋮	⋮	⋮	⋮	⋮	⋮	⋮	⋮	⋮	⋮	⋮	⋮	⋮	⋮	⋮	⋮	⋮	⋮	⋮	⋮	⋮	⋮	⋮	⋮	⋮
	全省汇总或平均	⋮	⋮	⋮	⋮	⋮	⋮	⋮	⋮	⋮	⋮	⋮	⋮	⋮	⋮	⋮	⋮	⋮	⋮	⋮	⋮	⋮	⋮	⋮	⋮	⋮	⋮	⋮

合指标值、分级结果等在不同地区进行分别展示。评估数据表主要包括现状数据集、单项评估数据集、综合指标数据集等系列,主要数据表体例参见表4.5～表4.10。

表4.5　____年XX省(区、市)空气清新程度评估结果汇总表

区域	指标							
	细颗粒物浓度 / (μg/m³)		可吸入颗粒物浓度 / (μg/m³)		空气质量优良 天数比例 /%		空气清新指数	
	数值	等级	数值	等级	数值	等级	指数	等级
XX省	…	…	…	…	…	…	…	…
XX市	…	…	…	…	…	…	…	…
……	…	…	…	…	…	…	…	…
……	…	…	…	…	…	…	…	…
全省平均	…	…	…	…	…	…	…	…

注：根据空气清新指数计算结果,将空气清新等级分为优秀、良好、一般、较差、差五个等级。

表4.6　____年XX省(区、市)水体洁净程度评估结果汇总表

区域	指标							
	地表水水质优良 比例 /%		地表水劣 V 类 水体比例 /%		城市集中式饮用水水 源地水质达标率 /%		水体洁净指数	
	数值	等级	数值	等级	数值	等级	指数	等级
XX省	…	…	…	…	…	…	…	…
XX市	…	…	…	…	…	…	…	…
……	…	…	…	…	…	…	…	…
……	…	…	…	…	…	…	…	…
全省平均	…	…	…	…	…	…	…	…

注：根据水体洁净指数计算结果,将水体洁净等级分为优秀、良好、一般、较差、差五个等级。

表4.7　____年XX省(区、市)土壤安全程度评估结果汇总表

区域	指标										
	受污染耕地 安全利用率 /%		污染地块安全 利用率 /%		农膜 回收率 /%		化肥 利用率 /%		农药 利用率 /%		土壤 安全指数	
	数值	等级	数值	等级	数值	等级	数值	等级	数值	等级	指数	等级
XX省	…	…	…	…	…	…	…	…	…	…	…	…
XX市	…	…	…	…	…	…	…	…	…	…	…	…
……	…	…	…	…	…	…	…	…	…	…	…	…
……	…	…	…	…	…	…	…	…	…	…	…	…
全省平均	…	…	…	…	…	…	…	…	…	…	…	…

注：根据土壤安全指数计算结果,将土壤安全等级分为优秀、良好、一般、较差、差五个等级。

表 4.8　　___年 XX 省（区、市）生态良好程度评估结果汇总表

区域	指标											
	森林覆盖率 /%		湿地保护率 /%		水土保持率 /%		自然保护地面积比例 /%		重点生物物种数保护率 /%		生态良好指数	
	数值	等级	数值	等级	数值	等级	数值	等级	数值	等级	指数	等级
XX 省	…	…	…	…	…	…	…	…	…	…	…	…
XX 市	…	…	…	…	…	…	…	…	…	…	…	…
……	…	…	…	…	…	…	…	…	…	…	…	…
……	…	…	…	…	…	…	…	…	…	…	…	…
全省平均	…	…	…	…	…	…	…	…	…	…	…	…

注：根据生态良好指数计算结果，将生态良好等级分为优秀、良好、一般、较差、差五个等级。

表 4.9　　___年 XX 省（区、市）人居整洁程度评估结果汇总表

区域	指标											
	城镇生活污水集中收集率 /%		城镇生活垃圾无害化处理率 /%		农村生活污水处理与综合利用率 /%		农村生活垃圾无害化处理率 /%		城市公园绿地 500m 服务覆盖率 /%		农村卫生厕所普及率 /%		人居整洁指数	
	数值	等级	数值	等级	数值	等级	数值	等级	数值	等级	数值	等级	指数	等级
XX 省	…	…	…	…	…	…	…	…	…	…	…	…	…	…
XX 市	…	…	…	…	…	…	…	…	…	…	…	…	…	…
……	…	…	…	…	…	…	…	…	…	…	…	…	…	…
……	…	…	…	…	…	…	…	…	…	…	…	…	…	…
全省平均	…	…	…	…	…	…	…	…	…	…	…	…	…	…

注：根据人居整洁指数计算结果，将人居整洁等级分为优秀、良好、一般、较差、差五个等级。

表 4.10　　___年 XX 省（区、市）美丽中国建设综合指数评估结果汇总表

区域	指标										
	空气清新指数		水体洁净指数		土壤安全指数		生态良好指数		人居整洁指数		美丽中国建设综合指数	
	指数	等级	指数	等级	指数	等级	指数	等级	指数	等级	指数	等级
XX 省	…	…	…	…	…	…	…	…	…	…	…	…
XX 市	…	…	…	…	…	…	…	…	…	…	…	…
……	…	…	…	…	…	…	…	…	…	…	…	…
……	…	…	…	…	…	…	…	…	…	…	…	…
全省平均	…	…	…	…	…	…	…	…	…	…	…	…

注：根据美丽中国建设综合指数计算结果，将美丽中国建设等级分为优秀、良好、一般、较差、差五个等级。

数据表汇编内容应层次鲜明，简洁明了，清晰美观。其中全国评估结果以省级行政区为单元汇交，省级评估结果以地级行政区为单元汇交。

三、数据分析流程与方法

采用空间统计方法，分析采集到的数据在数量（总量和变化率）、质量、空间分布等方面的演化特征、变化趋势和规律。对比国家、省域，对标国际和国内，采取"纵向跟自己比，横向在区内比"的原则，定量分析对比各省美丽中国建设进程、成效和短板，提出各地区美丽中国建设的推进路径与对策建议。

四、评估数据库系统建设

数据采集与预处理可通过数据库系统操作。为方便数据汇交和离线采集，数据库系统建设采用线上汇交和离线采集相结合的方式。线上汇交数据可以实现各地级行政单元汇交到省级评估队，以及省级评估队汇交到全国评估组的功能。数据库系统置入美丽中国建设评估动态监测模拟系统（KMP 系统）完成。

离线采集数据为了便于地方的数据采集，实现采集数据的一致性和标准性，按照采集样表进行。

第三节　评估指标权系数计算方法

美丽中国建设评估指标权系数的计算过程是一个非常艰难的过程，每位专家会从不同视角判断每个指标的重要程度。权重的改变直接会改变评估结果[1, 2]，所以评估指标权系数的计算要求就越来越高，评估指标权系数一旦确定，在特定时期内的评估中将保持不变。为了提升美丽中国建设评估指标权系数计算的科学性和权威性，可采用熵技术支持的评估指标权系数 AHP 算法和大数据技术支持的评估指标权系数 APP 算法，共同确定评估指标权系数。

一、熵技术支持的评估指标权系数 AHP 算法

对于全国通用的美丽中国建设评估指标体系，采用熵技术支持的层次分析法计算各综合指标、具体指标的权重。层次分析法是一种常用的定性与定量相结合的确定指标权重的方法，具体思路是将要解析的复杂问题分解为若干层次，由专家和决策者对同一层次各指标重要程度两两比较进行打分，依据打分结果构造判断矩阵，利用各判断矩阵的特征向量确定该层指标对上层指标的贡献度，从而得到基层指标对上层目标以及总目标而言重要性的赋权结果。

在全国通用的美丽中国建设评估指标体系中，若认可五大二级评估指标重要性基本等同，每一个二级评估指标下面的三级具体指标重要性基本等同，则

可采用层次分析法进行等权赋值，反之采用熵技术支持的层次分析法进行不等权赋值。采用熵技术支持的层次分析法计算评估指标不等权的权系数步骤如下[3]。

（1）构造判断矩阵。利用 Saaty 提出的"1 ~ 9"标度法（表 4.11），根据同层次两两元素相对重要性构造判断矩阵 $A=\{a_{ij}\}_{n \times n}$。

$$A = \begin{pmatrix} a_{11} & a_{12} & \cdots & a_{1n} \\ a_{21} & a_{22} & \cdots & a_{2n} \\ \cdots & \cdots & \vdots & \cdots \\ a_{n1} & a_{n2} & \cdots & a_{nn} \end{pmatrix}$$

式中，$a_{ij}=1/a_{ij}$。

表 4.11 "1 ~ 9"标度法

重要性级别	含义	说明
1	同样重要	两因素比较，具有相同的重要性
3	稍微重要	两因素比较，一个因素比另一个稍微重要
5	明显重要	两因素比较，一个因素比另一个明显重要
7	非常重要	两因素比较，一个因素比另一个重要得多
9	极端重要	两因素比较，一个因素比另一个极端重要
2、4、6、8	—	上述相邻判断的中间值

（2）将 A 的每一列向量归一化，得矩阵 $B=\{b_{ij}\}_{n \times n}$，$b_{ij} = a_{ij} / \sum_{i=1}^{n} a_{ij}$。

（3）对于 B 按行求和，得到 b_i，$b_i = \sum_{j=1}^{n} b_{ij}$。

（4）计算基于层次分析法得出的 i 指标权重 p_i，则向量 $P=(p_1, p_2, \cdots, p_n)^{\mathrm{T}}$ 即为矩阵 A 的近似特征向量：$p_i=b_i / \sum_{i=1}^{n} b_i$，当 $i=j$ 时，第 j 项指标的权重 $p_j=p_i$，为了检验计算结果的可靠性，需进行一致性检验。

（5）计算 $AP=A \times P$。

（6）计算最大特征根的近似值 $\lambda_{\max}$，$\lambda_{\max} = \frac{1}{n} \sum_{i}^{n} \frac{(Ap)_i}{p_i}$。

（7）计算一致性指标 CI：$\mathrm{CI} = \frac{\lambda_{\max}-1}{n-1}$。

（8）计算随机一致性比例 CR：$\mathrm{CR} = \frac{\mathrm{CI}}{\mathrm{RI}}$，式中 RI 为平均一致性指标。

一般认为，当 CR ≤ 0.1 时，认为判断矩阵的一致性可以接受，否则，必须重新做两两判断矩阵。RI 取值见表 4.12。

表 4.12　平均一致性指标值

维度	1	2	3	4	5	6	7	8	9
RI	0.00	0.00	0.58	0.96	1.12	1.24	1.32	1.41	1.45

（9）熵技术法修正。采用层次分析法识别问题的系统性强，但采用专家咨询法时，如果专家认为同一层次各指标的重要性不是同等重要，这时专家在对同一层次各指标重要程度两两比较进行打分时，所打的分数容易产生循环而不满足传递性原理，导致部分信息丢失。因此，当同一层次各指标的重要性不是同等重要时（亦即各指标权重不相等时），采用熵技术法对权重系数进行修正，具体方法如下。

计算第 j 项指标的熵值 e_j，对判断矩阵 A 按列做归一化处理后得矩阵 B，则

$$e_j = -\frac{1}{\ln(n)} \sum_{i=1}^{n} b_{ij} \times \ln(b_{ij})$$

计算第 j 项指标的冗余度 g_j：

$$g_j = 1 - e_j$$

计算第 j 项指标的信息权重 v_j：

$$v_j = g_j \bigg/ \sum_{j=1}^{n} g_j$$

则第 j 项指标的熵化权重 r_j 为

$$r_j = v_j p_j \bigg/ \left(\sum_{j=1}^{n} v_j p_j \right)$$

二、大数据技术支持的评估指标权系数 APP 算法

为了获取更多的专家参与评估指标权重的设置，研发美丽中国建设评估指标权重专家打分 APP 系统，将 APP 定向发给 1000 位以上的相关专家进行赋分。可对照图 4.2 长按二维码识别后，直接填写分数，也可以拖动滚动条，系统自动求和得分总和为 100 分，否则会提示修改，直到总和为 100 分。操作方法如下。

（1）在 APP 系统的空气清新、水体洁净、土壤安全、生态良好和人居整洁 5 个二级评估指标权系数的计算中，设置 5 个二级评估指标得分的总和为 100 分，请专家根据重要性填写每个二级评估指标的得分，或直接拖动滑动条，若认为所有指标重要性相同，则均填写 20 分，若认为 5 个二级指标的重要性不一致，可填写不同的得分，但 5 个二级指标得分的总和不超过 100 分。

（2）在 APP 系统的 22 个三级评估指标权系数的计算中，设置每个二级评估

图 4.2　美丽中国建设评估指标权系数问卷 APP 计算图

指标下属的三级指标的得分总和为 100 分，请专家根据重要性填写每个三级评估指标的得分，或直接拖动滑动条，若认为所有三级指标重要性相同，则填写等量的分，若认为三级指标的重要性不一致，可填写不同的得分，但每个二级评估指标下属的三级指标的得分总和不超过 100 分。例如，在二级评估指标空气清新指标中，包括地级及以上城市细颗粒物（$PM_{2.5}$）浓度、地级及以上城市可吸入颗粒物（PM_{10}）浓度、地级及以上城市空气质量优良天数比例 3 个三级评估指标，则这 3 个三级指标的得分总和为 100 分，专家若认为这 3 个三级指标对于空气清新而言的重要性是一样的，则得分均为 33.33 分，若认为其重要性不一致，则赋分不同的得分，其他 4 个二级评估指标下属的三级评估指标赋分方法以此类推。

（3）将专家通过 APP 的打分结果进行数据转换，转换成百分数制，将三级评估指标按照得分值转换成百分数制，同时乘以对应的二级评估指标的百分数制权重值，得到每个三级评估指标的权系数。

三、评估指标权系数计算案例分析

以国家发展和改革委员会发布的《美丽中国建设评估指标体系及实施方案》（发改环资〔2020〕296 号）中提出的美丽中国建设评估的 5 个二级指标 22 个三级指标体系为例，将采用熵技术支持的评估指标权系数 AHP 算法和大数据技术支持的评估指标权系数 APP 算法得到的美丽中国建设评估二级指标、三级指标权系数计算结果进行对比和互校分析，召开专家咨询论证会议共同确定评估指标的权系数，最终得到的美丽中国建设评估指标体系二级指标、三级指标的权系数计算结果如表 4.13 所示。

表 4.13　美丽中国建设评估指标权系数计算表

二级评估评估指标	二级指标权系数	三级指标代码	具体指标（单位）	三级指标权系数
空气清新	0.2286	C_1	地级及以上城市细颗粒物（$PM_{2.5}$）浓度（$\mu g/m^3$）	0.0699
		C_2	地级及以上城市可吸入颗粒物（PM_{10}）浓度（$\mu g/m^3$）	0.0620
		C_3	地级及以上城市空气质量优良天数比例（%）	0.0967
水体洁净	0.2356	C_4	地表水水质优良（达到或好于Ⅲ类）比例（%）	0.0861
		C_5	地表水劣Ⅴ类水体比例（%）	0.0586
		C_6	地级及以上城市集中式饮用水水源地水质达标率（%）	0.0909
土壤安全	0.1569	C_7	受污染耕地安全利用率（%）	0.0445
		C_8	污染地块安全利用率（%）	0.0313
		C_9	农膜回收率（%）	0.0282
		C_{10}	化肥利用率（%）	0.0266
		C_{11}	农药利用率（%）	0.0263
生态良好	0.2106	C_{12}	森林覆盖率（%）	0.0508
		C_{13}	湿地保护率（%）	0.0425
		C_{14}	水土保持率（%）	0.0398
		C_{15}	自然保护地面积占陆域国土面积比例（%）	0.0405
		C_{16}	重点生物物种数保护率（%）	0.0370
人居整洁	0.1694	C_{17}	城镇生活污水集中收集率（%）	0.0322
		C_{18}	城镇生活垃圾无害化处理率（%）	0.0309
		C_{19}	农村生活污水处理和综合利用率（%）	0.0249
		C_{20}	农村生活垃圾无害化处理率（%）	0.0291
		C_{21}	城市公园绿地 500m 服务半径覆盖率（%）	0.0246
		C_{22}	农村卫生厕所普及率（%）	0.0277
权系数合计	1.00			1.00

由表 4.13 看出，在美丽中国建设评估中，空气清新指标的权系数为 0.2286，水体洁净指标的权系数为 0.2356，土壤安全指标的权系数为 0.1569，生态良好指

标权系数为 0.2106，人居整洁指标的权系数为 0.1694，可以看出，专家和社会公众认为水体洁净、空气清新和生态良好 3 大指标对美丽中国建设的重要性更大，权重也最高，尤其是水体洁净指标具有最高权重，5 个二级指标的权系数基本符合人们对美丽中国建设的期望和预期目标。

在分省评估时，如果出现了扩展性指标，而且采用层次分析法进行专家咨询时，如果专家认为同一层次各指标的重要性不是同等重要，这时专家在对同一层次各指标重要程度两两比较进行打分时，所打的分数容易产生循环而不满足传递性原理，导致部分信息丢失。因此，当同一层次各指标的重要性不是同等重要时（亦即各指标权重不相等时），采用熵技术法对权重系数进行修正。

在各省美丽中国建设评估中，原则上不调整二级评估指标的权重，但可根据各省具体情况适当调整三级指标的权重。各省增加的扩展性指标权重与所在的其他三级指标权重之和不可超过对应的二级指标权重。

第四节　综合美丽指数计算与分级方法

美丽中国建设的综合美丽指数是衡量美丽中国建设进程和目标实现程度的一级综合指标，其数值大小反映了综合美丽程度，由空气清新指数、水体洁净指数、土壤安全指数、生态良好指数、人居整洁指数 5 个专项指数组成，在计算综合美丽指数之前，需要对具体指标进行标准化处理。

一、评估指标标准化处理方法

采用模糊隶属度函数方法，根据分级目标值对美丽中国建设评估指标体系的 22 项具体指标进行归一化处理，将标准化后的指标 x' 划分为 5 级：$0 \sim 20$ 为差（Ⅰ级），$20 \sim 40$ 为较差（Ⅱ级），$40 \sim 60$ 为一般（Ⅲ级），$60 \sim 80$ 为良好（Ⅳ级），$80 \sim 100$ 为优秀（Ⅴ级）。标准化处理公式如下。

对于正向指标：

$$x' = 20 \times (s-1) + 20 \times \frac{x - x_{s,\text{lower}}}{x_{s,\text{upper}} - x_{s,\text{lower}}}, \quad x_{s,\text{lower}} < x \leqslant x_{s,\text{upper}}$$

对于负向指标：

$$x' = 20 \times (s-1) + 20 \times \frac{x_{s,\text{lower}} - x}{x_{s,\text{lower}} - x_{s,\text{upper}}}, \quad x_{s,\text{upper}} < x \leqslant x_{s,\text{lower}}$$

式中，x' 为标准化后的数据；x 为原始数据；s 为指标级别（$s=1、2、3、4、5$，分别代表Ⅰ、Ⅱ、Ⅲ、Ⅳ、Ⅴ级），$x_{s,\text{lower}}$ 和 $x_{s,\text{upper}}$ 分别对应指标数值所隶属的 s 级区间下限值和上限值。正向指标 s 级区间的下限值低于上限值，负向指标 s 级区间的下限值高于上限值。归一化处理后的指标 x' 隶属 s 级。22 项具体指标的分级标准 $x_{s,\,\text{lower}}$ 和 $x_{s,\,\text{upper}}$ 参见第三章。

二、专项指数的计算方法

美丽中国建设的专项指数包括空气清新指数、水体洁净指数、土壤安全指数、生态良好指数和人居整洁指数。

（一）专项指数的定义

空气清新指数是反映环境空气质量优良状况和空气清新程度的指数，主要由地级及以上城市细颗粒物（$PM_{2.5}$）浓度、地级及以上城市可吸入颗粒物（PM_{10}）浓度、地级及以上城市空气质量优良天数比例 3 个指标综合而成，是衡量美丽中国建设进程和目标实现程度的二级指标之一。

水体洁净指数是反映水环境质量优良状况和水体洁净程度的指数，主要由地表水水质优良（达到或好于Ⅲ类）比例、地表水劣Ⅴ类水体比例、集中式饮用水水源地水质达标率 3 个指标综合而成，是衡量美丽中国建设进程和目标实现程度的二级指标之一。

土壤安全指数是反映土壤环境质量优良状况和土壤安全程度的指数，由受污染耕地安全利用率、污染地块安全利用率、农膜回收率、化肥利用率、农药利用率 5 个指标综合而成，是衡量美丽中国建设进程和目标实现程度的二级指标之一。

生态良好指数是反映生态质量优良状况和生态建设及保护程度的指数，由森林覆盖率、湿地保护率、水土保持率、自然保护地面积占陆域国土面积比例、重点生物物种种数保护率 5 个指标综合而成，是衡量美丽中国建设进程和目标实现程度的二级指标之一。

人居整洁指数是反映人居环境改善状况和质量提升程度的指数，由城镇生活污水集中收集率、城镇生活垃圾无害化处理率、农村生活污水处理和综合利用率、农村生活垃圾无害化处理率、城市公园绿地 500m 服务半径覆盖率、农村卫生厕所普及率 6 个指标综合而成，是衡量美丽中国建设进程和目标实现程度的二级指标之一。

（二）专项指数的计算

根据各专项指数的定义和构成，在对具体指标进行归一化分级处理并确定各指标权重的基础上，采用模糊隶属度函数模型或者综合加权模型对 5 大类指标进行加权求和，得到对应的空气清新指数 I_{B_1}、水体洁净指数 I_{B_2}、土壤安全指数 I_{B_3}、生态良好指数 I_{B_4} 和人居整洁指数 I_{B_5} 的计算结果。计算公式如下：

$$I_{B_1} = \omega_{C_1} x'_{C_1} + \omega_{C_2} x'_{C_2} + \omega_{C_3} x'_{C_3}$$

$$I_{B_2} = \omega_{C_4} x'_{C_4} + \omega_{C_5} x'_{C_5} + \omega_{C_6} x'_{C_6}$$

$$I_{B_3} = \omega_{C_7} x'_{C_7} + \omega_{C_8} x'_{C_8} + \omega_{C_9} x'_{C_9} + \omega_{C_{10}} x'_{C_{10}} + \omega_{C_{11}} x'_{C_{11}}$$

$$I_{B_4} = \omega_{C_{12}} x'_{C_{12}} + \omega_{C_{13}} x'_{C_{13}} + \omega_{C_{14}} x'_{C_{14}} + \omega_{C_{15}} x'_{C_{15}} + \omega_{C_{16}} x'_{C_{16}}$$

$$I_{B_5} = \omega_{C_{17}} x'_{C_{17}} + \omega_{C_{18}} x'_{C_{18}} + \omega_{C_{19}} x'_{C_{19}} + \omega_{C_{20}} x'_{C_{20}} + \omega_{C_{21}} x'_{C_{21}} + \omega_{C_{22}} x'_{C_{22}}$$

式中，ω_{C_1}，ω_{C_2}，ω_{C_3}，…，$\omega_{C_{22}}$ 分别为 22 个具体评估指标权重；$x^1_{C_1}$，$x^1_{C_2}$，$x^1_{C_3}$，…，$x^1_{C_{22}}$ 分别为 22 个具体评估通过标准化处理的相对值。

分别对全国的 22 个具体指标原始值进行分析，包括区域内不同地区间的时空对比分析、与目标值的对标分析、与国家或地区平均值的对比分析等，总结全国在各具体指标层面的优势和短板。

分别对各省的空气清新、水体洁净、土壤安全、生态良好、人居整洁 5 个专项指数计算结果进行分析。包括省内不同地区间的时空对比分析，5 个专项指数之间的对比分析等，重点剖析本省在美丽中国建设的二级指标层面存在的问题，研判产生原因，提出未来应对措施。

三、综合美丽指数的计算方法

综合美丽指数是衡量美丽中国建设进程和目标实现程度的一级综合指标，简称综合美丽指数，由空气清新指数、水体洁净指数、土壤安全指数、生态良好指数、人居整洁指数等二级指标综合而成，数值大小反映了综合美丽程度。

综合美丽指数的计算采用逐级加权综合的方法，首先对 5 大二级指标中的细化指标进行加权求和，得到对应的空气清新指数 I_{B_1}、水体洁净指数 I_{B_2}、土壤安全指数 I_{B_3}、生态良好指数 I_{B_4} 和人居整洁指数 I_{B_5} 共 5 个专项指数计算结果，利用计算得出的 5 大专项指数加权综合结果求得美丽中国建设综合指数 I_A（简称综合美丽指数），计算公式如下：

$$I_A = \omega_{B_1} I_{B_1} + \omega_{B_2} I_{B_2} + \omega_{B_3} I_{B_3} + \omega_{B_4} I_{B_4} + \omega_{B_5} I_{B_5}$$

式中，ω_{B_1}、ω_{B_2}、ω_{B_3}、ω_{B_4}、ω_{B_5} 分别为空气清新指标、水体洁净指标、土壤安全指标、生态良好指标、人居整洁指标的权重；I_{B_1} 为空气清新指数值；I_{B_2} 为水体洁净指数值；I_{B_3} 为土壤安全指数值；I_{B_4} 为生态良好指数值；I_{B_5} 为人居整洁指数值。对全国及各省美丽中国建设综合指数进行时间和空间上的对比分析。分析全国及各省美丽中国建设的整体进程，总结美丽中国建设的经验和短板，针对性地提出实现 2025 年、2030 年、2035 年美丽中国建设目标的时间表和路线图。

需要说明的是，美丽中国建设的专项指数和综合美丽指数也可通过研发的美丽中国建设评估动态模拟系统"科美评"（KMP）系统自动计算。

四、综合美丽指数分级与制图方法

由具体指标加权平均得到的空气清新指数 I_{B_1}、水体洁净指数 I_{B_2}、土壤安全指数 I_{B_3}、生态良好指数 I_{B_4}、人居整洁指数 I_{B_5} 分为 5 级：$0 \leqslant x' < 20$ 为差（Ⅰ级），$20 \leqslant x' < 40$ 为较差（Ⅱ级），$40 \leqslant x' < 60$ 为一般（Ⅲ级），$60 \leqslant x' < 80$ 为良好（Ⅳ级），$80 \leqslant x' \leqslant 100$ 为优秀（Ⅴ级）。同样，将美丽中国建设综合指数 I_A 按照以上区间划分为 5 级（表 4.14）。

表 4.14　美丽中国建设的综合美丽指数及专项指数分级要求

级别	差（Ⅰ级）	较差（Ⅱ级）	一般（Ⅲ级）	良好（Ⅳ级）	优秀（Ⅴ级）
综合美丽指数 I_A	0～20	20～40	40～60	60～80	80～100
空气清新指数 I_{B_1}	0～20	20～40	40～60	60～80	80～100
水体洁净指数 I_{B_2}	0～20	20～40	40～60	60～80	80～100
土壤安全指数 I_{B_3}	0～20	20～40	40～60	60～80	80～100
生态良好指数 I_{B_4}	0～20	20～40	40～60	60～80	80～100
人居整洁指数 I_{B_5}	0～20	20～40	40～60	60～80	80～100

注：当指标数值等于 s 级上限和（s+1）级下限时，将该数值作为（s+1）级考虑。

根据综合美丽指数和专项指数计算分级结果，将评估结果采用图件形式表达。一般包括现状分析图和评估成果图等。现状分析图对美丽中国建设评估指标体系中具体指标的现状内容，采用柱状图、折线图、饼图、风向玫瑰图等形式进行绘制；评估成果图对美丽中国建设评估指标体系中具体指标和综合指标的分级结果，采用柱状图、折线图、饼图、风向玫瑰图、GIS 空间分析图等表达。图面内容应完整、明确、清晰、美观。美丽中国建设评估结果分级图的制作要求在地理信息系统软件下数字化成图，制图色系选择规范见表 4.15。其中全国评估结果以省级行政区为单元制图，省级评估结果以地级行政区为单元制图。图件提交形式为可编辑的矢量格式。

表 4.15　美丽中国建设评估结果分级图制作的图例要求

内容		图例样式	RGB 值
空气清新指数	优秀		0　169　230
	良好		151　219　242
	一般		222　235　247
	较差		252　242　204
	差		197　90　17

内容		图例样式	RGB 值
水体洁净指数	优秀		91　155　213
	良好		157　195　230
	一般		242　247　252
	较差		251　229　214
	差		191　144　0
土壤安全指数	优秀		255　242　204
	良好		255　230　153
	一般		255　217　102
	较差		191　144　0
	差		127　96　0
生态良好指数	优秀		84　130　53
	良好		197　224　180
	一般		226　240　217
	较差		255　242　204
	差		255　217　202
人居整洁指数	优秀		237　237　237
	良好		206　206　206
	一般		166　166　166
	较差		113　113　113
	差		23　23　23
综合美丽指数	优秀		0　176　80
	良好		146　208　80
	一般		255　255　0
	较差		255　192　0
	差		192　0　0

第五节　美丽中国建设公众满意度调查 APP 方法

作为美丽中国建设评估的辅助性方法，开发美丽中国建设满意度调查 APP 系统，随机获得该地区 0.5‰ ～ 1‰ 居民的网络或实地调查样本。主要调查社会公众对所在地的空气、水体、土壤、生态和人居环境的主观满意程度。并将调查结果与定量评估结果进行对比分析。美丽中国建设公众满意度问卷设计方案采用国家发展和改革委员会《美丽中国建设评估指标体系及实施方案》中提出的空气清新、水体洁净、土壤安全、生态良好和人居整洁 5 大方面，研发了美丽中国建设公众满意度问卷调查 APP，每方面提出普通民众能通过体验感知到的问题予以回答。根据公众满意度问卷调查得分，制定分级计算方法，主观判断公众对美丽中国建设的满意程度。

一、公众满意度调查设计内容

美丽中国建设公众满意度问卷调查 APP 方法，共设计 21 道题，其中第 1～第 6 题为调查样本分类统计性题目，第 7、第 16 两道题目是对整体的生态环境和人居环境进行满意度调查，其他题目分别从空气清新、水体洁净、土壤安全、生态良好、人居整洁五个维度对公众满意度进行调查。第 5 题"您的居住所在地属于：A 城市；B 乡村"属于关联性题目。选择 A 将会回答后续题目"您对居住地附近的公园绿地是否满意？"；选择 B 将会回答后续题目"您认为所在地的农药、化肥使用是否过量？"和"您对村里卫生厕所普及是否满意？"

各地区评估组借助该 APP 或在此基础上可开发各省美丽中国建设的公众满意度调查 APP。调查问卷包含个人信息部分及满意度调查部分，个人信息部分包括受访者性别、年龄、学历、职业、居住地等；满意度调查部分包括受访者对美丽中国建设的各个分维度及总体的满意程度。满意度调查部分内容如下。

空气清新满意度：

（1）您对所在地的空气质量满意吗？

非常满意，满意，一般，不满意，很不满意

（2）您感觉近几年所在地的雾霾天气变化情况如何？

显著减少，略有减少，没有变化，略有增加，显著增加

水体洁净满意度：

（3）您认为所在地的河流、湖泊、水库等水体的水质如何？

非常好，比较好，一般，比较差，非常差

（4）您对所在社区（村镇）饮用水的水质满意吗？

非常满意，满意，一般，不满意，很不满意

土壤安全满意度：

（5）您认为所在地的土壤是否受到污染？

没有污染，轻微污染，一般，比较严重，非常严重

（6）您认为所在地的农药、化肥使用是否过量？

没有过量，轻微过量，一般，比较严重，非常严重

生态良好满意度：

（7）您对所在地当前的森林覆盖情况满意吗？

非常满意，满意，一般，不满意，很不满意

（8）您对所在地的野生动植物保护状况满意吗？

非常满意，满意，一般，不满意，很不满意

人居整洁满意度：

（9）您对所在地的生活垃圾处理状况满意吗？

非常满意，满意，一般，不满意，很不满意

（10）您对所在地的生活污水处理状况满意吗？

非常满意，满意，一般，不满意，很不满意

（11）您对居住地附近公园绿地满意吗？

非常满意，满意，一般，不满意，很不满意

（12）您对村里的卫生厕所普及满意吗？

非常满意，满意，一般，不满意，很不满意

美丽中国建设进程整体满意度：

（13）您对所在地整体的生态环境状况满意吗？

非常满意，满意，一般，不满意，很不满意

（14）您对所在地整体居住环境满意吗？

非常满意，满意，一般，不满意，很不满意

（15）您对美丽中国建设的整体进程满意吗？

非常满意，满意，一般，不满意，很不满意

二、公众满意度调查 APP 系统

美丽中国建设公众满意度主要采取网络调查的方式进行，聚焦生态环境良好、人居环境整洁等方面，进行公众满意度的匿名调查。问卷设计了手机版和电脑网页版。手机版问卷可通过扫描二维码（图 4.3），或点击链接（https://www.wjx.cn/jq/ 83130753.aspx）进入问卷调查页面；电脑网页版可以直接访问链接进入问卷调查页面（图 4.4）。

问卷调查应保证样本的地域均衡性。各个省级评估队应保证本省的调查样本至少有 3000 份且在各个地市层级的分布基本均衡，城乡调查样本数基本均衡。问卷调查应保证样本属性的多样性，对于不同年龄、学历和职业的群体都能获取足够的样本数量。

本问卷基于问卷星平台设计开发，问卷星平台提供问卷的下载和初步统计分析，也可以将结果下载后使用其他统计软件进行分析和可视化。

本问卷调查系统为美丽中国建设评估执行委员会研制，各省根据自身需要可在问卷星平台建立新的账号，复制使用本问卷，但不得对本问卷进行修改，也不得对问卷结果擅自修改或对外发布。

图 4.3　美丽中国建设公众满意度调查二维码

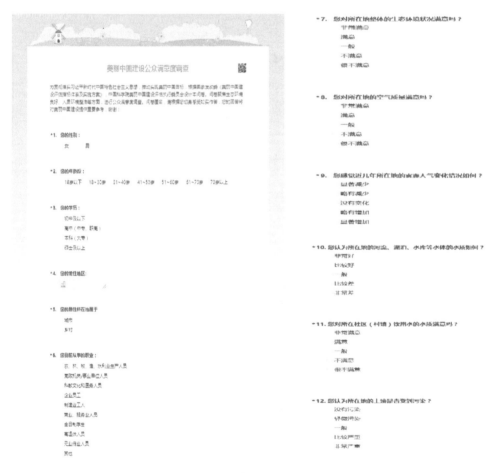

图 4.4　美丽中国建设公众满意度调查手机版 APP 和网页版截图

三、公众满意度分级计算方法

根据美丽中国建设公众满意度调查结果，对公众满意度打分去除无效问卷和异常值后，计算每个问题满意度的平均值，问卷选项中很不满意为 0 ~ 40分、不满意为 40 ~ 60 分、一般满意为 60 ~ 75 分、较满意为 75 ~ 85 分、非常满意为 85 ~ 100 分（表 4.16），分别对应美丽中国建设客观评估结果的差（Ⅰ级）、较差（Ⅱ级）、一般（Ⅲ级）、良好（Ⅳ级）和优秀（Ⅴ级）五个等级。每个分维度满意度得分由其对应的问题答案的平均值计算得到，分项满意度综合指数为五大分维度满意度的均值，美丽中国建设综合满意度为以上六个维度满意度的平均值。

表 4.16 美丽中国建设公众满意度分级标准

级别	差（Ⅰ级）	较差（Ⅱ级）	一般（Ⅲ级）	良好（Ⅳ级）	优秀（Ⅴ级）
	很不满意	不满意	一般满意	较满意	非常满意
美丽中国建设综合满意度	0 ~ 40	40 ~ 60	60 ~ 75	75 ~ 85	85 ~ 100
空气清新满意度	0 ~ 40	40 ~ 60	60 ~ 75	75 ~ 85	85 ~ 100
水体洁净满意度	0 ~ 40	40 ~ 60	60 ~ 75	75 ~ 85	85 ~ 100
土壤安全满意度	0 ~ 40	40 ~ 60	60 ~ 75	75 ~ 85	85 ~ 100
生态良好满意度	0 ~ 40	40 ~ 60	60 ~ 75	75 ~ 85	85 ~ 100
人居整洁满意度	0 ~ 40	40 ~ 60	60 ~ 75	75 ~ 85	85 ~ 100

注：低等级的满意度最大值归为高等级的满意度分级中。

主要参考文献

[1] 方创琳, 王振波. 美丽中国建设的理论基础与评估方案探索. 地理学报, 2019, 74(4): 619-632.

[2] Fang C L, Wang Z B. Beautiful China initiative: human-natural harmony theory, evaluation index system and application. Journal of Geographical Sciences, 2020, 30(5): 691-704.

[3] 方创琳. 区域发展规划论. 北京: 科学出版社, 2000.

第五章

美丽中国建设

评估模拟KMP系统方法

美丽中国建设评估模拟系统（KMP系统）方法是开展美丽中国建设评估的智能化支撑平台，旨在实现评估全过程的高度规范化、动态化、可视化和智能化。KMP系统的主要模块包括数据汇交、综合评估、情景模拟、公众满意度、美丽中国建设样板五大模块，具备为美丽中国建设第三方评估工作提供支撑的业务能力。KMP系统的运行过程包括账号登录、用户管理、数据采集校核、综合评估、情景模拟、公众满意度调查、美丽中国建设样板展示等过程。

第一节 KMP 系统的结构与功能

一、KMP 系统的框架结构

（一）KMP 系统建立意图

KMP 系统是美丽中国建设第三方评估工作的主要支撑平台。建立系统的主要目的是实现评估工作的"四化"，即评估的便捷化、规范化、动态化和可视化。

（1）评估便捷化。评估数据录入、查询、修改的方便快捷；数据计算的方便快捷；数据统计分析和可视化的便捷；评估数据和结果共享的便捷化。

（2）评估规范化。对不同部门和省（区、市）提供的数据进行格式与精度的规范；指数计算方法的规范化；评估结果输出及地图使用的规范化；国家与省级两层评估的协调统一化。

（3）评估动态化。实现评估数据库和指标体系的定时更新；实现美丽中国评估的动态化与稳定性。

（4）评估可视化。KMP 系统专门定制统计图表和地图，进行快速查询、快速统计分析与可视化展示[1]。

（二）KMP 系统建立的基本要求与原则

（1）多终端网络版。实现远程多用户多终端共同操作，数据的实时上传共享，电脑端和手机端均可访问，避免单机版系统的诸多不便。

（2）系统界面友好易操作。本系统用户既包括评估组成员也包括政府行政人员，特别是在数据收集上传阶段系统用户较多，系统界面的设计应尽量直观友好，便于使用者操作。

（3）编程语言包容性强。选用包容性强的语言进行系统开发，如 Python、C/C++、Java，便于系统的升级和软硬件的兼容、便于与省级系统及其他平台系统的对接。

（4）兼顾评估的通用性和差异化。全国层面评估系统可以用统一的指标进行计算，具体到每个省级评估模块专门设置指标和目标值的调节选项。

（5）系统稳定安全。本系统主要服务于美丽中国建设评估任务，至少要运行至 2035 年，依托高性能独立服务器运行，确保系统长期使用的稳定性与安全性。

（三）KMP 系统的基本框架

根据《美丽中国建设评估指标体系及实施方案》，KMP 系统的主要框架包括数据库、模型方法库、全国评估、分省评估、结果分析与可视化、结果输出、美丽中国样板城市展示模块等（图5.1）。系统的运行应是一个闭环，实现从后端数据、模型的输入与设定到分项指标与综合指数计算，再到评估结果的输出展示，将结果在美丽中国建设第三方评估报告中直接进行运用，服务国家各部委及各省市区政府未来决策，检视各地美丽中国建设进度和短板，进行查缺补漏、督促推进，在每隔 2～3 年的动态评估中，进行数据和结果的动态调整，实现推进美丽中国建设，完成 2035 年"美丽中国目标基本实现"的愿景。

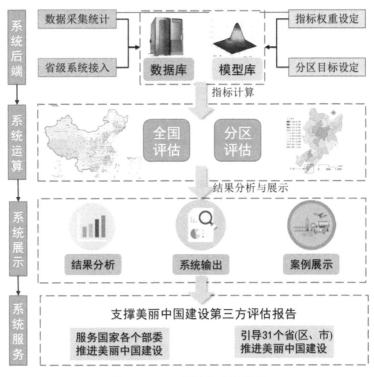

图 5.1　KMP 系统基本框架图

根据这一思路和框架，拟定 KMP 系统界面的一级菜单（包括文件、数据、全国评估、分区评估、视图、分析与可视化、样板城市、帮助、用户等）。样板城市案例展示模块可以随着评估进展到后期再适时添加。主窗口按功能可分为五个功能区：菜单栏区、工具条区、图层控制区、地图显示区及状态栏。

二、KMP 系统的主要功能

（一）数据库模块

数据库是 KMP 系统的核心模块之一，主要功能包含数据稳定存储与快速调用、数据导入导出、数据自动核查格式错误和异常值、数据编辑修改、数据合并、数据的分类分地区检索、数据预处理等[2]。

美丽中国动态评估指标体系包括空气清新、水体洁净、土壤安全、生态良好、人居整洁 5 类指标，22 个具体指标。评估系统 1.0 版的数据库时间跨度为2001 ～ 2020 年，空间尺度可包括全国的省级单元、地级行政单元，甚至包括县级市单元。

（二）模型方法库模块

该模块与数据库模块均属于系统后端，为评估指标的处理与计算提供模型方法支撑。主要功能包含数据归一化、指标权重设定、指标目标值设定、5 类指标分类计算方法、美丽中国建设综合指数计算方法等。

（三）运算评估模块

（1）全国评估。全国评估模块可直接调用数据库中全国所有省（区、市）的数据以及系统中设定的模型和参数，对全国美丽中国建设整体情况进行计算，并根据 2025 年、2030 年、2035 年美丽中国建设预期目标，进行对标分析和可视化展示。

（2）分区（省）评估。根据评估实施方案，功能上实现国家评估系统（KMP系统）与省级评估系统的有机连接，系统开发中充分预留系统间接口。国家评估系统本身可以通过对不同省（区、市）指标目标值的差异化设定实现本系统分区域或分省（区、市）的差异化计算评估。同时，通过分区评估模块也可以直接连接其他省级评估系统，以进行评估数据和特征性指标的共享，以及评估结果的校验和对比。

（四）结果分析与可视化模块

（1）统计图表分析。系统可针对具体的单项指标、多项指标、美丽中国建设综合指数等快速生成各类统计分析图表，包括柱状图、饼状图、折线图、雷达图、平行坐标图、三维立体图等形式，实现计算结果的时间对比分析、城市对比分析、指标短板分析、达标距离分析等。

（2）空间可视化分析。采用嵌套中国省市行政边界（1：100 万）的卫星影像作为底图，在其上叠加各个省（区、市）的美丽中国评估的单项指标、多项指标、美丽中国建设综合指数等，进行分层设色和实时空间展示与交互。可进行全国尺度的可视化分析，也可以进行某个省（区、市）的可视化分析，并可添加地图图例、注记等基本要素。

（五）结果输出模块

本模块可以实现评估计算结果的表格、分析图表、专题地图等的导出和打印，系统可默认多种常用数据保存格式，同时用户可以决定是否将结果保存在数据库服务器中。

（六）美丽中国建设样板展示模块

本模块可以随着评估进展到后期再适时增加。该模块可以对评估结果优秀的地区进行美丽中国建设的经验宣传介绍，内容包括政策措施、城市规划、重点建设工程、市民参与、城市风貌等。展示形式包括文字、图片、视频、网络链接等。

（七）用户管理与帮助

（1）用户管理。所有用户均需实名注册，不同等级用户具有不同的系统使用权限，评估权限设置依据自上而下分级管理、自下而上统计汇总的工作思路进行设置，上层用户可以对下层用户赋权。例如，评估总体技术组组长具有高等级权限；国家部委相关联络人仅具有数据上传权限；省级评估负责人只有检索和使用本省数据权限；评估组成员具体有限范围权限；数据收集员仅有上传数据权限等。

（2）系统帮助。设置系统帮助选项，制作电子版系统使用手册。系统使用过程中可随时查看系统的使用手册，查看系统的整体介绍，帮助数据的导入和系统分析操作，并预留系统开发工程师联系邮箱。

（3）系统升级与维护。在评估之前进行系统的试运行，尽快完善系统、填补漏洞。评估完成后进一步升级优化系统。系统服务器应确保稳定，系统及数据库由专人进行日常维护。

第二节 KMP 系统的运行过程

KMP 系统的运行过程包括账号登录、用户管理、数据采集校核、综合评估、情景模拟、公众满意度调查、美丽中国建设样板展示等过程。

一、账号登录

KMP 系统登录网址为 http://47.105.81.138/beautiful-china-web/index.html#/。用户首次登录时需要进行用户信息的注册。点击红色区域弹出注册信息窗口，包括姓名、手机号码、密码设置等信息，按照提示填写相应的信息即可完成注册。其中，手机号码与姓名应为本人真实信息，姓名必须为中文，手机号码为 11 位数字，密码应设置为 6 ～ 20 位字母和数字组合且必须同时含有字母和数字。信息注册界面如图 5.2、图 5.3 所示。

为了数据安全，账号注册后不能立即使用系统，需要管理员为用户分配调查省份后即可使用系统。

图 5.2　系统界面登录首页

图 5.3　注册账号

二、用户管理模块

　　用户管理中主要为账户管理、角色管理、权限管理等。用户管理模块可以对用户进行添加、删除、修改操作,用户管理模块中还包含了搜索功能,可以根据用户级别、调查省份、用户名或手机号码进行模糊查询,对用户进行筛选。同时,平台定义了不同的角色,通过进行角色的分配,可以便捷地为用户分配管理权限。

(一)账号分配管理

　　账号级别分为国家级和省级,用户角色主要分为超级管理员、管理员和普通用户。省级管理员可为数据采集用户分配省级别权限,分配好后该用户可进行本省数据的采集。

（1）管理员登录用户管理如图 5.4 所示。

（2）搜索用户并分配调查省份。可以按用户级别、调查省份、输入用户名或手机号码进行模糊查询，对用户进行筛选（图 5.5、图 5.6）。

图 5.4　用户管理入口

图 5.5　搜索用户

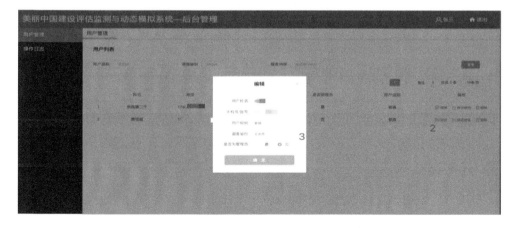

图 5.6　用户角色 / 权限管理设置

（二）各级账号权限管理

各级用户账号及权限管理如表 5.1 所示。

表 5.1 各级用户账号及权限管理表

账号级别	是否管理员	可使用系统模块	数据权限
国家级	是	用户管理、数据采集与审核、综合评估、情景模拟、公众满意度调查、美丽中国样板建设	管理用户、查看与采集全国数据、设置各省扩展指标、设置权重、创建样板、创建编辑公众满意度方案
	否	数据采集与审核、综合评估、情景模拟、公众满意度调查、美丽中国样板建设	查看与采集全国数据、设置权重、查看导出标准地图
省级	是	用户管理、数据采集与审核、综合评估、情景模拟、美丽中国样板建设	管理用户、查看与采集本省数据、设置本省扩展指标、创建样板
	否	数据采集与审核、综合评估、情景模拟、美丽中国样板建设	查看与采集本省数据

三、数据采集与审核模块

该功能模块主要完成美丽中国建设评估指标数据的采集和审核。数据采集最小行政区单元为地级城市，主要涉及空气清新、水体洁净、土壤安全、生态良好、人居整洁等 5 个二级指标数据采集。在省级范围进行数据采集时，平台支持用户在上述 5 项二级指标类下最多增置 5 个三级扩展指标（合计），且单个二级指标类下增加的三级扩展指标不超过 2 个。

（一）入口

登录首页输入账号密码后单击【登录】，登录界面如图 5.7 所示。

单击【数据采集与审核】，数据采集与审核入口如图 5.8 所示。

（二）地级市数据采集流程

进入数据采集界面，依次单击【数据上传】→【地级市】，可以看到需要填报数据的地级市目录（图 5.9），通过下拉菜单选择【调查省份】，单击右侧【采集】即可进行数据上传。

评估指标数据采集上传界面如图 5.10 所示，按照已有的数据模板将全部指标的过去值与目标值填写完毕后，单击【上传】，完成地级市评估指标数据的采集。

（三）省级数据采集流程

省级数据采集与地级市数据采集步骤相同，依次点击【数据上传】→【省】，可以看到需要填报数据的省级目录，单击右侧【采集】即可进行数据上传。

图 5.7　登录界面

图 5.8　数据采集与审核入口

（四）采集统计与数据查看

对省级/地级市数据采集完成后，能够对已采集和未采集的情况进行统计，同时能够对已采集的数据进行【查看】操作，如图 5.11、图 5.12 所示。

（五）扩展指标设置（管理员权限可用）

在省级范围进行数据采集时，平台支持用户在上述 5 项二级指标类下最多增置 5 个三级扩展指标，且单个二级指标类下增加的三级扩展指标不超过 2 个。具

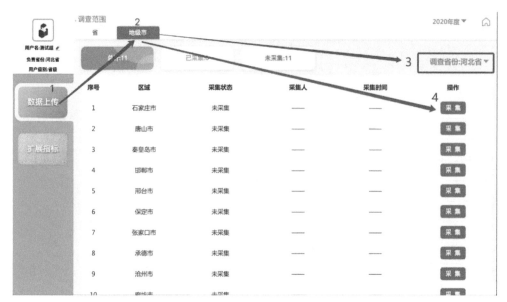

图 5.9　数据采集列表

图 5.10　评估指标数据采集上传界面

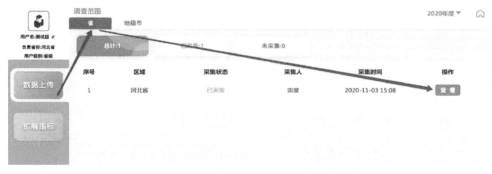

图 5.11　省级数据采集情况统计与数据查看

图 5.12　地级市数据采集情况统计与数据查看

体流程如下：进入数据采集与审核界面，单击【扩展指标】，单击添加窗口，编辑扩展指标基本信息，如图 5.13 所示。

图 5.13　添加扩展指标入口

在编辑扩展指标弹窗界面，需设置指标名称、需要采集的数据类型、分级标准等，信息填写完成单击【确认】。扩展指标设置后，采集页面即可出现扩展指标的数据采集填报框，如图 5.14、图 5.15 所示。

四、综合评估模块

综合评估模块实现了美丽中国建设评估可视化监测和数据对比，平台可视化种类丰富、效果极佳，支持普通地图、三维地图、多种图标可视化。支持区域导航与图层显示配置及标准地图导出，实现"一省一图"，增加权重设置机制，实现美丽中国建设科学评估、动态评估、综合评估。

图 5.14 创建扩展指标基本信息编辑窗口

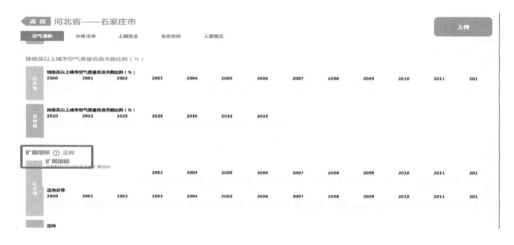

图 5.15 已创建的扩展指标显示页面

（一）入口

登录平台后，单击【综合评估】，如图 5.16 所示。

（二）时空差异对比可视化

（1）评估指标空间差异。默认显示同一时间下全国省级综合指标空间差异对比，颜色深表示指标数值高，颜色浅表示指标数值低，如图 5.17 所示。

（2）评估指标时间差异。在左侧导航栏切换至【时间差异】，通过下拉菜单设置可查看所选区域评估指数时序图表数据，单击图表右上方的 ，图表可进行全屏显示，如图 5.18 所示。

（三）图表在线配置

单击【区域排序】，图表支持按照过去值/目标值进行升序排序。点击右侧地图符号，切换当前图表进行空间渲染。平台还可以快速切换生成柱状图、折线

图 5.16　综合评估功能入口

图 5.17　空间差异显示效果

图、玫瑰图等图表，可全屏显示图表，如图 5.19 所示。

（四）评估指标导航

顶部设置了一级指标与二级指标导航，点击某个二级指标可查看其下的三级指标详情，如图 5.20 所示。

（五）区域导航

地图可向下穿透，在全国空间分布图上，单击某一省可查看此省全部指标情况，如图 5.21 所示，单击河北省范围处，即向下穿透至河北省区域及相关指

图 5.18　时间差异显示效果

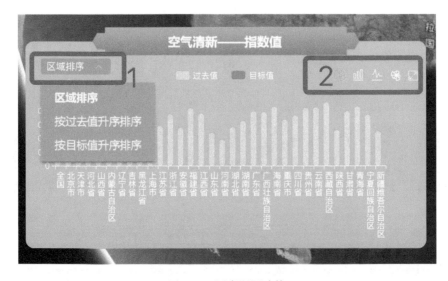

图 5.19　图表配置功能

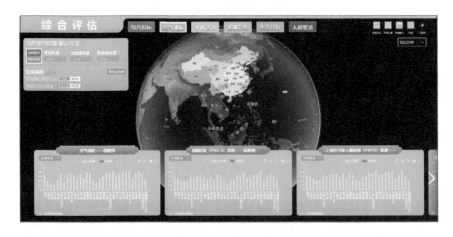

图 5.20　评估指标导航栏

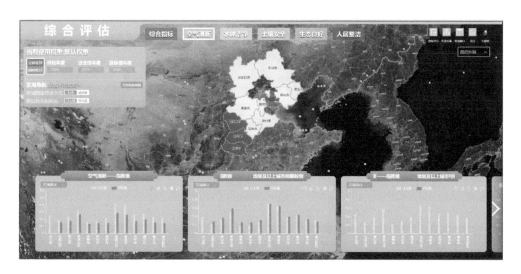

图 5.21 省级区域导航显示

标图表，此时区域导航显示"全国 > 河北省 >"。

（六）年度设定

可通过下拉菜单选择不同年份的过去值与目标值的统计情况，选好年份后单击【确定】即可，同时可以进行相应图层透明度设置及图层显示指标设置，如图 5.22 所示。

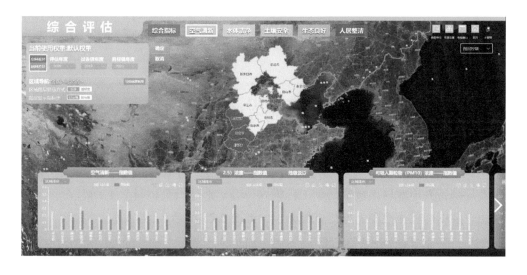

图 5.22 选择评估指数年度

（七）导出标准地图

在左上侧的操作栏中单击【导出标准地图】，输出当前评估指数的标准地图，单击右侧【保存为】按钮，即可导出 png 格式的地图图片，如图 5.23、图 5.24 所示。

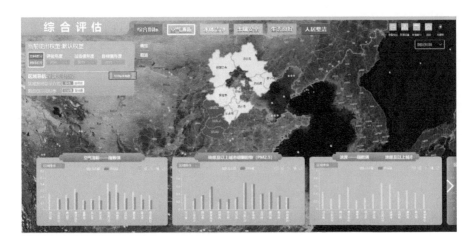

图 5.23　导出标准地图入口

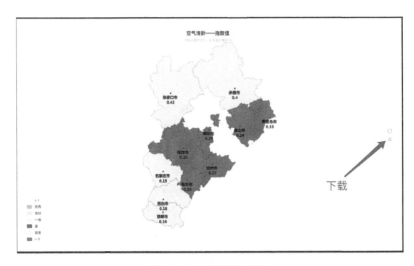

图 5.24　下载标准地图

（八）图层控制

通过右侧图层控制下拉菜单，可以切块 2D/3D 地图，设置评估指数图层透明度及是否开启地球大数据科学工程模式。开启地球大数据科学工程模式后，选择相应数据即可在地图上进行叠加显示，如图 5.25 所示。

（九）权重设置

单击页面右上方【权重设置】按钮，打开权重设置面板，弹出权重方案列表，选择指标评估权重方案，实现对美丽中国建设的科学、动态、综合评估。具体功能如图 5.26 所示。

单击【新建方案】即可进入新建界面，默认权重均等分配（二级指标权重固定），权重方案支持全国和各省独立设置，具体如图 5.27、图 5.28 所示。

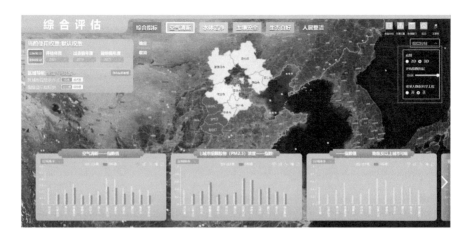

图 5.25 图层控制

图 5.26 权重方案列表

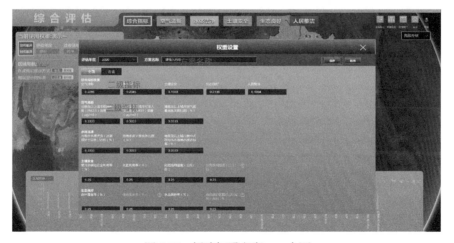

图 5.27 新建权重方案——全国

图 5.28　新建权重方案——各省

　　方案修改编辑好后单击【保存】，完成方案新建 / 修改，然后单击【返回】至权重方案列表，在列表中对单项条目可单击【删除】、【编辑】、【使用】或【复制并新建】等进行相应操作，如图 5.29、图 5.30 所示。

　　单击【使用】当前选中权重方案时，系统统计数据将根据当前权重方案进行重新统计，综合评价窗口将显示当前使用权重方案名称，如图 5.31 所示。

（十）数据导出

　　单击【数据导出】按钮，可按区域导出系统数据，如图 5.32、图 5.33 所示。

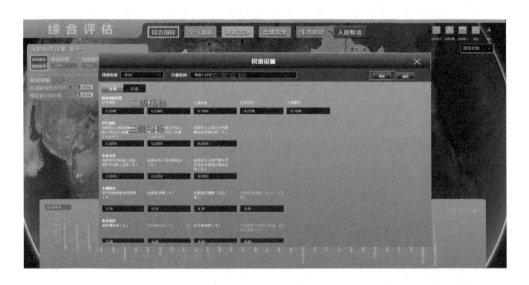

图 5.29　保存方案

图 5.30　方案列表操作

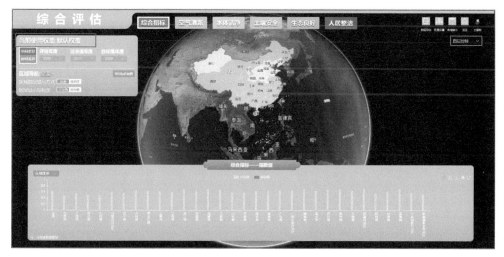

图 5.31　当前使用权重方案

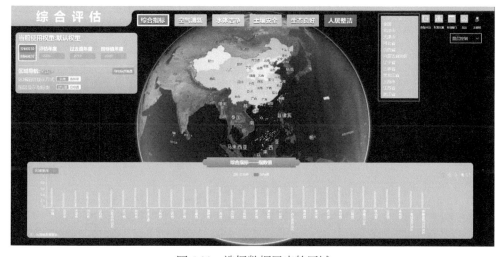

图 5.32　选择数据导出的区域

图 5.33　数据导出至本地

五、情景模拟模块

情景模拟能够实现对两个不同权重方案的指标评估结果进行比较，同时量化不同方案之间每个评估指标的数值差异。

（一）入口

登录平台后，单击【情景模拟】，如图 5.34 所示。

图 5.34　情景模拟入口

（二）比对方案与模拟方案

左右两边分别为"比对方案"与"模拟方案"，比对方案为系统当前使用的权重方案统计出的评估结果，作为参考方案，可以单击【方案详情】查看具体的权重设置方案，如图 5.35 所示。

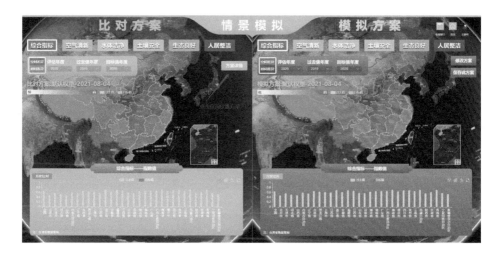

图 5.35　比对方案与模拟方案

模拟方案可对权重方案进行修改，单击【修改方案】进入权重设置界面，进行相应修改后可单击【预览】，模拟方案数据将会重新计算，可查看新的权重模拟方案后的评估结果。此时修改后的方案并没有保存，如果想要保存此方案，单击【保存此方案】对新的权重方案进行保存，保存后的方案将出现在下拉菜单，如图 5.36～图 5.38 所示。

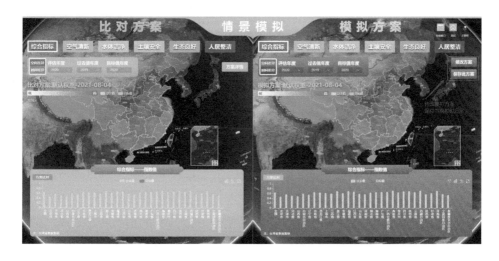

图 5.36　模拟方案——修改方案操作

图 5.37　设置权重后方案预览

图 5.38　保存新的权重方案界面

（三）方案对比（空间差异）

　　在比对方案与模拟方案的窗口下方都有对应指标的统计图表，左边窗口图表展示比对方案计算的值，右边图表展示模拟方案计算的值。单击图表左上方【方案对比】可更清晰地查看该指标下两种方案之间的评估值差异，界面如图 5.39所示。

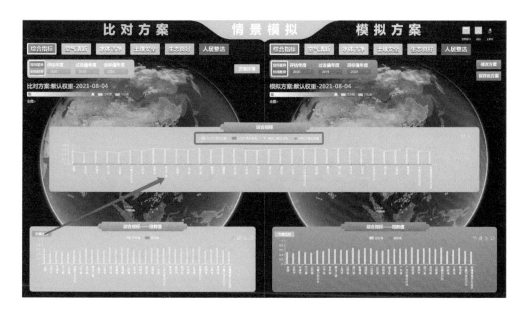

图 5.39　不同权重方案的评估指标对比效果

（四）方案对比（时间差异）

在情景模拟模块，同时支持空间差异和时间差异的方案比对，单击【时间差异】进入时间差异的方案对比窗口，单击【方案对比】即可查看不同方案之间评估指标时序上的差异对比，具体如图 5.40 所示。

图 5.40　比对方案与模拟方案

（五）图层控制

对全国范围及省级范围评估指数进行方案对比时，可支持不同年度选择，支持地图下级穿透、区域导航以及图层显示指标类切换，方权重方案名称显示，如图 5.41、图 5.42 所示。

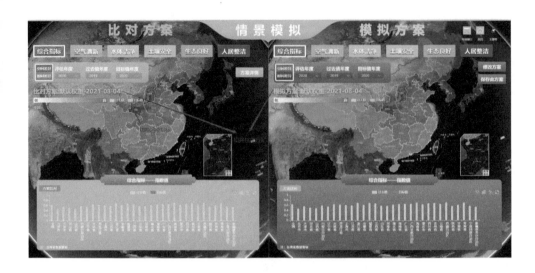

图 5.41　不同权重方案的评估指标对比效果

（a）图层控制

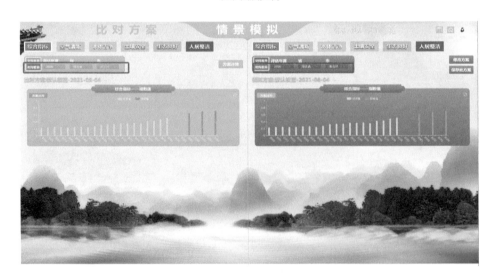

（b）区域选择（时间差异）

图 5.42　图层控制与区域选择

六、公众满意度调查模块

公众满意度调查模块主要提供美丽中国建设分项及综合满意度与美丽中国建设整体进程满意度的全国范围/省级范围的可视化显示，美丽中国建设分项及综合满意度指标评估体系主要包括综合满意度，空气清新、水体洁净、土壤安全、生态良好、人居整洁等；美丽中国建设整体进程满意度评估体系主要包括美丽中国建设进程总体满意度、整体生态环境满意度、整体居住环境满意度、整体建设进程满意度。

（一）入口

登录平台后，单击【公众满意度】，如图 5.43 所示。

图 5.43 公众满意度入口

（二）满意度指标切换

单击左上角，出现下拉菜单，可切换美丽中国建设分项及综合满意度与美丽中国建设整体进程满意度，如图 5.44 所示。

（三）区域导航

通过单击某个省级行政区块，地图可向下穿透，进而显示查看此省全部指标情况，如图 5.45 所示。

（四）导出标准地图

在左上侧的操作栏中单击【导出标准地图】输出当前评估指数的标准地图，单击右侧【保存为】即可导出 png 格式的地图图片，如图 5.46 所示。

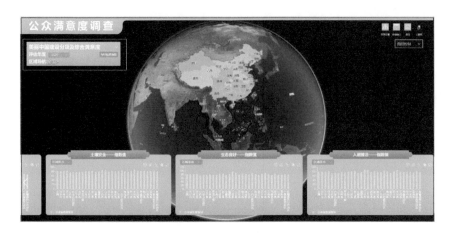

图 5.44　全国范围公众满意度调查结果分布图

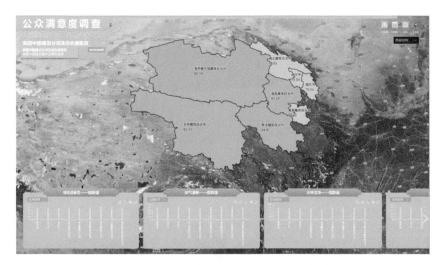

图 5.45　公众满意度指标可视化——省级

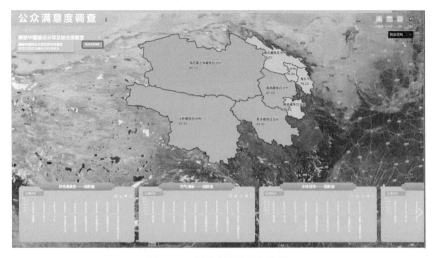

图 5.46　标准地图导出功能

七、美丽中国建设样板模块

美丽中国建设样板旨在动员全社会聚力打造美丽中国示范区，寻找和收录一批美丽中国建设典型，树立标杆，深度发掘其在美丽中国建设中的创新思路、成功做法和典型经验，全面展示其独特魅力、美丽风采，以典型引领、榜样带动，是助推打造美丽中国建设的"重要窗口"。

（一）入口

登录平台后，单击【美丽中国建设样板】，如图 5.47 所示。

图 5.47　美丽中国建设样板入口

（二）新建样板

界面左侧为样板列表，列表内为已有的样板数据。单击【新建样板】可创建新的样板，弹出新建样板界面，填写样板名称、所属省市、详细位置、样板描述等信息，单击【确认】，创建样板成功，如图 5.48、图 5.49 所示。

（三）编辑 / 删除样板

在样本列表中，支持编辑和删除样板条目，如图 5.50 所示。

（四）查询样板

提供按省、市区域，样本分类、样本名称模糊查询等多种查询方式，同时显示现有样板总数，如图 5.51 所示。

（五）样板详情

创建样板后可单击"样板详情"中的【新增多媒体】，为样板添加全景图片、照片、视频等多媒体信息，添加成功后可按照时间轴显示上传的多媒体信息，具体界面如图 5.52 ～图 5.54 所示。

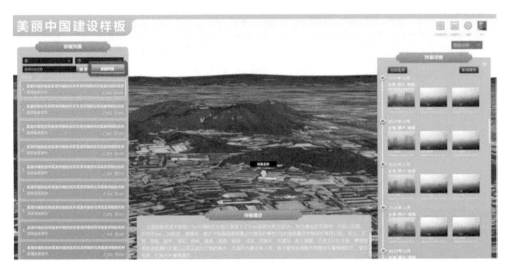

图 5.48　新建样板 1

图 5.49　新建样板 2

图 5.50　编辑 / 删除样板

图 5.51　查询样板

图 5.52　样板详情界面

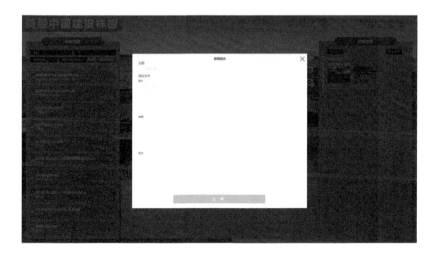

图 5.53　新建多媒体界面

图 5.54　添加多媒体后样板详情界面

（六）动态监测

在样板详情内有多媒体信息的情况下，单击【动态监测】可弹出监测窗口，以多媒体信息对比方式来检测样板区域变化。左侧与右侧可选择不同日期的多媒体信息进行对比，界面如图 5.55、图 5.56 所示。

图 5.55　动态监测

（七）查看多媒体信息

在样板详情内有多媒体信息的情况下，单击上传的全景、照片、视频等多媒体文件，可实现在线查看。支持全景影像的漫游浏览及视图缩放，照片缩放、旋转、翻转等，支持视频在线播放等，如图 5.57 ～图 5.60 所示。

图 5.56 动态监测对比

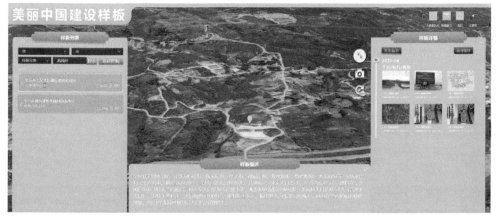

图 5.57 多媒体信息查看

图 5.58 全景影像在线浏览

图 5.59 照片在线浏览

图 5.60 视频在线播放

八、快照、收缩、旋转等其他功能模块

（一）窗口收缩

界面右上角有窗口收缩功能，单击▦按钮后可方便查看地图，便于观察样板周围地形地势，界面如图 5.61 所示。

（二）快照功能

每个样板可设置一个快照，在样板列表中选择一个样板案例，单击▣按钮，选择上传快照，即完成快照上传，切换到该样板时地图会自动切换到该样板的快照角度，如图 5.62、图 5.63 所示。

图 5.61　窗口收缩

图 5.62　快照功能

图 5.63　快照上传

（三）地图旋转

在查看样板快照时可单击旋转开关 ，地图视口会自动绕样板点逆时针旋转，如图 5.64、图 5.65 所示。

图 5.64　旋转开启

图 5.65　旋转关闭

（四）无人机实景三维数据

在美丽中国建设样板模块中，通过选择样板列表的样式分类中选择无人机实景三维数据，选择一个样板案例，即可查看该地区无人机实景三维数据，如图 5.66 所示。

图 5.66 无人机实景三维数据显示

主要参考文献

[1] 方创琳, 等. 中国城镇产业布局分析与决策支持系统. 北京: 科学出版社, 2010.

[2] 方创琳, 等. 城市群区域生态安全保障决策支持系统方法. 北京: 科学出版社, 2020.

第六章

美丽中国建设的
轴线格局与综合区划

统筹考虑全国不同区域美丽中国建设的区域差异性，科学构建由 4 条"井"字形美丽国土轴、八大美丽区和 19 个美丽城市群构成的"以轴串区、以区托群"的美丽中国建设空间格局（图 6.1），形成"美丽国土轴 - 美丽区 - 美丽城市群"三层级的美丽中国建设空间格局。本章介绍了基于省级行政单元、基于地级行政单元和基于县级行政单元的美丽中国建设分区格局，三种分区格局均将美丽中国建设划分为名称相同的八大美丽区，但不同划分结果的界线和包含的行政区划范围不尽相同，不同划分结果可作为制定美丽中国建设综合区划的参考依据。

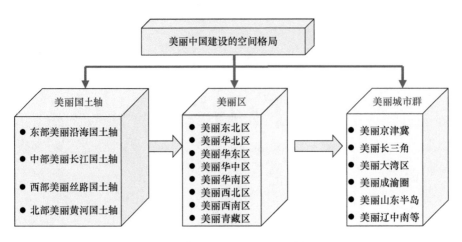

图 6.1　美丽中国建设的"以轴串区、以区托群"空间格局图

第一节　美丽国土轴的建设格局

美丽国土轴由东部美丽沿海国土轴、中部美丽长江国土轴、北部美丽黄河国土轴和西部美丽丝路国土轴 4 条轴线组成"井"字形格局（图 6.2）。4 条国土

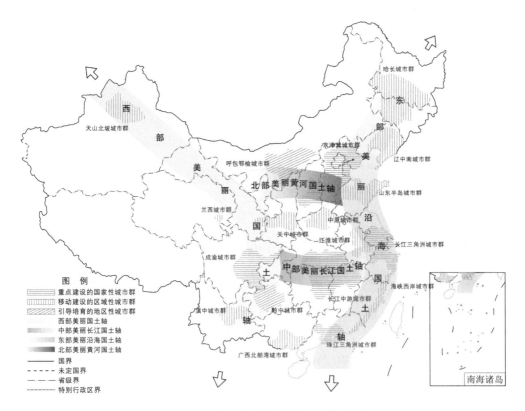

图 6.2　美丽中国建设的"井"字形轴线格局

轴贯穿了全国绝大部分省区，既是国家经济社会发展战略主轴线，也是生态环境保护战略主轴线，因而是美丽中国建设战略主轴线，构成了美丽中国建设的"井"字形国土主轴格局，撑起了美丽中国建设的主骨架。

一、美丽沿海国土轴

美丽沿海国土轴位于东部沿海地区，是 21 世纪海上丝绸之路必经地区，南北纵贯东部地区和东北地区两大区域发展板块，是我国综合实力最强、战略支撑作用最大的国土轴，也是我国"T"形发展主轴线的重要组成部分，该国土轴线面积约占全国的 17.7%，人口约占全国的 46.1%，GDP 约占全国的 60.2%，因而在区域发展格局中长期占据绝对主导的战略地位，在美丽国土轴建设中同样占据着十分重要的战略地位。美丽沿海国土轴从北向南连接着辽中南城市群、京津冀城市群、山东半岛城市群、长江三角洲（简称长三角）城市群、海峡西岸城市群和珠江三角洲（简称珠三角）城市群 6 大城市群，串联的城市群面积占全国城市群面积的 37.9%，人口占 41.3%，GDP 占 61.2%[1]。美丽沿海国土轴重点围绕 21 世纪海上丝绸之路建设，依托黄金海岸，突出建设美丽京津冀、美丽长三角和美丽大湾区，建成国家经济转型升级和最具国际竞争力的外向型经济支撑带，成为既富饶又美丽的沿海国土主轴带。

（一）美丽京津冀建设

2015 年中共中央审议通过《京津冀协同发展规划纲要》，要在京津冀交通一体化、生态环境保护、产业升级转移等重点领域率先取得突破，推动京津冀协同发展成为重大国家战略。2000 ～ 2019 年，京津冀三省市综合美丽指数均稳步提升（图 6.3）。其中，北京、天津起点较河北高，2000 ～ 2008 年三省市发展趋势稳定，2009 年后提升速度较快，到 2019 年三省市综合美丽指数相近，说明京津冀协同发展在空气污染治理、水环境改善、土壤安全治理、生态保护、人居环境改善等领域逐步实现了协同发展。

从具体指数看，京津冀三省市空气清新指数 2000 ～ 2007 年均表现为下降趋势，2007 年后逐步提升，2015 年后三省市数值较为接近，说明京津冀协同发展战略有效促进了三省市对区域联防联控的重视，空气污染协同治理取得一定成效。京津冀三省市水体洁净指数在 2000 ～ 2014 年表现相对平稳，河北水环境质量较差，天津较优。2015 年后河北与北京水环境质量改善成效显著，并在 2019 年超过天津，说明北京与河北近 5 年内水环境区域协同治理取得成效，两者水环境质量提升效果明显。2000 ～ 2019 年土壤安全指数和生态良好指数三省市整体趋势均向好，但三者差距较为明显。天津在土壤安全指数与生态良好指数方面均表现较优，北京与河北土壤安全指数相近，生态良好指数方面北京的总体成效明

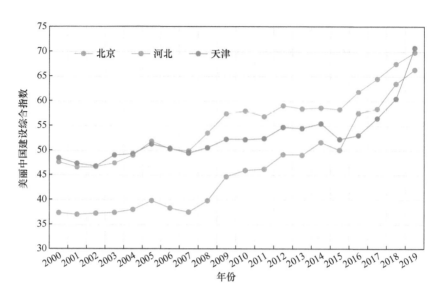

图 6.3　美丽京津冀建设的变化曲线图

显优于河北。京津冀三省市人居整洁指数在 2000 ～ 2019 年均表现为增长趋势，河北近年来改善成效突出，三省市数值也较为接近，区域差距逐步缩小。

（二）美丽长三角建设

长三角一体化范围包括上海、江苏、浙江、安徽全域，总面积 35.8 万 km²。长三角地区是"一带一路"与长江经济带的重要交汇地带，在中国国家现代化建设大局和开放格局中具有举足轻重的战略地位。《长江三角洲城市群发展规划》指明，长三角城市群要建设美丽中国建设示范区。《长江三角洲区域一体化发展规划纲要》提出，长三角一体化的实现需要以绿色共保为原则，从共同加强生态保护、推进环境协同防治、推动生态环境协同监管这三方面强化生态环境共保联治，以上海青浦、江苏吴江、浙江嘉善为长三角生态绿色一体化发展示范区，示范引领长三角地区更高质量一体化发展。因此，长三角一体化过程中的生态环境建设是美丽中国建设的重要组成部分。美丽中国建设须时刻关注长三角区域生态环境一体化发展动态。

2000 ～ 2019 年长三角三省一市美丽中国建设综合指数均呈上升趋势（图 6.4、图 6.5）。各省市综合指数等级由 2000 年的全部位于"一般"及以下提升为 2019 年全部位于"良好"及以上。2019 年浙江综合美丽指数最高，等级为优秀级别。除了土壤安全指数处于劣势外，浙江在其他方面的评价皆居绝对优势。2019 年上海的综合美丽指数排名第二，等级为良好。21 世纪初，上海在多方面的评价如空气清新，土壤安全，水体洁净上均处于劣势。为了促进经济高质量发展和提升国际地位，近十年来上海努力建设美丽上海，在初期的劣势方面提升速度很快，同时也保持着在人居整洁和生态良好评价上的相对优势。2019 年江苏的综合美

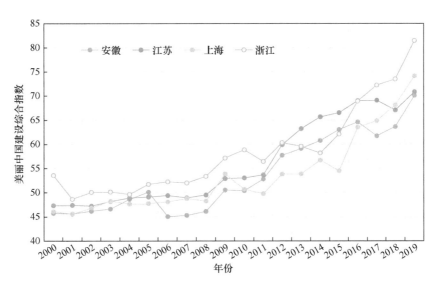

图 6.4　美丽长三角建设的综合美丽指数变化趋势

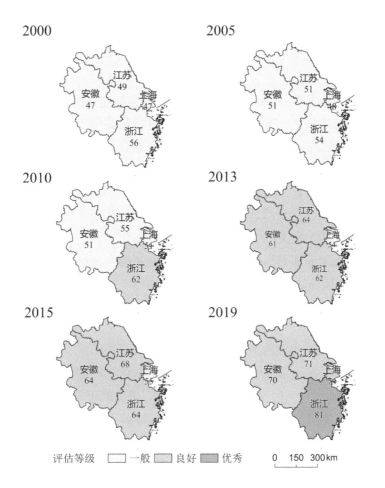

图 6.5　美丽长三角建设各省市综合美丽指数的动态变化空间分布图

丽指数排名第三。江苏在人居整洁评价上表现优异，在其他方面评价则处于较不利的地位。安徽在土壤安全评价上表现相对较好，在其他方面评价处于不利地位。总体而言，美丽长三角建设存在一定差异，但此种差异呈缩小趋势。

从空气清新状况看，2000～2019年长三角空气清新指数的变化可划分为三个阶段。各省市的空气清新指数在2000～2008年均呈下降态势，在2008～2013年呈波动上升态势，2013年之后均呈上升态势，说明2013年实施的生态文明建设有助于空气质量的提升。

从水体洁净状况看，2000～2019年长三角水体洁净指数的变化大致可分为两个阶段，各省市的水体洁净指数在2014年或2015年前的变化态势差异较大，在水环境质量上，江苏呈稳定上升态势，安徽呈波动上升趋势，浙江呈波动不变态势，上海呈平稳不变状态。2014年或2015年后，上海和浙江的水环境质量变化幅度大，提升速度快。安徽和江苏的水环境质量则呈波动变化态势。

从土壤安全状况看，2000～2019年长三角土壤安全指数的变化较为一致，均呈上升态势，其中上海的土壤安全指数上升速度最快，由2000年的区域内倒数第一上升为2019年的区域内第一。安徽的整体上升速度排第二，江苏排第三。浙江的土壤安全指数在2014年前的变化较小，2014年后上升速度较快，但土壤质量仍低于其他省市。

从生态良好状况看，2000～2019年长三角生态良好指数的变化大致可分为两个阶段。2012年前长三角各省市的生态良好指数缓慢上升（上海除外）且差异相对较大，2012年后各省市的生态良好指数差异变小。其中上海的生态质量一直较好，浙江的生态质量排第二，江苏的生态良好指数在2013年开始超过安徽。

从人居整洁状况看，2000～2019年长三角人居整洁指数均呈上升态势，其中安徽上升速度较快。2013年前长三角的人居环境质量差异较大，这主要是由于安徽的人居整洁指数大大低于其他省市。2013年后长三角的人居环境差异缩小且各省市的人居整洁等级度得到提高，2019年时各地区人居整洁等级均为优秀，区域内的人居整洁质量差异呈缩小态势。

（三）美丽大湾区建设

美丽大湾区是指粤港澳大湾区，这是继美国纽约湾区和旧金山湾区、日本东京湾区之后的世界第四大湾区，由香港、澳门两个特别行政区和广东的广州、深圳、珠海、佛山、中山、东莞、惠州、江门、肇庆九市组成的城市群，是国家建设世界级城市群和参与全球竞争的重要空间载体。粤港澳大湾区既是我国经济实力、区域竞争力的领跑区，也是我国生态环境质量改善的引领者，更是绿色发展的先行区，推动粤港澳大湾区发展是党中央、国务院主动适应把握引领经济发展新常态而做出的重大决策部署。

在粤港澳大湾区发展战略定位中，规划将"宜居宜业宜游的优质生活圈"确定为大湾区发展五项战略定位之一。优美的生态环境及以此为依托形成的高质量经济圈和高品质生活圈，是湾区保持持续竞争力和对人才、资本、文化等各种生产与创新要素持续吸引力的重要保障。然而，对标"美丽湾区"发展愿景，大湾区的生态环境质量和人居环境品质与国际一流湾区及世界级城市群存在较大差距，区域发展与保护的深层次矛盾依然突出，生态环境保护总体形势仍然严峻。粤港澳大湾区正处于生态环境质量追赶国际高级标准阶段，实施美丽中国建设综合评估对于认清现实状况、把握客观形势、指导未来发展具有重要现实意义。

从 2019 年广东美丽中国建设评价指数可以看出，粤港澳大湾区空气质量处于全国领先行列，生态环境保护取得良好成效，居民对于空气清新和生态良好方面的满意度也相对较高。近年来，随着相关政策规定的严控落实以及传统粗放式经济模式逐步转型，大湾区生态环境质量得到明显改善，空气质量在我国三大重点区域中率先实现达标，良好的生态环境和绿色发展水平为粤港澳大湾区打造生态环境品质一流的美丽湾区、人与自然和谐发展的现代湾区、生态文明理念交流融合的特色湾区奠定了良好基础。

土壤安全问题已成为粤港澳大湾区迈向国际一流湾区的障碍。在工业化高速发展的珠三角地区，工业"三废"排放、机动车尾气排放、固体废弃物、农药化肥使用、废弃电器无序收集和粗放拆解、矿区不合理开发等问题都造成了珠三角地区较为严重的土壤污染。香港、澳门特别行政区因为工业排放、废弃金属尾矿、汽车尾气排放、城市垃圾填埋和焚化处理、农业生产中污泥和化学肥料的施用，也存在土壤重金属污染和有机污染问题。

良好的生态环境是世界级湾区的重要竞争力。加强生态环境保护是粤港澳大湾区进一步提升发展质量的重要支撑。未来粤港澳大湾区将处于加快推进绿色发展与生态文明建设，实现生态环境质量和人居环境品质全面改善的关键时期。考虑到湾区的经济发展需求和毗邻海湾的特殊地理生态条件，美丽中国建设在大湾区的推进要坚决落实"生态优先、绿色发展"理念，着重关注土壤污染治理、水体质量提升及人居环境改善三大方面。针对大湾区工业发达、污染地块密集等特点，重点推动大湾区达到或接近国际先进水平绿色生产和生活方式，加快受污染地块和耕地治理修复，防范污染跨区域转移。同时，要加强饮用水水源保护，保障土壤安全和优质水源供应，打造优良人居环境，统筹区域协调发展。

未来美丽大湾区建设路径为：远程驱动，强化大湾区对全球生产要素的强大吸管效应，建成全球高端制造业和高端服务业基地；近程联动，无障碍畅通大湾区基础设施，提升基础设施和公共服务设施共建共享效率；湾内互动，引导高端要素向环珠江口集聚，拓展大湾区高质量发展新空间；智能撬动，加快大湾区智慧城市建设步伐，建成智能大湾区和智慧型城市群；绿色带动，推进大湾区生态建设与环境保护一体化，建成富饶美丽大湾区；体制先动，逐步理顺大湾区发展的体制机制，共建大湾区利益共同体和命运共同体。

二、美丽长江国土轴

美丽长江国土轴沿长江经济带展布，东西横贯东部地区、中部地区和西部地区三大区域发展板块，是我国国土空间开发最重要的一条东西向轴线，也是我国"T"形发展主轴线的重要组成部分。长江经济带包括上海、江苏、浙江、安徽、江西、湖北、湖南、重庆、四川、云南和贵州9省2市，是中国横跨东中西不同类型区域的巨型经济带，也是世界上人口最多、产业规模最大的流域经济带，在国家经济发展和新型城镇化发展中发挥着十分重要的战略作用，是推动我国区域发展格局由"T"形（东部美丽沿海国土轴、中部美丽长江国土轴）战略格局转变为"H"形（东部美丽沿海国土轴、中部美丽沿江国土轴、西部美丽沿丝路国土轴）战略格局的重要支撑带和战略扁担带。美丽长江国土轴区域面积约占全国的21.3%，人口约占全国的42.7%，GDP约占全国的45.5%，在区域发展总体格局中长期占据主导战略地位。美丽长江国土轴自东向西串联长三角城市群、长江中游城市群、成渝城市群、黔中城市群、滇中城市群共5个城市群，5个城市群依托45.31%的土地，承载了长江经济带70.9%的人口、82.8%的GDP、77.8%的固定资产投资和93.1%的实际利用外资，是长江经济带经济增长的战略核心区和未来增长最具潜力与活力的地区。未来以流域一体化和交通一体化为主线，推进长江经济带城市群建设的一体化和市场化进程，支撑长江经济带的生态环境高水平保护与高质量绿色发展。美丽长江国土轴是实现长江经济带绿色发展的国土主轴线，依托长江黄金水道，建成促进国家经济增长、提质增效并从沿海向沿江内陆拓展的中国经济绿色发展新支撑带。

从近20年美丽长江国土轴建设进程分析，2000～2019年美丽长江国土轴沿线各省市美丽中国建设综合指数均为增长态势（图6.6、图6.7），各省市2000年评估等级均为"一般"，2019年均提升至"良好"。分项指数评估结果中，各省市空气清新指数在2000～2011年出现较大幅度下滑，之后又不断提升，且提升速度加快，说明2011年后各省市狠抓空气质量问题，空气污染治理颇见成效。人居整洁指数增长态势最为明显，整体由"一般"等级向"良好"等级提升，部分省市突破至"优秀"等级。水体洁净指数2000～2013年各省市变化幅度相对较小，2013年后提升速度加快。土壤安全指数与生态良好指数增长态势较为平缓，其中土壤安全指数在2016年后表现出较为明显的增速提升。

从美丽长江国土轴建设进程中发现，长江经济带绿色发展具有显著的区域差异性，可由此发掘不同维度美丽中国建设先行示范区，探讨可复制、可推广经验与创新机制，为长江经济带绿色发展指明方向。从综合美丽指数计算结果来看，

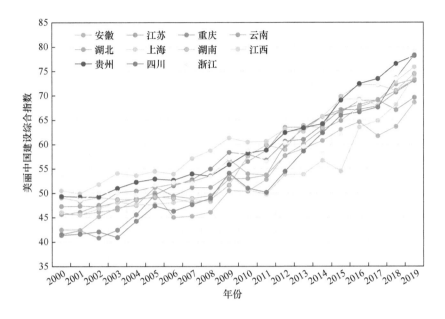

图 6.6 美丽长江国土轴建设的变化曲线图

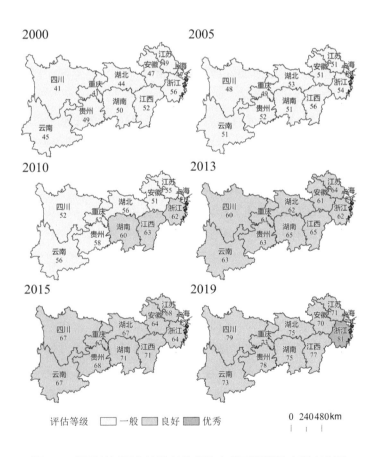

图 6.7 美丽长江国土轴线各省市综合美丽指数的空间变化图

长江经济带各省市美丽中国建设总体建设进程较为统一，2019 年均表现为"良好"等级，其中，浙江已达到"优秀"等级，未来需要进一步提升质量，突破至"优秀"等级。各省市应结合当前本省市美丽中国建设优劣势，探索更为有效的绿色发展路径。

三、美丽黄河国土轴

美丽黄河国土轴沿黄河干流自西向东贯穿青海、四川、甘肃、宁夏、内蒙古、陕西、山西、河南、山东 9 省区，全长 5464km，面积为 79.5 万 km²，占全国的 8.28%；2018 年底总人口为 4.2 亿人，占全国的 30.3%；地区生产总值为 23.9 万亿元，占全国的 26.5%。黄河是中国第二大长河，世界第五大长河。黄河及沿岸流域是中华民族最主要的发源地之一，也是国家生态文明建设的主战场，黄河流域在我国经济社会发展和生态安全屏障建设中占据着十分重要的战略地位，给人类文明带来了巨大影响。正由于如此，2019 年 9 月 18 日，习近平总书记在郑州主持召开黄河流域生态保护和高质量发展座谈会并发表重要讲话，明确提出把黄河流域生态保护和高质量发展纳入国家重大战略，把保护黄河提升到事关中华民族伟大复兴和永续发展的千秋大计的战略高度，共同抓好大保护，协同推进大治理，促进黄河流域实现高水平保护和高质量发展。可见，建设美丽黄河国土主轴是实现南北交融、东西互补的区域协调发展战略的重要部署，对美丽中国和我国生态文明建设具有十分重要的战略意义。

美丽黄河国土轴是支撑黄河流域生态治理和高质量发展的主轴线，该轴线上形成了 3 个区域级城市群（山东半岛城市群、中原城市群和关中平原城市群）和 4 个地区性城市群（兰西城市群、晋中城市群、呼包鄂榆城市群和宁夏沿黄城市群）组成的"3+4"城市群空间支撑格局[2]。美丽黄河国土轴上的城市群是黄河流域人口高密度的集聚区、经济高质量发展的重心区和传承黄河文化弘扬中华文明的重载区，城市群集聚了黄河流域 60.3% 以上的人口、71.2% 的经济总量、74.2% 的第二产业增加值、71.2% 的第三产业增加值、67.9% 的全社会固定资产投资、77.9% 的社会消费品零售总额、81.8% 的外资和 68.2% 的财政收入，同时也排出了占全流域 78.5% 的工业废水排放量和 78.5% 的工业二氧化硫排放量，既是黄河流域经济发展战略核心区和新型城镇化的主体区，也是环境污染综合治理与生态保护的重点区，因而在黄河流域生态保护与高质量发展中具有非常重要的战略地位。每个城市群都是所在省区经济社会发展核心区和高质量发展的重要引擎。美丽黄河国土轴上的城市群发展要按照分级分类发展原则，以生态保护为先导，以流域一体化为主线，以创新为动力源，以文化传承为灵魂，以西宁都市圈、兰州都市圈、西咸都市圈、银川都市圈、呼和浩特都市圈、太原都市圈、郑州都市圈、济南都市圈和青岛都市圈共 9 大都市圈为"鼎"，形成沿黄河两岸"一沿九鼎"的支撑格局，把黄河流域城市群建成美丽型、创新型和文化传承型城市群，把美丽黄河国土轴建成美丽中国的主轴带。

从近 20 年黄河美丽国土轴建设进程分析，位于黄河发源地的青海综合美丽指数最高，而中上游段的甘肃、内蒙古以及下游的河南和山东综合评价水平一般，在全国层面上处于中下游水平，中游段的陕西、宁夏和山西是黄河流域乃至全国环境污染和生态破坏压力最大的地区，其综合美丽指数处于较低水平。从分项评价统计结果看出，各省区生态良好指数均不高，黄河流域已有大面积地区出现不同程度的水源涵养退化、森林资源量少质弱、草原植被破坏严重、河湖湿地萎缩等现象，生态脆弱是黄河流域高质量发展的重要短板。黄河上游的水体质量较高，中游段宁夏、内蒙古和山西的水体质量相对较低，这一方面受自然环境因素的限制，进入黄土高原后大量泥沙输入黄河，水土流失严重，加剧泥沙淤积；另一方面与人类活动有关，高污染工业生产废水乱排，农业用药施肥面广量多，城市生活污水排放量大、处理率低，导致水质污染问题日益严重。美丽黄河国土轴建设和黄河流域的高质量发展需要处理好生态保护与经济发展之间的关系，只有对区域的环境问题有综合客观的认知，才能为进一步推动经济高质量发展指明方向。

四、美丽丝路国土轴

美丽丝路国土轴南北纵贯西部大开发的全部地区，是贯穿丝绸之路经济带国内段的主轴线，大致由兰新轴线 – 西兰轴线 – 成渝轴线 – 南贵昆轴线组成，美丽丝路国土轴区域面积约占全国的 71.5%，人口仅占全国的 26.9%，GDP 仅占全国的 19.8%，自北向南串联天山北坡城市群、兰西城市群、关中平原城市群、宁夏沿黄城市群、成渝城市群、黔中城市群、滇中城市群共 7 个城市群，串联的城市群面积占全国城市群面积的 29.9%，人口占 26.2%，GDP 占 13.5%。美丽丝路国土轴是目前经济发展实力最弱的一条国土轴线，也是城市群发育程度最低和城镇化水平最低的一条主轴线，但却是国家对外开放、构建全方位对外开放新格局中具有特殊战略地位的一条重要国土轴。未来将抓住丝绸之路经济带建设机遇，将美丽丝路国土轴建设成为西部大开发的战略脊梁带和西部地区对外开放的战略通道带。通过这条国土轴的培育与建设，全方位加大西部地区对外开放开发力度，最大限度地缩小西部地区与东中部地区发展差距，为形成相对均衡的区域发展格局奠定基础。

第二节 美丽中国建设的综合区划

美丽中国建设的综合区划包括基于省级行政单元的美丽中国建设分区格局、基于地级行政单元的美丽中国建设分区格局和基于县级行政单元的美丽中国建设分区格局。不同划分结果可作为美丽中国建设综合区划的参考。

一、基于省级行政单元的美丽中国建设综合区划

美丽中国建设的区域差异很大，不同类型区域之间没有可比性。因此，美丽中国建设评估要充分考虑区域差异性，同时要兼顾省级行政单元的完整性，在评估时力求将自然条件相近和经济社会发展条件一致的省区归并到同一个区域，这样可以实现各省区美丽中国建设评估结果"横向在区内比，纵向跟自己比"的目标。

根据省级行政单元的完整性、区内各省自然条件的相似性和美丽中国建设基础的一致性三大原则，可将美丽中国建设分成八大美丽区，即美丽东北区、美丽华北区、美丽华东区、美丽华中区、美丽华南区、美丽西北区、美丽西南区和美丽青藏区，如表 6.1、图 6.8 所示。

表 6.1　基于省级行政单元的美丽中国建设分区表

分区序号	分区名称	包含的省级行政单元名称	省级行政单元数 / 个
1	美丽东北区	辽宁、吉林、黑龙江	3
2	美丽华北区	北京、天津、河北、山西、内蒙古	5
3	美丽华东区	上海、江苏、浙江、安徽、山东	5
4	美丽华中区	河南、湖南、湖北、江西	4
5	美丽华南区	广东、福建、海南、广西、台湾、香港、澳门	7
6	美丽西北区	陕西、甘肃、宁夏、新疆	4
7	美丽西南区	四川、重庆、云南、贵州	4
8	美丽青藏区	青海、西藏	2

注：在实际评估中，台湾、香港、澳门暂不参与评估。

由表 6.1 看出，八大美丽区之间自然条件和经济社会发展条件差异很大，各大美丽区建设各具特色，其美丽中国建设的各项评估指标之间没有可比性，但在每个美丽区内部的各省区之间具有较大程度的可比性，区内各省市之间可通过区内比较找出自身在美丽中国建设中的优势强项、存在的差距短板，进一步找出弥补方向和措施。

二、基于地级行政单元的美丽中国建设综合区划

以全国 348 个地级行政单元为主，根据广义美丽中国建设指标体系与权重系数，分别计算生态环境之美、绿色发展之美、社会和谐之美、体制完善之美、文化传承之美五个维度的专项指数，基于 ArcGIS 平台进行空间格局分析，

图 6.8　基于省级行政单元的美丽中国建设综合区划图

进一步基于生态环境之美、绿色发展之美、社会和谐之美、体制完善之美、文化传承之美专项美丽指数计算结果，运用加权叠置分析，计算出综合美丽指数（图 6.9）。

依据综合美丽指数计算结果，按照综合性、主导性、自然环境与社会经济系统相对一致性及空间分布连续性和行政区划完整性等原则，以自然要素、生态要素、气候要素、经济要素、人口要素、文化要素、主体功能要素、城市群要素、城镇化要素、聚落景观要素地域发展 10 大要素为基础，将美丽中国建设划分为美丽东北区、美丽华北区、美丽华东区、美丽华中区、美丽华南区、美丽西北区、美丽西南区和美丽西藏区共 8 大美丽区（表 6.2、图 6.10）。

由表 6.2 看出，基于地级行政单元和综合美丽指数划分的八大美丽区之间自然条件与经济社会发展条件差异很大，各大美丽区建设各具特色，其美丽中国建设的各项评估指标之间没有可比性，但在每个美丽区内部的各省区之间、各地级行政单元之间具有较大程度的可比性，区内各省市之间、各地级行政单元之间可通过区内比较找出自身在美丽中国建设中的优势强项、存在的差距短板，进一步找出弥补方向和措施。

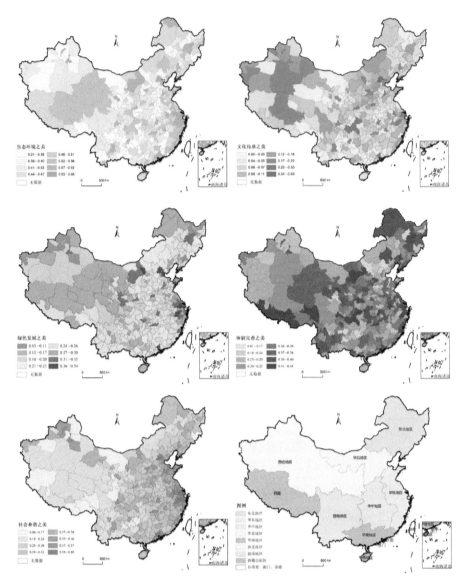

图 6.9　美丽中国建设的专项指数和综合美丽指数分布格局图

表 6.2　基于地级行政单元的美丽中国建设分区表

分区序号	分区名称	包含的省级行政单元名称	涉及省级行政单元数 / 个
1	美丽东北区	辽宁、吉林、黑龙江、内蒙古东部	4
2	美丽华北区	北京、天津、河北、山西、内蒙古中西部地区	5
3	美丽华东区	上海、江苏、浙江、安徽、山东、福建、台湾	7
4	美丽华中区	河南、湖南、湖北、江西	4
5	美丽华南区	广东、广西、海南、香港、澳门	5
6	美丽西北区	陕西、甘肃、青海、宁夏、新疆	5
7	美丽西南区	四川、重庆、云南、贵州	4
8	美丽西藏区	西藏	1

注：在实际评估中，台湾、香港、澳门暂不参与评估。

三、基于县级行政单元的美丽中国建设综合区划

基于县级行政单元的美丽中国建设分区采用中国人文地理综合区划中的县级行政单元区划指标体系、分区方法和区划方案。中国人文地理综合区划以中国自然地理要素的地域分异规律为基础，以人口、经济、文化、社会、政治、民族、聚落景观等人文地理要素为依据，充分考虑全国人文要素的地域分异性和相似一致性，将全国划分为不同空间层级、相对独立完整并具有有机联系的特色人文地理单元，人文地理单元之间具有人文要素的地域差异性和异质性，单元内部具有人文要素的地域相似性和同质性。基于县级行政单元的美丽中国建设分区以人文地理综合区划方案为支撑，在吸纳已有中国各类自然与人文要素区划方案的基础上[3-7]（表6.3），按照综合性、主导性、自然环境相对一致性、经济社会发展相对一致性、地域文化景观一致性、空间分布连续性与县级行政区划完整性等原则，以自然、经济、人口、文化、民族、农业、交通、城镇化、聚落景观和行政区划 10 大要素为基础划分依据，构建区划指标体系，采用自上而下与自下而上相结合的区划思路和空间聚类分析方法，将基于县级行政单元的美丽中国建设划分为美丽东北区Ⅰ、美丽华北区Ⅱ、美丽华东区Ⅲ、美丽华中区Ⅳ、美丽华南区Ⅴ、美丽西北区Ⅵ、美丽西南区Ⅶ和美丽青藏区Ⅷ共 8 个美丽区和 66 个美丽亚区[8]，如表6.4、表6.5 和图6.11 所示。

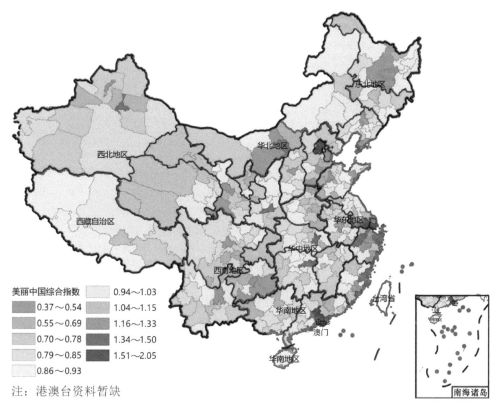

注：港澳台资料暂缺

图 6.10　基于地级行政单元的美丽中国建设综合区划图

表 6.3　中国各类自然与人文要素区划方案对比表

区划名称	区划主导因素	区划时间	区划方案		
			一级区 / 个	二级区 / 个	三级区 / 个
中国自然地理区划	主要地域差异、温度、水分、土壤、植被以及气候–生物–土壤等地带性因素和地貌–地面组成物质–水文地质等非地带性因素等	1983 年	3（东部季风区、西北干旱区和青藏高寒区）	7	33
中国陆地地表层系统区划	自然区划、生态地理区划、生产潜力分区、经济区划等	2002 年	9（东北区、华北区、东南区、华南区、内蒙古区、陇陕晋区、西南区、西北、青藏区）	—	—
中国气候区划	日平均气温稳定 ≥10℃ 的日数、年干燥度、7 月平均气温	2013 年	12（寒温带、中温带、暖温带、北亚热带、中亚热带、南亚热带、边缘热带、中热带、赤道热带、高原亚寒带、高原寒带、高原亚热带）	24	56
中国生态区划	水热气候指标、地势差异、温湿指标、地带性植被类型、地貌类型、生态系统类型与人类活动指标	2001 年	3（东部湿润、半湿润生态大区，西北干旱、半干旱生态大区和青藏高原高寒生态大区）	13	57
中国人口地理区划	人口总量、人口密度、城镇化水平、经济社会发展状况	1990 年	8（辽吉黑区、黄河下游区、长江中下游区、东南沿海区、晋陕甘宁区、川黔滇区、蒙新区与青藏区）	—	—
中国经济区划	依据劳动地域分工规律指导下的远景性、开拓性和阶段性，着重考虑能源、交通、骨干企业和中心城市在组织经区中的作用	1992 年	10（东北区、京津区、晋陕区、山东区、上海区、中南区、四川区、东南区、西南区与大西区）	—	—
中国文化区划	地理环境、历史发展与区位条件	1996 年	2（东南部农业文化大区、西北部牧业文化大区）	8	16
中国聚落景观区划	地理环境与地方文化差异	2010 年	3 个（南方湿润性聚落景观大区、北方半湿润半干旱性聚落景观大区、西部高原独特型聚落景观大区）	14	76
中国综合农业区划	气候、地貌、土壤、植被、农业水利、机械化、能源等	1982 年	10（东北区、黄淮海区、黄土高原区、内蒙古及长城沿线区、甘新区、青藏区、西南区、长江中下游区、华南区）	38	—
中国新型城镇化区划	以新型城镇化主体区、粮食主产区、农林牧地区、连片扶贫地区、民族自治地区和国家重点生态功能区为空间依据	2015 年	5（城市群地区城镇化发展区、粮食主产区城镇化发展区、农林牧地区城镇化发展区、连片扶贫区域城镇化发展区、民族自治区城镇化发展区）	47	—
中国行政区划	行政管理	2014 年	333（地级行政区）	2854（县级区）	—

表 6.4 基于县级行政单元的美丽中国建设综合区划范围

分区代码	名称	包括的省级行政区范围	面积 / 万 km²
I	美丽东北区	黑龙江、辽宁、吉林 3 省及内蒙古东部地区	142.77
II	美丽华北区	北京、天津 2 市，河北、山西 2 省，山东北部与中部、内蒙古中部地区	69.75
III	美丽华东区	浙江、江苏、安徽 3 省及山东南部地区	37.38
IV	美丽华中区	湖北、江西、湖南 4 省，河南中部和东部、贵州南部、重庆东南部地区	74.98
V	美丽华南区	福建、广州、台湾、海南 4 省，广西东部和西部地区，香港、澳门	71.14
VI	美丽西北区	陕西、宁夏、新疆及甘肃中部和北部、内蒙古西部、青海东北部、河南西部地区	288.25
VII	美丽西南区	云南及四川东部、重庆西南和北部、贵州西部地区	91.39
VIII	美丽青藏区	西藏及青海中部和西部、四川西部、甘肃南部地区	256.99

表 6.5 基于县级行政单元的美丽中国建设分区及亚区统计表

序号	美丽区（一级区）名称	美丽亚区（二级区）名称	美丽亚区个数 / 个
1	美丽东北区 I	美丽大兴安岭亚区 I_1，美丽松嫩平原亚区 I_2，美丽三江平原亚区 I_3，美丽呼伦贝尔草原亚区 I_4，美丽辽西关东亚区 I_5，美丽辽中南都市亚区 I_6，美丽辽东丘陵亚区 I_7，美丽长白山地亚区 I_8，美丽内蒙古高原东部亚区 I_9	9
2	美丽华北区 II	美丽京津都市亚区 II_1，美丽冀东北山地亚区 II_2，美丽京西燕山亚区 II_3，美丽内蒙古高原中部亚区 II_4，美丽华北平原燕赵亚区 II_5，美丽山东半岛齐鲁亚区 II_6，美丽黄土高原晋商秦晋亚区 II_7	7
3	美丽华东区 III	美丽长三角都市亚区 III_1，美丽苏中亚区 III_2，美丽江淮徽商亚区 III_3，美丽浙南吴越亚区 III_4，美丽苏鲁皖豫交界亚区 III_5	5
4	美丽华中区 IV	美丽江汉平原荆楚亚区 IV_1，美丽中原亚区 IV_2，美丽环鄱阳湖亚区 IV_3，美丽湖湘亚区 IV_4，美丽井冈山地亚区 IV_5，美丽湘鄂渝黔北亚区 IV_6	6
5	美丽华南区 V	美丽珠三角都市亚区 V_1，美丽海峡西岸闽台亚区 V_2，美丽潮汕亚区 V_3，美丽北部湾亚区 V_4，美丽岭南亚区 V_5，美丽南岭亚区 V_6，美丽粤东客家亚区 V_7，美丽武夷山亚区 V_8，美丽雷州半岛亚区 V_9，美丽海南岛亚区 V_{10}，美丽台湾宝岛亚区 V_{11}，美丽海南诸岛亚区 V_{12}	12
6	美丽西北区 VI	美丽关中平原亚区 VI_1，美丽汉中谷地亚区 VI_2，美丽陕甘黄土高原亚区 VI_3，美丽鄂尔多斯高原亚区 VI_4，美丽银川平原亚区 VI_5，美丽宁夏南部亚区 VI_6，美丽河西走廊亚区 VI_7，美丽湟水谷地亚区 VI_8，美丽阿拉善高原亚区 VI_9，美丽吐鲁番盆地亚区 VI_{10}，美丽北疆丝路亚区 VI_{11}，美丽南疆西域亚区 VI_{12}，美丽伊犁河谷亚区 VI_{13}	13
7	美丽西南区 VII	美丽四川盆地巴蜀亚区 VII_1，美丽秦巴山地亚区 VII_2，美丽滇中亚区 VII_3，美丽大小凉山亚区 VII_4，美丽滇西北亚区 VII_5，美丽滇西深山河谷亚区 VII_6，美丽滇南亚区 VII_7，美丽滇东桂西亚区 VII_8，美丽滇东北亚区 VII_9，美丽黔南亚区 VII_{10}	10
8	美丽青藏区 VIII	美丽青海高原亚区 VIII_1，美丽柴达木盆地亚区 VIII_2，美丽藏南河谷亚区 VIII_3，美丽川西山地亚区 VIII_4	4
合计 / 个		66	

图 6.11　基于县级行政单元的美丽中国建设综合区划图

图例

- ⭐ 首都
- ● 省会城市
- ▬ 国界
- ── 省、自治区、直辖市界
- ┄ 美丽中国建设区界
- ┄ 美丽中国建设亚区界
- ▨ 美丽东北区
- ▨ 美丽华北区
- ▨ 美丽华东区
- ▨ 美丽华中区
- ▨ 美丽华南区
- ▨ 美丽西北区
- ▨ 美丽西南区
- ▨ 美丽青藏区

I 美丽东北区
- I₁ 美丽大兴安岭亚区
- I₂ 美丽松嫩平原亚区
- I₃ 美丽三江平原亚区
- I₄ 美丽呼伦贝尔草原亚区
- I₅ 美丽辽西关东亚区
- I₆ 美丽辽东丘陵亚区
- I₇ 美丽长白山地亚区
- I₈ 美丽内蒙古高原东部亚区

II 美丽华北区
- II₁ 美丽京津都市亚区
- II₂ 美丽冀东山地亚区
- II₃ 美丽京西燕山亚区
- II₄ 美丽内蒙古高原中部亚区
- II₅ 美丽华北平原赵鲁亚区
- II₆ 美丽山东半岛齐鲁亚区
- II₇ 美丽黄土高原晋商秦晋亚区

III 美丽华东区
- III₁ 美丽长三角都市亚区
- III₂ 美丽苏中亚区
- III₃ 美丽江淮徽商亚区
- III₄ 美丽浙南吴越亚区
- III₅ 美丽苏鲁皖豫交界亚区

IV 美丽华中区
- IV₁ 美丽江汉平原荆楚亚区
- IV₂ 美丽中原亚区
- IV₃ 美丽环鄱阳湖亚区
- IV₄ 美丽井冈山亚区
- IV₅ 美丽湘鄂渝黔北亚区

V 美丽华南区
- V₁ 美丽珠三角都市亚区
- V₂ 美丽海峡西岸闽台亚区
- V₃ 美丽潮汕亚区
- V₄ 美丽北部湾亚区

V₅ 美丽岭南亚区
- V₆ 美丽南岭亚区
- V₇ 美丽粤中亚区
- V₈ 美丽武夷山亚区
- V₉ 美丽雷州半岛亚区
- V₁₀ 美丽海南岛亚区
- V₁₁ 美丽南海诸岛亚区

VI 美丽西北区
- VI₁ 美丽关中平原亚区
- VI₂ 美丽汉中谷地亚区
- VI₃ 美丽陕甘黄土高原亚区
- VI₄ 美丽鄂尔多斯高原亚区
- VI₅ 美丽银川平原亚区
- VI₆ 美丽宁夏南部亚区
- VI₇ 美丽河西走廊亚区
- VI₈ 美丽湟水谷地亚区
- VI₉ 美丽阿拉善高原亚区
- VI₁₀ 美丽吐鲁番盆地亚区

VI₁₁ 美丽北疆丝路亚区
- VI₁₂ 美丽南疆西域亚区
- VI₁₃ 美丽伊犁河谷亚区

VII 美丽西南区
- VII₁ 美丽四川盆地巴蜀亚区
- VII₂ 美丽秦巴山地亚区
- VII₃ 美丽大凉山地亚区
- VII₄ 美丽滇北亚区
- VII₅ 美丽滇西北亚区
- VII₆ 美丽滇西深山河谷亚区
- VII₇ 美丽滇中桂西亚区
- VII₈ 美丽滇东北亚区
- VII₉ 美丽黔南亚区

VIII 美丽青藏区
- VIII₁ 美丽青藏高原亚区
- VIII₂ 美丽柴达木盆地亚区
- VIII₃ 美丽藏南河谷亚区
- VIII₄ 美丽川西山地亚区

主要参考文献

[1]　方创琳, 鲍超, 马海涛. 中国城市群发展报告2016. 北京: 科学出版社, 2016.

[2]　方创琳. 黄河流域城市群形成发育的空间组织格局与高质量发展. 经济地理, 2020, 40(6): 1-8.

[3]　郑景云, 卞娟娟, 葛全胜, 等. 1981~2010年中国气候区划. 科学通报, 2013, 58(30): 3088-3099.

[4]　傅伯杰, 刘国华, 陈利顶, 等. 中国生态区划方案. 生态学报, 2001, 21(1): 1-6.

[5]　葛全胜, 赵名茶, 郑景云, 等. 中国陆地表层系统分区初探. 地理学报, 2002, 57(5): 515-522.

[6]　刘燕华, 郑度, 葛全胜, 等. 关于开展中国综合区划研究若干问题的认识. 地理研究, 2005, 24(3): 321-329.

[7]　郑度, 傅小锋. 关于综合地理区划若干问题的探讨. 地理科学, 1999, 19(3): 193-197.

[8]　方创琳, 等. 中国人文地理综合区划. 地理学报, 2017, 72(2): 179-196.

第七章

美丽中国建设
现状与空间分异

按照美丽中国建设的五大类指标，从空气清新、水体洁净、土壤安全、生态良好、人居整洁5大方面分析2000年以来，尤其是2013年以来美丽中国建设中各项具体指标的变化特征、变化态势和存在问题，进一步找出美丽中国建设的优势和短板，为进一步取长补短建成美丽中国提供科学依据。分析认为，2000～2019年美丽中国建设取得了长足进展，各项具体指标正在快速逼近目标值[1]。全国空气质量明显改善，大气污染防治成效显著；地表水环境稳步提升，水环境改善趋势总体向好；土壤污染状况逐步改善，化肥农药减量增效取得一定成效，全国土壤污染防治和土壤安全利用工作仍面临较大挑战；生态环境保护力度显著加大，生态环境质量得到明显改善。城乡人居环境整治取得了显著成效，全国人居环境状况持续向好，美丽中国建设进程总体快而好，正在发生历史性转折性与全局性变化。

第一节　空气清新现状分析与空间分异

一、大气污染防治成效显著，空气质量明显改善

中国空气质量变化呈现阶段性特征，2013 年之前空气质量波动较大，其中 2011 年空气质量最差，2013 年后空气质量明显改善，大气污染防治工作成效显著。2000 ～ 2013 年，中国 $PM_{2.5}$ 浓度和 PM_{10} 浓度变化规律一致，均呈波动上升态势，2011 年出现浓度高峰，分别达到 81μg/m³ 和 122μg/m³，超过国家二级标准 131% 和 74%（图 7.1、图 7.2）。

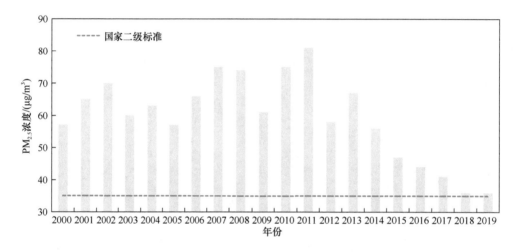

图 7.1　中国 $PM_{2.5}$ 浓度随时间变化趋势

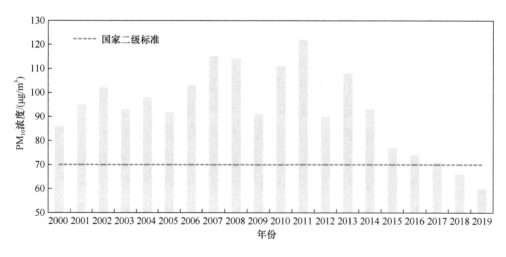

图 7.2　中国 PM_{10} 浓度随时间变化趋势

空气质量总体呈上升趋势，但在2011年出现最低值。2013年后，随着生态文明建设的大力推进，大气污染治理力度不断加大，空气质量明显好转，$PM_{2.5}$浓度和PM_{10}浓度显著下降，空气质量优良天数比例显著提高。到2019年，$PM_{2.5}$浓度接近国家二级标准限值，PM_{10}浓度连续两年达标，空气质量优良天数比例高达86%（图7.3），大气污染治理工作成效显著。

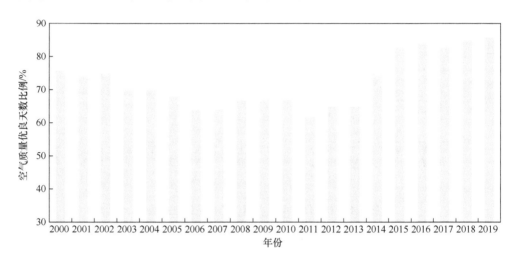

图7.3　中国空气质量优良天数比例随时间变化趋势

二、空气质量改善的空间分异显著，存在着显著低值区与高值区

京津冀豫是稳定的空气质量低值区，西藏、云南、福建是稳定的空气质量高值区。2019年，$PM_{2.5}$浓度河南最高（57μg/m³），西藏最低（9μg/m³），31省（区、市）中有16个省（区、市）$PM_{2.5}$浓度达到国家二级标准。从变化态势看，各省（区、市）$PM_{2.5}$浓度总体呈现先增后降的态势，高浓度区间集中在2007～2013年。除吉林、辽宁、陕西外，中国其他省（区、市）$PM_{2.5}$浓度与2000年相较均降低；与各省（区、市）历年$PM_{2.5}$最大浓度相较，西藏、重庆、上海、贵州$PM_{2.5}$浓度降低幅度最大，降幅均在70%以上。2000～2010年，四个直辖市的$PM_{2.5}$浓度较高，2011年起，重庆、上海的$PM_{2.5}$浓度不断降低，北京、天津的$PM_{2.5}$污染也逐渐得到控制，河南随之成为$PM_{2.5}$浓度持续高值区。西藏、海南、云南是稳定的$PM_{2.5}$浓度低值区（图7.4）。

2019年，PM_{10}浓度河南最高（98μg/m³），西藏最低（19μg/m³），31省（区、市）中共有23个省（区、市）PM_{10}浓度达到国家二级标准，仅有安徽、天津、陕西、山东、山西、河北、新疆、河南未达标。PM_{10}浓度变化态势与$PM_{2.5}$类似，均呈现先增后降的态势，高浓度区间也集中在2007～2013年（图7.5）。除辽宁、山东、山西、河北外，中国其他省（区、市）PM_{10}浓度与2000年相较均降低；与各省（区、

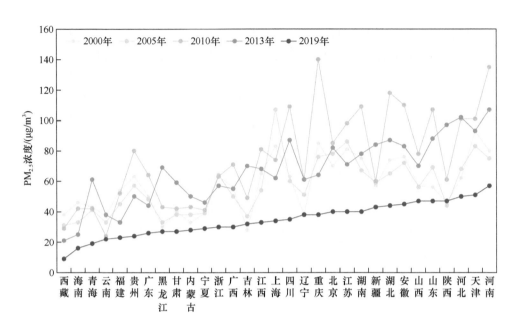

图 7.4　中国分省（区、市）PM$_{2.5}$浓度变化图

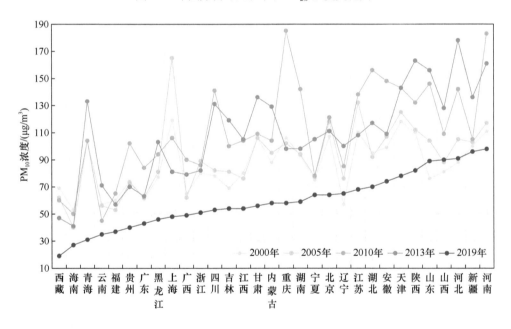

图 7.5　中国分省（区、市）PM$_{10}$浓度变化图

市）历年 PM$_{10}$ 最大浓度相较，青海、西藏、上海 PM$_{10}$ 浓度降低幅度最大，降幅均在 70% 以上。2000 ～ 2010 年，四个直辖市的 PM$_{10}$ 浓度普遍较高，自 2011 年起，河南成为 PM$_{10}$ 浓度持续高值区，河北、山西、新疆的 PM$_{10}$ 浓度也相对较高。西藏、海南、云南是稳定的 PM$_{10}$ 浓度低值区。河北、天津、山西、北京、山东较低，均低于 70%，其中河南最低，仅有 53%。变化趋势上，呈现先降后增的态势，

2011～2013年是大部分省（区、市）空气质量优良天数比例较低的时期。

　　2019年，青海、西藏、云南、贵州空气质量优良天数比例达到100%，除河南、江苏外，中国其他省（区、市）空气质量优良天数比例与2000年相较均提高；与各省（区、市）历年空气质量优良天数比例最小值相较，北京和四川增幅最大，增幅分别为158%和116%，空气质量显著提高。北京、天津、河北、河南是稳定的空气质量优良天数比例低值区，空气质量较差；西藏、云南、福建是稳定的空气质量优良天数比例高值区，空气质量较好；自2015年始，青海和贵州空气质量优良天数比例显著提高，稳定在95%以上（图7.6）。

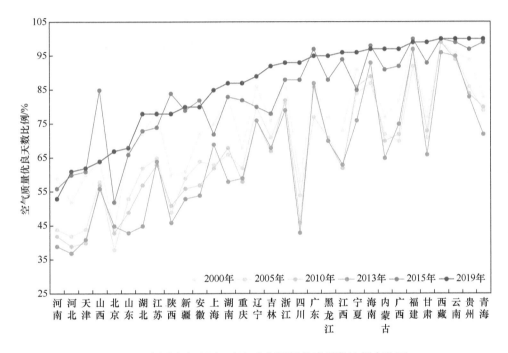

图7.6　中国分省（区、市）空气质量优良天数比例变化图

第二节　水体洁净现状分析与地区差异

　　中国各省（区、市）地表水环境质量稳步提升，水环境改善趋势总体向好。全国平均地表水水质优良（达到或好于Ⅲ类）比例由21世纪初的30%左右提升到2019年的75%左右，地表水劣Ⅴ类水体比例由21世纪初的50%左右下降到2019年的4%左右，地级及以上城市集中式饮用水水源地水质达标率略有提升。由于水资源禀赋存在巨大的空间差异，且各省（区、市）经济社会发展水平不一致，不同地区地表水水质优良（达到或好于Ⅲ类）比例、地表水劣Ⅴ类水体比例以及地级及以上城市集中式饮用水水源地水质达标率都表现出较大的空间差异性，随着水环境质量的普遍改善，空间差异性有减小趋势。

一、水环境治理成效显著，水环境质量明显改善

近20年来，全国各省（区、市）地表水水质优良（达到或好于Ⅲ类）都有所提升，全国平均地表水水质优良（达到或好于Ⅲ类）比例由21世纪初的30%左右提升到2019年的75%左右（图7.7）。各省（区、市）地表水劣Ⅴ类水体比例都有所下降，全国平均地表水劣Ⅴ类水体比例由21世纪初的50%左右下降到2019年的4%左右（图7.8）。随着对集中式饮用水水源地水质安全保障要求的提高，多数省（区、市）地级及以上城市集中式饮用水水源地水质达标率都有所上升。由于部分地区监测地级及以上城市集中式饮用水水源地水质起步较晚，早期数据缺失，该数据的不确定性较大。全国平均地级及以上城市集中式饮用水水源地水质达标率由21世纪初的90%左右上升到目前的92%左右（图7.9）。

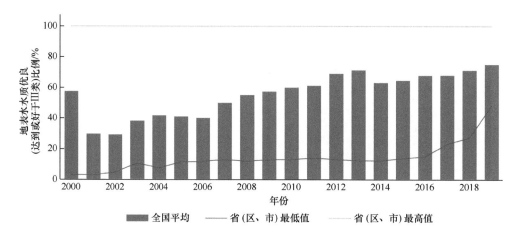

图 7.7 2000～2019年地表水水质优良（达到或好于Ⅲ类）
比例全国平均值及各省（区、市）变化幅度

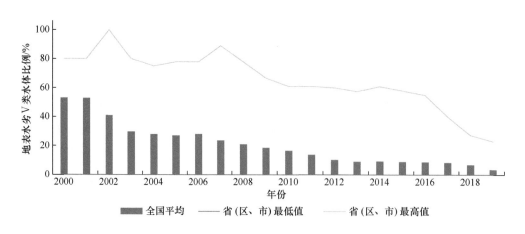

图 7.8 2000～2019年地表水劣Ⅴ类水体比例全国平均值及
各省（区、市）变化幅度

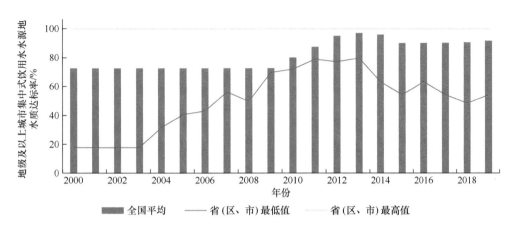

图 7.9　2000～2019 年全国与地级及以上城市集中式饮用水水源地水质达标率

全国各省（区、市）地表水水质优良（达到或好于Ⅲ类）比例最高值保持在 100%（西藏），最低值由 21 世纪初的 3% 左右提高到 2019 年的 48% 左右。全国各省（区、市）地表水劣Ⅴ类水体比例最低值保持在 0（西藏），最高值由 21 世纪初的 80% 左右降低到 2019 年的 23% 左右。全国各省（区、市）地级及以上城市集中式饮用水水源地水质达标率最高值保持在 100%，最低值呈现出先上升后下降的态势，可能是省（区、市）监测点个数变化与数据不确定性引起的。

二、水环境质量改善的空间差异较大，但有减小趋势

全国各省（区、市）水环境表现出较大的空间差异性。21 世纪初山西与辽宁地表水水质优良（达到或好于Ⅲ类）比例最低，人口密度较低的西藏、新疆地表水水质优良（达到或好于Ⅲ类）比例最高。19 个省（区、市）地表水水质优良（达到或好于Ⅲ类）比例低于全国平均水平，12 个省（区、市）地表水水质优良（达到或好于Ⅲ类）比例高于全国平均水平。到 2019 年，上海地表水水质优良（达到或好于Ⅲ类）比例最低。西藏、新疆、青海、甘肃、福建、浙江、江西、湖南、湖北、广西、四川、重庆、海南、贵州地表水水质优良（达到或好于Ⅲ类）比例超过 90%（图 7.10）。陕西、四川、辽宁、江苏地表水水体优良（达到或好于Ⅲ类）比例提高最显著，近 20 年来提高超过 50 个百分点。21 世纪初，水资源禀赋差及重工业与农业分布密集的辽宁、山西、天津、河南地表水劣Ⅴ类水体比例最高，超过一半监测断面水体为劣Ⅴ类水质，水污染问题严重。西藏、宁夏、新疆、福建、海南地表水劣Ⅴ类水体比例最低。近 20 年来，随着城市生活污水处理与农业面源污染控制的加强以及黑臭水体治理工作的推进，水污染严重地区水环境治理工作取得显著成效，地表水劣Ⅴ类水体比例空间差异性有减小

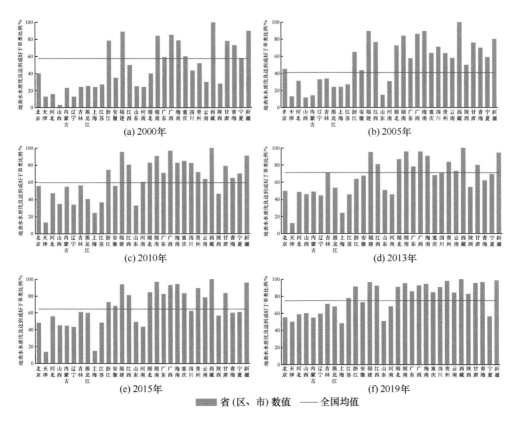

图 7.10　中国各省（区、市）地表水水质优良（达到或好于Ⅲ类）比例

趋势。到 2019 年，山西地表水劣Ⅴ类水体比例最高，是各省（区、市）地表水劣Ⅴ类水体比例唯一高于 20% 的省份，地表水劣Ⅴ类水体比例稍高地区主要分布在东北和华南局部地区。西藏、青海、甘肃、福建、浙江、江苏、广西、四川、海南、贵州、河南已经消灭了地表水劣Ⅴ类水体（图 7.11）。上海、山东、河南、山西地表水劣Ⅴ类水体比例下降最显著，降低超过 50 个百分点。

不同省（区、市）地级及以上城市集中式饮用水水源地水质达标率也表现出空间差异性。21 世纪初，四川、湖南、河南地级及以上城市集中式饮用水水源地水质达标率较低，低于 60%。2010 年，北京、天津、江西、山东、河南、湖北、重庆、贵州、西藏、陕西、青海地级及以上城市集中式饮用水水源地水质达标率为 100%。到 2019 年，北京、天津、河北、吉林、上海、福建、湖北、海南、重庆、贵州、西藏、陕西地级及以上城市集中式饮用水水源地水质达标率为 100%，黑龙江地级及以上城市集中式饮用水水源地水质达标率最低。由于早期地级及以上城市集中式饮用水水源地水质达标率较低（图 7.12），四川、湖南、广东、浙江、宁夏、新疆地级及以上城市集中式饮用水水源地水质达标率提高相对较快。由于监测点与监测变量变化，地级及以上城市集中式饮用水水源地水质达标率数据不确定性较大。

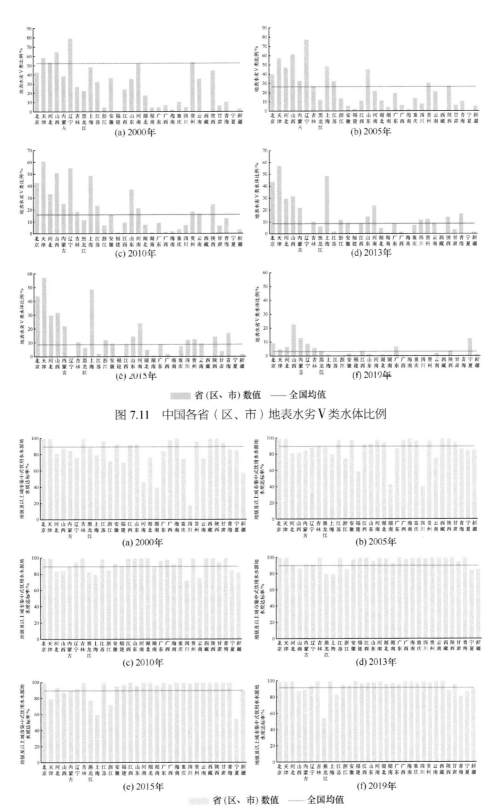

图 7.11　中国各省（区、市）地表水劣 Ⅴ 类水体比例

图 7.12　中国各省（区、市）地级及以上城市集中式饮用水水源地水质达标率

第三节　土壤安全现状分析与空间差异

一、土壤污染状况逐步改善，化肥农药减量增效 取得一定成效

2000～2019年中国土壤污染防治工作取得一定成效，土壤安全状况逐步改善。受污染耕地安全利用率与化肥利用率变化趋势向好。其中，2019年全国受污染耕地安全利用率已达到94.75%，与目标值98%仅差3.25%。化肥利用率由2000年的35.9%提升至2019年的37.66%，总体呈增长趋势，但增长速度较慢，推进化肥利用增效仍是长期任务。随着科学施肥用药理念推广与节肥节药技术的推广，2000～2019年中国化肥农药使用情况均有所改善，化肥、农药减量效益已经形成了一套成熟的技术模式和有效的工作机制，这是持续提高化肥农药利用率的基础。

化肥施用强度2000～2014年持续增长，由17.69kg/亩增长至24.13kg/亩，2014年后逐年下降（图7.13），2019年全国化肥施用强度为21.95kg/亩；农药施用强度同样呈"先增后降"的倒"U"形曲线，2012年之后稳步下降，2019年下降至0.55kg/亩。然而，仍须清醒地认识到目前中国化肥、农药利用率仍然偏低，

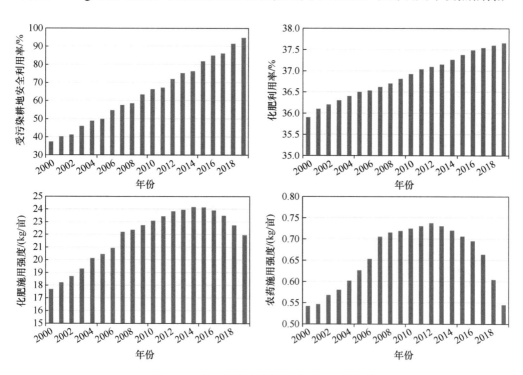

图 7.13　中国土壤安全指标随时间变化趋势

与欧美发达国家和地区相比还有很大的差距，目前美国粮食作物氮肥利用率在50%左右。欧洲主要国家粮食作物化肥利用率大体在65%，比中国高12～27个百分点。中国土壤污染防治和土壤安全利用工作仍面临较大挑战。主要原因是中国土地资源利用强度高，南方一些地区是一年多熟，黄淮海地区是一年两熟，仅长城以北是一年一熟，土壤保水保肥能力差，长期依赖化肥和农药使用，化肥农药减量增效的潜力将进一步缩窄，高效利用难度将进一步增大，亟须引导农业绿色发展，必须加快转变施肥用药方式。

二、省域土壤安全状况改善程度存在明显的空间差异和路径依赖

2000年以来各省（区、市）受污染耕地安全利用率均稳步提升，但也存在明显的空间差异和路径依赖。2019年甘肃、广西、陕西、云南、河北、湖南距离2020年预期目标差距较大，超过10%。其中，基于2012年土壤普查数据核算的受污染耕地安全利用率数据显示：广西、云南受污染耕地安全利用率均低于60%（图7.14）；河北、湖南、广东、陕西、甘肃等省（区、市）均低于70%，主要原因是这些省（区、市）土壤污染安全利用率基数较低，短期的治理难度大。全国18个省（区、市）基本达到目标，与预期目标值差距小于2%。

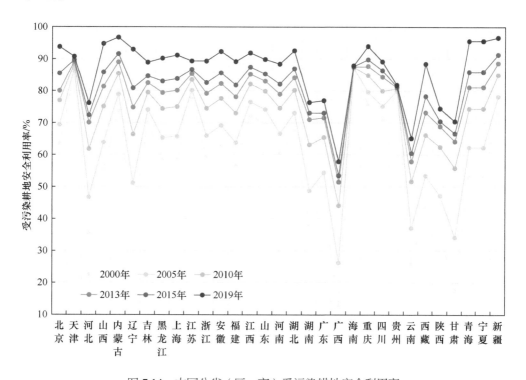

图 7.14　中国分省（区、市）受污染耕地安全利用率

化肥利用率各省（区、市）数值与增长趋势均存在较大差异，存在明显的不均衡性。2019 年各省（区、市）化肥利用率为 25%～51%，其中，甘肃与西藏为 25%～30%，21 个省（区、市）为 30%～40%，8 个省（区、市）为 40%～50%。其中，重庆的化肥利用率最高为 46.74%，成效显著，已经接近美国等发达国家水平。从增长趋势方面看，2000～2019 年全国化肥增效工作各省（区、市）完成度差异较大。其中，18 个省（区、市）化肥利用率表现为增长趋势。河南、重庆、广西、安徽、上海、浙江、陕西、湖南、黑龙江 9 个省（区、市）化肥利用率呈先增后降的趋势，总体向好（图 7.15）。但江西、海南、广东、宁夏化肥利用率呈明显下降趋势，与化肥零增长和减量增效目标不符，须及时遏制。

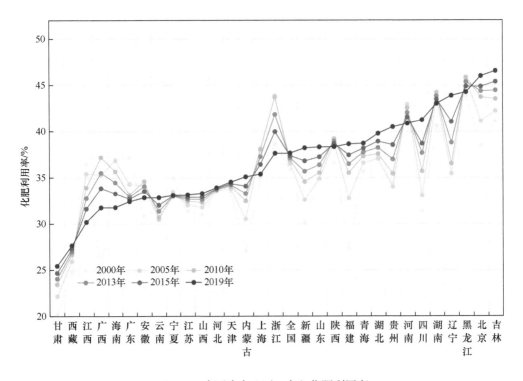

图 7.15　中国分省（区、市）化肥利用率

化肥施用强度各省（区、市）数值与变化趋势同样存在差异。2019 年化肥施用强度数值区间为 9～47 kg/ 亩。其中，青海化肥施用强度最低为 9.41kg/亩，12 个省（区、市）化肥施用强度为 10～20 kg/ 亩，13 个省（区、市）为 20～30 kg/ 亩，北京、福建、海南、陕西、广东和河南高于 30kg/ 亩。其中，北京化肥施用强度最高为 46.90kg/ 亩，主要原因是北京农作物播种总面积逐步减少，但化肥施用总量却未同步降低。变化趋势方面，增长趋势最明显的是北京、福建、海南、陕西，其中海南的涨幅最高。对比 2000 年与 2019 年各省（区、市）

化肥施用强度，28 个省（区、市）2019 年化肥施用强度高于 2000 年初始值，仅 3 个省（区、市）小于初始值，其中上海化肥施用强度持续下降，从 2000 年的 24.75kg/ 亩下降至 2019 年的 18.85kg/ 亩，成效显著。2015 年农业部印发《到 2020 年化肥使用量零增长行动方案》，2016 年国务院印发《土壤污染防治行动计划》（"土十条"），此后一系列土壤污染防治文件和措施发布实施，对化肥使用进行了有效控制，各省（区、市）化肥施用强度在 2016 年后普遍表现为下降趋势，仅北京和湖南还有所上升（图 7.16）。

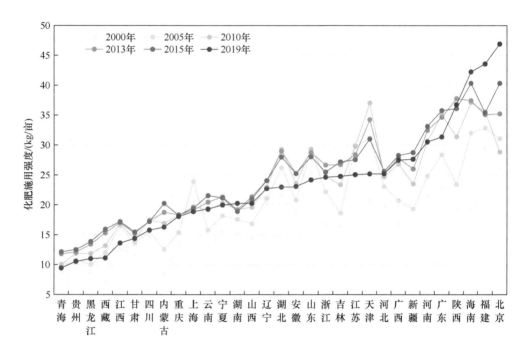

图 7.16 中国分省（区、市）化肥施用强度

农药施用强度同样存在空间分布差异。2019 年数值区间为 0.1 ~ 1.91kg/ 亩。其中，7 个省（区、市）农药施用强度为 0.1 ~ 0.2 kg/ 亩。宁夏农药施用强度为全国最低，保持在 0.10 ~ 0.15 kg/ 亩。9 个省（区、市）总体变化相对平稳，总体变化范围小于 0.2。5 个省（区、市）为 1.00 ~ 1.91 kg/ 亩，福建的农药施用强度最高，为 1.91kg/ 亩。从变化趋势上看，广西、北京、福建等省市增长趋势较为明显，上海与湖北下降趋势最为明显（图 7.17）。海南变化趋势波动较为剧烈，2010 年、2013 年、2015 年高于 3kg/ 亩，2019 年下降至 1.21kg/ 亩。总体来看，农药施用强度在 2016 年农业部印发《到 2020 年农药使用量零增长行动方案》实施后多数省（区、市）均有所改善，成效显著，但仍有部分省（区、市）农药使用量居高不下的现象，提高农药使用效率仍是长期任务。

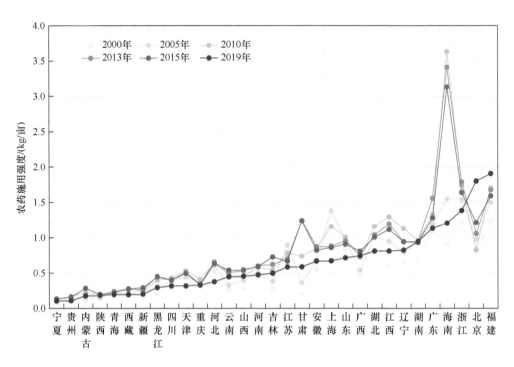

图 7.17　中国分省（区、市）农药施用强度

第四节　生态建设现状分析与地区差异

2000 ～ 2019 年，美丽中国建设在生态建设方面开展了大量工作，取得了显著成效。实施了天然林保护、退耕还林还草等一系列重大的生态保护工程。特别是党的十八大以来，开展了山水林田湖草系统性生态保护修复，开展了国土绿化行动，不断筑牢国家生态安全屏障，显著提升了生态系统的稳定性和质量。其中，全国的森林覆盖率由 2000 的 16% 左右提高到 2019 年的 22.96%。另有监测数据显示，近 20 年来中国新增植被覆盖面积约占全球新增总量的 25%，居全球首位。中国成为全球森林资源增长最多、最快的国家，生态状况得到了明显改善，森林资源保护和发展步入了良性发展轨道。目前中国自然保护区总面积达到 147 万 km^2，占国土面积的 15%，是世界上规模最大的保护区体系之一，在当前中国国情和社会经济条件下，中国自然保护区数量、面积已经达到较高水平，占国土面积的比例基本是合理的。中国在推动生态文明建设的政策制定和实施方面，具有较大优势，能够较好地保障美丽中国建设的主要指标持续改善，但部分指标尤其是湿地保护率等仍然需要继续改善。

一、森林覆盖率缓慢提升，地区分布差异明显

《2019 年中国国土绿化状况公报》显示，2019 年中国国土绿化工作取得新

成绩，全年共完成造林 706.7 万 hm²、森林抚育 773.3 万 hm²。中国森林资源呈现出数量持续增加、质量稳步提升、效能不断增强的良好态势。中国地大物博，物种繁多，森林资源多样性丰富。国有天然林集中分布在大江大河源头、流域或重要山脉的核心地带，人工林主要分布在中国长江流域中下游及其以南区域，以及广西、广东、湖南、四川、云南、福建等地。

2019 年全国森林面积 2.2 亿 hm²。中国森林覆盖率 2000 ～ 2019 年保持稳步增长，由 2000 年的 16.55% 上升到 2019 年的 22.96%（图 7.18），增加了 38.97%。中国各地区森林覆盖率呈现出显著的空间差异性（图 7.19），总体呈现由东南向西北递减的分布特征。西北地区（新疆、青海）森林覆盖率最低，东南地区（福建、广东）森林覆盖率最高。森林覆盖率为低的地区逐渐变少，优秀的地区逐渐增多。福建森林覆盖率最高，约为全国森林覆盖率的 3 倍，而新疆拥有最低的森林覆盖率，仅为 4.87%。

由于中国各地区地形、自然条件差别较大，森林覆盖率空间差异较大。按照美丽中国指标分级标准，近年来森林覆盖率有明显提高，除新疆、青海、甘肃、宁夏、西藏 5 省区评估等级处于"较差"及以下外，其他地区评估结果均处于"一般"及以上。

二、湿地覆盖率整体偏低，提升幅度较小

湿地在涵养水源、净化水质、蓄洪抗旱、调节气候和维护生物多样性等方面发挥着重要功能，是重要的自然生态系统，也是自然生态空间的重要组成部分。湿地保护是生态文明建设的重要内容，事关国家生态安全，事关经济社会可持续发展，事关中华民族子孙后代的生存福祉。一个地区的湿地面积主要受自然条件控制，尽管人类活动对湿地有破坏或者保护作用，但在较短的时间尺度湿

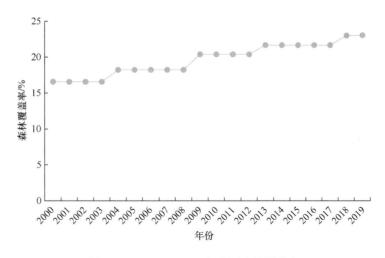

图 7.18　2000 ～ 2019 年全国森林覆盖率

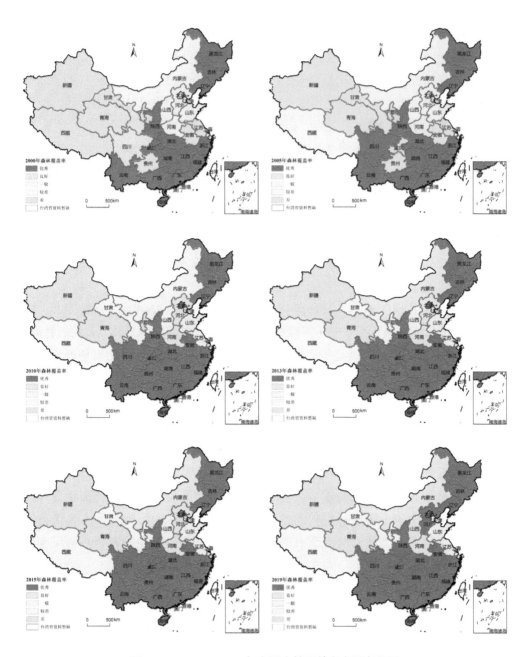

图 7.19　2000～2019 年全国森林覆盖率空间变化图

地面积通常比较稳定。第二次全国湿地资源调查结果显示，全国湿地总面积为5360.26 万 hm²，占国土面积的比例（即湿地率）为 5.56%。中国湿地分为 5 类，其中近海与海岸湿地面积为 579.59 万 hm²，河流湿地面积为 1055.21 万 hm²，湖泊湿地面积为 859.38 万 hm²，沼泽湿地面积为 2173.29 万 hm²，人工湿地面积为674.59 万 hm²。从分布情况看，青海、西藏、内蒙古、黑龙江湿地面积均超过500 万 hm²，约占全国湿地总面积的 50%。中国现有 468 个湿地公园，受保护湿

地面积为 2324.32 万 hm^2。全国两次湿地资源调查期间，受保护湿地面积增加了
525.94 万 hm^2，湿地保护率由 30.49% 提高到现在的 43.51%。中国按照湿地生态
区位、生态系统功能和生物多样性的重要性，对湿地实行分级管理，初步建立起
以国际重要湿地、国家重要湿地、湿地自然保护区、国家湿地公园为主的全国湿
地保护体系。

全国湿地覆盖率从 2000 年的 4.01% 提高到 2019 年的 5.56%，提高了
38.65%（图 7.20）。

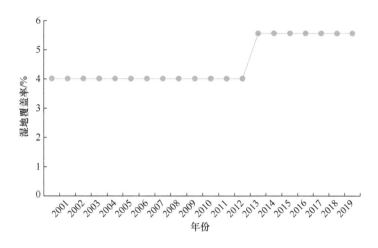

图 7.20　2000 ~ 2019 年全国湿地覆盖率变化图

全国各地区湿地覆盖率表现出明显的空间差异性（图 7.21），总体上呈现东
高西低的分布规律。其中，东部地区如江苏、山东、浙江等省（区、市）湿地
覆盖率高，其余大部分地区湿地覆盖率相对较低。2019 年山西湿地覆盖率最低，
仅为 0.97%，山西地处内陆腹地，属于干旱和半干旱地区，水资源严重短缺，湿
地面积占国土面积比例远远低于全国平均水平；上海湿地覆盖率高达 73.27%，
包括近海及海岸湿地、河流湿地、湖泊湿地、沼泽湿地和人工湿地，其中 90%
以上的湿地分布在崇明、浦东、青浦三个区县，人工湿地在上海陆域内广泛分
布，郊区分布密度显著高于中心城区。西南、西北、华北和华中地区所有省（区、
市）除青海和湖北为优秀与良好以外，湿地覆盖率均为一般及以下。华东、东
北、华南地区的湿地覆盖率普遍较高，除吉林、福建、广西外，其余省（区、市）
均为优秀。另外，河北、山西、吉林、江西、山东和湖南等省的湿地覆盖率有所
下降。

全国湿地覆盖率远低于世界平均水平，人均湿地面积则只有世界平均水平
的 1/5。中国湿地保护还面临着湿地面积减少、功能有所减退、受威胁压力持续增大、
保护空缺较多等问题。此外，从管理角度看，国家还未出台湿地保护条例，湿地
保护的长效机制尚未建立，科技支撑十分薄弱，全社会湿地保护意识有待提高。

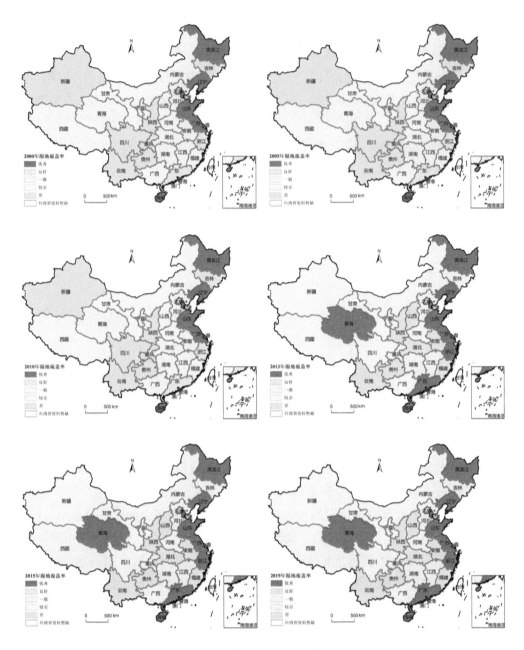

图 7.21　2000～2019 年全国湿地覆盖率空间变化分布图

三、水土保持率明显提升，空间差异显著

水土保持是生态文明建设的重要组成部分，水土流失状况是综合反映生态环境质量的重要指标。水土保持是防治水土流失，保护、改良和合理利用水土资源，对建立良好生态环境十分重要。中国近年来高度重视水土保持工作，把水土保持放在山区发展的生命线、国土整治和江河治理的根本、经济社会发展基础的战略高度，开展了大规模水土流失综合防治。目前，全国水土保持措施保存面积

已达到 107 万 km²，累计综合治理小流域 7 万多条，实施封育保护 80 多万 km²。水土流失面积减少，流失治理面积由 2000 年 8096 万 hm² 增加到 2019 年的 13732.5 万 hm²，增加了 70%，土壤侵蚀强度降低。

全国水土保持率呈现稳步上升态势，从 2000 年的 63.87% 上升到 2019 年的 71.66%，增长了 12.20%（图 7.22）。水土保持是一项综合性很强的系统工程，具有很强的地域性，各地自然条件的差异和当地经济水平、土地利用、社会状况及水土流失现状的不同，需要采取不同的手段。全国各地区水土保持率表现出空间差异性，呈现东南高西北低的分布规律。其中，东南地区如福建、广东、浙江等省（区、市）水土保持率高，新疆、甘肃水土保持率相对较低。2019 年华东、华中和华南地区所有省（区、市）水土保持率均达优秀等级。东北地区的水土保持率也均在良好及以上等级。只有新疆、甘肃、内蒙古和山西处于差等级。

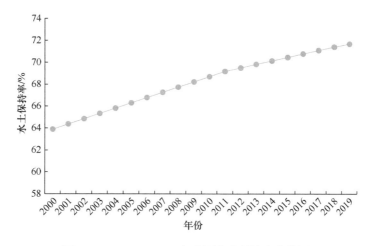

图 7.22　2000 ～ 2019 年全国水土保持率变化图

四、自然保护区面积占陆域面积比例增加，呈西高东低态势

中国目前已建立自然保护区约 2750 个，面积为 147 万 km²，约占陆域国土面积的 15%，其中国家级自然保护区约 474 个。全国各级各类自然保护地有 1.18 万处，占陆域国土面积的 18% 以上，已提前实现联合国《生物多样性公约》提出的到 2020 年达到 17% 的目标。全国自然保护区面积占国土面积的比例从 2000 年的 9.90% 增长到 2019 年的 15.32%，增加了 54.75%。

2000 ～ 2006 年全国自然保护区面积占国土面积的比例一直增长，2007 年以后变化不大。从空间分布上看，全国自然保护区面积占陆域国土面积的比例呈现出西高东低、北高南低的特点（图 7.23）。评估等级为差的地区在逐年减少。西藏和青海拥有较高的自然保护区比例。2019 年福建具有最低的自然保护区比例，而西藏自然保护区比例高达 33.51%。

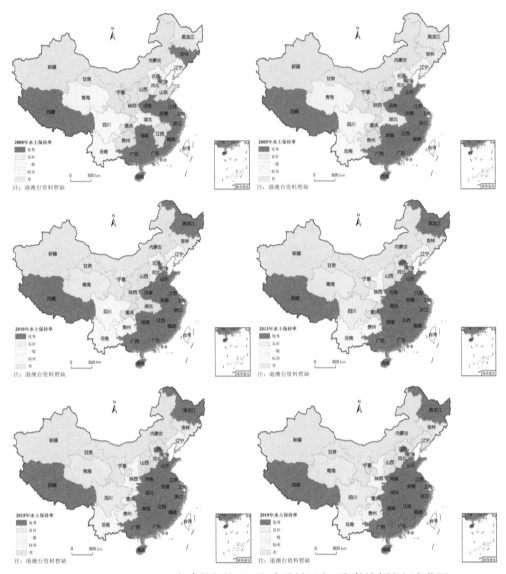

图 7.23　2000 ～ 2019 年自然保护区面积占陆域国土面积的比例空间变化图

2000 年华北、华南、华中、华东地区大部分省（区、市）自然保护区面积占陆域国土面积的比例评估等级为差，自然保护区面积小，这与这些地区城镇化用地扩张水平较高有直接关联，近年来随着自然保护地保护力度的加大，这些地区有一部分逐渐由差转为较差，甚至一般。广东和浙江经过几十年的发展，自然保护区面积有所改善。

虽然中国自然保护区面积占比已达较高水平，但自然保护区建设和管理上仍然存在有法不依、执法不严的现象。一些地方在自然保护区内进行资源开发和破坏性建设活动，有的以生态旅游、生态建设项目为名破坏自然保护区的生物多样性和自然遗产。部分保护区无专门管理机构和管理人员，管理队伍整体素质普遍偏低。一部分自然保护区也存在着范围和功能分区不科学、不合理的情况，特别是有一些把人口密集的村镇，还有一些保护价值较低的耕地、经济林都划入保护区范围，影响周边居民的生产生活，也不利于保护区的规范化管理。因此，在保护优先的前提下，对这些保护区进行适当调整是必要的。

五、生态保护修复稳步推进，生态环境质量逐步改善

2012 年之前中国生态环境的基本状况是：总体环境在恶化，局部环境在改善，治理能力远远赶不上破坏速度，生态赤字在逐渐扩大。2012 年党的十八大将生态文明建设纳入五位一体总体布局，生态环境保护逐渐加大力度，生态环境质量得到明显改善。持续加大推进大规模国土绿化行动，森林资源持续增长，森林惠民成效显著，加强湿地生态保护力度，推进生态保护红线勘界定标工作，自然保护地生态功能得到恢复。2019 年中国森林覆盖率约为 22.96%，相比 2000 年增加了 38.97%；湿地覆盖率约为 5.56%，比 2000 年全国水平高出 38.65%；水土保持率为 71.66%，相对 2000 年提升了 12.20%；自然保护区面积约为 147 万 km²，约占陆域国土面积的 15.32%，相比 2000 年全国水平提高了 54.75%。

从各省级行政区来看（图 7.24，图 7.25），2000 年福建森林覆盖率最高，达 60.52%，青海最低，仅有不到 1%，上海湿地覆盖率超过了 50%，全国最高，贵州湿地覆盖率最低，上海水土保持率最高，新疆最低，西藏自然保护区面积占国土面积的比例最高，河北最低；2019 年福建森林覆盖率最高，约为 66.80%，比

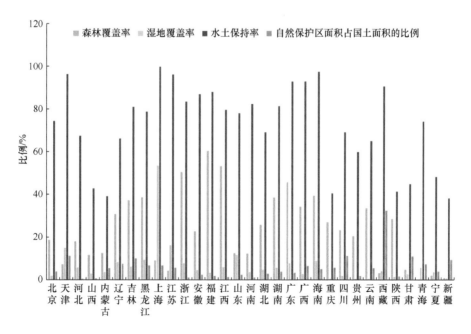

图 7.24　2000 年森林覆盖率、湿地覆盖率、水土保持率及自然保护区面积占国土面积的比例

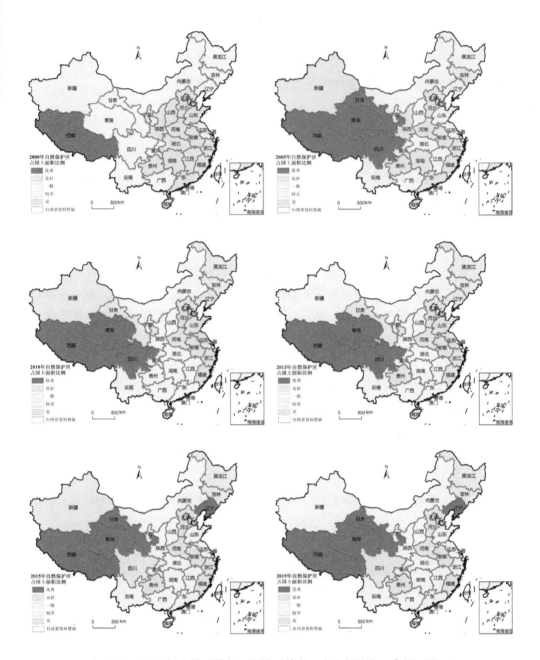

图 7.25　2019 年森林覆盖率、湿地覆盖率、水土保持率及自然保护区
面积占国土面积的比例

全国平均水平高了近 3 倍，新疆森林覆盖率仅为 4.87%；上海湿地覆盖率最高，约为 73.27%，而山西湿地覆盖率仅为 0.97%，全国湿地覆盖率为 5.56%；上海水土保持率最高，为 99.95%，新疆水土保持率最低，为 48.79%，全国水土保持率为 71.66%；西藏自然保护区面积占国土面积的比例最高，约为 33.51%，福建自然保护区面积占国土面积的比例为 3.20%，全国水平达到了 15.32%。

第五节 人居环境建设现状与城乡差异

近年来，中国坚持人与自然和谐统一的绿色发展理念，围绕绿色生态、舒适宜居的城乡建设目标，全面开展了城乡人居环境整治工作。在城市人居环境优化方面，开展了绿色生活创建行动，并在全国地级及以上城市全面开展了生活垃圾分类工作，在城市面貌改造、城市治脏、治乱、治污等方面突出重点狠抓落实，使得城市形象品质持续提升。在农村人居环境提升方面，实施了农村人居环境整治行动和农业农村污染治理攻坚战等行动计划，由点到面逐步推进农村人居环境整治工作，全力执行农村人居环境治理各项重点任务，使得全国各地村容村貌和农民生活条件明显改善[2]。

一、全国人居环境状况持续向好，各项指标的目标可达性高

全国城市污水处理率的变化大致可分为两个阶段（图 7.26）：2000 ~ 2010 年为快增长阶段，由 34.25% 持续提升至 82.31%，年均增长了 4.81 个百分点；2010 ~ 2019 年为缓慢增长阶段，由 82.31% 提升至 96.72%，年均增长了 1.60 个百分点。2019 年的现状值与 100% 的目标值相比，仅差 3.28 个百分点。只要继续加强城市污水处理基础设施建设，做好城市运营，近期可达 100% 目标。

全国城市生活垃圾无害化处理率的变化大致可分为三个阶段：2000 ~ 2006 年为缓慢波动上升阶段，由 44.44% 增加至 52.20%，年均增长了 1.29 个百分点；2006 ~ 2013 年为快速增长阶段，由 52.20% 增加至 89.30%，年均增长了 5.30 个

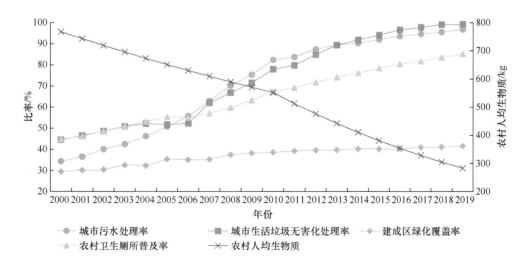

图 7.26　2000 ~ 2019 年全国人居环境指标变化图

百分点；2013～2019年为缓慢增长阶段，由89.30%增加至99.20%，年均增长了1.65个百分点。2019年的现状值与100%的目标值相比，仅差0.8个百分点，较易达到目标值。

全国建成区绿化覆盖率的变化大致可分为两个阶段：2000～2008年为波动上升阶段，由29.40%增加至37.40%，年均增长1个百分点，其中2002～2003年和2004～2005年增长较快，2003～2004年基本维持在32.5%不变，2005～2007年基本维持在35.0%不变；2008～2019年为缓慢增长阶段，由37.40%增加至41.50%，年均增长0.37个百分点。2019年的现状值与2035年50%的目标值相差8.5个百分点，可达性较高。

全国农村卫生厕所普及率的变化大致可分为三个阶段：2000～2006年为较快增长阶段，由44.8%增加至55.0%，年均增长了约1.70个百分点；2006～2010年为快速增长阶段，由55.0%增加至67.40%，年均增长了3.10个百分点；2010～2019年为缓慢增长阶段，由67.40%增加至85.18%，年均增长了1.98个百分点。虽然2019年的现状值与2035年100%的目标相比有一定差距，但只要每5年增长5个百分点，分阶段性目标就可实现。

农村人均生物质的变化大致分为两个阶段：2000～2010年为慢速下降阶段，由767.29kg降低至551.72kg，年均降低3.24%；2010～2019年为快速下降阶段，由551.72kg下降至282.73kg，年均降低7.16%。2019年的现状值相比于2000年降低了63%，按照目前农村人均生物质的降低速率，2025年（240kg）、2030年（220kg）、2035年（200kg）的目标较易实现。

二、各地区人居环境指标差距缩小，但农村人均生物质差异扩大

2000年、2010年、2015年、2019年各省（区、市）城市污水处理率的均值分别为32.57%、76.79%、87.67%、96.03%，相对标准偏差分别为0.52、0.22、0.17、0.02，说明各省（区、市）城市污水处理率随时间呈上升趋势且差异逐渐缩小（图7.27）。2000年，仅上海、江苏、新疆的城市污水处理率高于60%，有16个省（区、市）位于30%～50%，有12个省（区、市）低于30%。2010年，西藏最低，为8.1%，有12个省（区、市）位于40%～80%，有14个省（区、市）位于80%～90%，4个省（区、市）高于90%。2015年，西藏最低，为19.07%，有10个省（区、市）位于50%～90%，有16个省（区、市）位于90%～95%之间，有4个省（区、市）高于95%。2019年数值区间为92.04%～99.87%，排名前五位的省（区、市）为新疆、北京、贵州、内蒙古、江西，排名末五位的省（区、市）为西藏、青海、黑龙江、海南、福建。从年均增长率来看，西藏最高，为66.04%，贵州（24.33%）、青海（13.74%）分别位于第二、第三位，后发

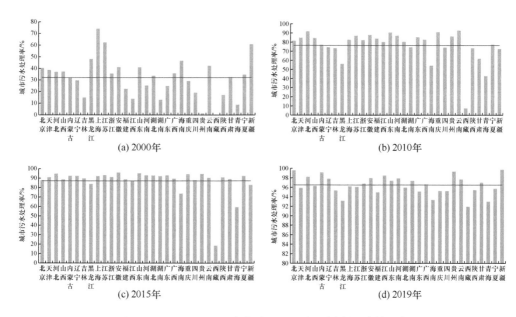

图 7.27 2000～2019 年各省（区、市）城市污水处理率

地区表现出迅猛的增长态势，取得了良好的建设成效，而上海、江苏、新疆这三个基础最好的省（区、市）年均增长率则偏低。

2000 年、2010 年、2015 年、2019 年各省（区、市）城市生活垃圾无害化处理率的均值分别为 43.45%、78.33%、93.51%、99.05%，相对标准偏差分别为 0.56、0.21、0.09、0.02，说明各省（区、市）城市生活垃圾无害化处理率随时间呈上升趋势且差异逐渐缩小（图 7.28）。2000 年，仅江苏、青海、山东、浙江

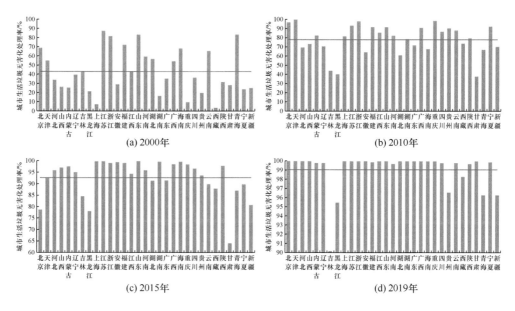

图 7.28 2000～2019 年各省（区、市）城市生活垃圾无害化处理率

的城市生活垃圾无害化处理率高于80%，有8个省（区、市）位于50%～80%，有15个省（区、市）位于20%～50%，其余四省（区、市）低于20%。2010年，有10个省（区、市）高于90%，有18个省（区、市）位于60%～90%，吉林、黑龙江、甘肃低于50%。2015年，上海、山东、江苏为100%，共有23个省（区、市）高于90%。2019年，吉林最低，为90.2%，其他省（区、市）均高于95%，包括甘肃在内的17个省（区、市）为100%。从年均增长率来看，西藏最高，为19.58%，上海（15.29%）、重庆（13.68%）、湖南（10.45%）紧随其后，而基础较好的江苏、青海、山东、浙江等地则居于末位，说明后发地区的增长态势更强，区域差距不断缩减。

2000年、2010年、2015年、2019年各省（区、市）建成区绿化覆盖率的均值分别为27.85%、37.59%、39.10%、40.73%，相对标准偏差分别为0.26、0.15、0.09、0.07，说明各省（区、市）建成区绿化覆盖率随时间呈上升趋势且差异逐渐缩小（图7.29）。2000年，建成区绿化覆盖率的区间为12.1%～46.2%，最高的三个省（区、市）为海南、北京、湖北，最低的三个省（区、市）为甘肃、西藏、青海。2010年，建成区绿化覆盖率的区间为25.4%～55.1%，最高的三个省（区、市）为北京、江西、河北，而西藏、甘肃、青海依然居于末位。2015年建成区绿化覆盖率区间为29.8%～48.4%，最高的三个省（区、市）为北京、江西、福建，最低的三个省（区、市）为青海、甘肃、黑龙江。2019年，建成区绿化覆盖率的区间为35.2%～48.5%，北京、江西、广东排名前三位，青海、甘肃、黑龙江居于末位。就年均增长率而言，甘肃最高，为6.24%，西藏、江苏、新疆紧随其后。

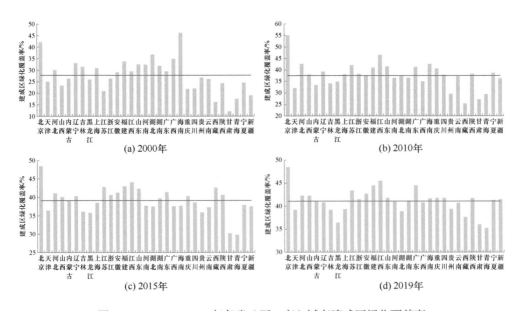

图7.29　2000～2019年各省（区、市）城市建成区绿化覆盖率

2000 年、2010 年、2015 年、2019 年各省（区、市）农村卫生厕所普及率的均值分别为 44.55%、66.51%、76.71%、82.62%，相对标准偏差分别为 0.36、0.25、0.19、0.18，说明各省（区、市）农村卫生厕所普及率随时间呈上升趋势且差异逐渐缩小（图 7.30）。2000 年，仅上海、浙江、广西、北京和山东的农村卫生厕所普及率超过 60%，其中上海高达 91.92%，有 21 个省（区、市）位于 30%～50%，5 个省（区、市）低于 30%。2010 年，上海、天津、北京超过90%，仅内蒙古、贵州两地低于 40%。2015 年，有 8 个省（区、市）超过 90%，仅西藏、贵州、陕西、山西低于 60%。2019 年，有 11 个省（区、市）超过90%，其中上海、北京、天津达到 100%，7 个省（区、市）位于 80%～90%，8个省（区、市）位于 70%～80%，3 个省（区、市）位于 60%～70%，仅西藏、陕西低于 60%。就年均增长率而言，贵州、天津、宁夏超过 7%，9 个省（区、市）位于 4%～6%，16 个省（区、市）位于 2%～4%，上海、青海、广西低于 2%。

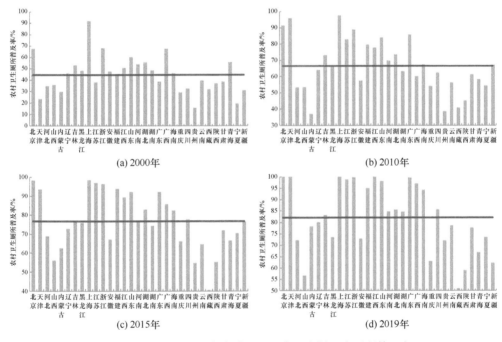

图 7.30　2000～2019 年各省（区、市）农村卫生厕所普及率

2000 年、2010 年、2015 年、2019 年各省（区、市）农村人均生物质的均值分别为 840.09kg、591.89 kg、391.03 kg、286.25 kg，相对标准偏差分别为 0.39、0.47、0.48、0.55，说明各省（区、市）农村人均生物质随时间呈下降趋势但区域差异扩大。2000 年西藏的农村人均生物质最高，为 1827.36 kg，宁夏、内蒙古、黑龙江、甘肃、青海、吉林、新疆、陕西超过 1000 kg，仅天津、上海低于 500 kg。

2010 年，仅西藏和甘肃的农村人均生物质超过 1000 kg，11 个省（区、市）介于 600～1000 kg，15 个省（区、市）介于 300～600 kg，天津、福建、上海低于 300 kg。2015 年，西藏、重庆、黑龙江的农村人均生物质超过 700 kg，12 个省（区、市）位于 400～600 kg，11 个省（区、市）位于 200～400 kg，福建、天津、海南、北京、浙江低于 200 kg。2019 年，重庆的农村人均生物质最高，为 742.71 kg（图 7.31），西藏、黑龙江、四川紧随其后，9 个省（区、市）位于 300～400 kg，15 个省（区、市）位于 100～300 kg，海南、福建、天津低于 100 kg。就年均下降速率而言，海南（13.61%）、福建（10.56%）、河北（8.63%）年均降低率位于前三名，重庆、江西、四川居于末位。

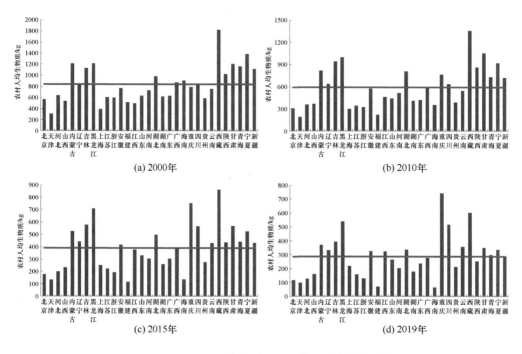

图 7.31　2000～2019 年各省（区、市）农村人均生物质

第六节　美丽中国建设政策保障与制度

为了推动美丽中国建设，最大限度改善全国空气环境质量、水环境质量、土壤环境质量、生态环境质量和人居环境质量，国家相关部门和地方政府相继出台了一系列美丽中国建设的相关指导意见、规划纲要、行动计划、实施方案等，从政策与制度视角有力保障了美丽中国建设。

一、国家层面的部分相关政策与制度保障

（一）大气污染防治相关政策保障

（1）《大气污染物综合排放标准》（GB16297—1996）。

（2）《关于推进大气污染联防联控工作改善区域空气质量的指导意见》（国办发〔2010〕33 号）。

（3）《环境空气质量标准》（GB3095—2012）。

（4）《挥发性有机物（VOCs）污染防治技术政策》（标准号：公告 2013 年第 31 号）。

（5）《大气污染防治行动计划》（国发〔2013〕37 号）。

（6）《重点行业挥发性有机物削减行动计划》（工信部联节〔2016〕217 号）。

（7）《"十三五"挥发性有机物污染防治工作方案》（环大气〔2017〕121 号）。

（8）《2018 年重点地区环境空气挥发性有机物监测方案》（环办监测函〔2017〕2024 号）。

（9）《打赢蓝天保卫战三年行动计划》（国发〔2018〕22 号）。

（10）《重点行业挥发性有机物综合治理方案》（环大气〔2019〕53 号）。

（11）《2020 年挥发性有机物治理攻坚方案》（环大气〔2020〕33 号）。

（二）水环境治理相关政策保障

（1）《水污染防治行动计划》（国发〔2015〕17 号）。

（2）国务院办公厅转发环保总局《关于淮河流域水污染防治工作情况报告的通知》（国办发〔2001〕46 号）。

（3）《国务院关于全国地下水污染防治规划（2011—2020 年）的批复》（国函〔2011〕119 号）。

（4）《国务院关于海河流域水污染防治"十五"计划的批复》（国函〔2003〕34）。

（5）《水利部关于印发全国重要饮用水水源地名录（2016 年）的通知》（水资源函〔2016〕383 号）。

（6）《生态环境部办公厅关于做好入河排污口和水功能区划相关工作的通知》（环办水体〔2019〕36 号）。

（7）《生态环境部办公厅关于印发〈长江流域水环境质量监测预警办法（试行）〉的通知》（环办监测〔2018〕36 号）。

（8）《生态环境部办公厅关于印发〈城市地表水环境质量排名技术规定（试行）〉的通知》（环办监测〔2017〕51 号）。

（9）《生态环境部办公厅关于印发江河湖泊生态环境保护系列技术指南的通知》（环办〔2014〕111 号）。

（10）《环境保护部办公厅关于印发〈"十三五"环境监测质量管理工作方案〉的通知》（环办监测〔2016〕104 号）。

（11）环境保护部、国家发展改革委、住房城乡建设部、水利部和卫生部五部门联合印发《全国城市饮用水水源地环境保护规划（2008—2020 年）》。

（三）土壤污染防治相关政策保障

（1）《土壤污染防治行动计划》（国发〔2016〕31号）。

（2）《近期土壤环境保护和综合治理工作安排的通知》（国办发〔2013〕7号）。

（3）《土壤污染防治行动计划实施情况评估考核规定（试行）》（环土壤〔2018〕41号）。

（4）《污染地块土壤环境管理办法（试行）》（2017年7月1日起施行）。

（5）《农用地土壤环境管理办法（试行）》（2017年11月1日起施行）。

（6）《工矿用地土壤环境管理办法（试行）》（2018年8月1日起施行）。

（7）《建设用地土壤污染状况调查、风险评估、风险管控及修复效果评估报告评审指南》（环办土壤〔2019〕63号）。

（8）《关于加强土壤污染防治项目管理的通知》（环办土壤〔2020〕23号）。

（9）《农业农村污染治理攻坚战行动计划》（环土壤〔2018〕143号）。

（10）《关于进一步稳妥推进重点行业企业用地土壤污染状况调查工作的通知》（环办土壤函〔2019〕818号）。

（11）关于印发《到2020年化肥使用量零增长行动方案》和《到2020年农药使用量零增长行动方案》的通知（农业农村部，2015年2月17日）。

（四）生态保护建设相关政策保障

（1）《关于进一步加强涉及自然保护区开发建设活动监督管理的通知》（环发〔2015〕57号）。

（2）《中华人民共和国自然保护区条例》（国务院令第167号发布，588号、687号修订）。

（3）《关于建立以国家公园为主体的自然保护地体系的指导意见》（中共中央办公厅、国务院办公厅，2019年7月）。

（4）《水利部生产建设项目水土保持方案技术评审细则（试行）》（办水保〔2018〕47号）。

（5）《关于做好年度水土流失动态监测工作的通知》（办水保〔2018〕77号）。

（6）《国家水土保持监管规划（2018-2020年）》（水利部，2018年2月）。

（7）《关于开展水土保持工程建设以奖代补试点工作的指导意见》（水财务〔2018〕28号）。

（8）《关于开展全国水土保持规划实施情况考核评估工作的通知》（水保〔2018〕192号）。

（9）《中共中央国务院关于加快推进生态文明建设的意见》（中发〔2015〕12号）。

（10）《国务院办公厅关于印发湿地保护修复制度方案的通知》（国办发

〔2016〕89 号）。

（11）《湿地保护管理规定》（国家林业和草原局令 48 号，2017 年）。

（12）《生态文明体制改革总体方案》（中共中央，国务院，2015 年 9 月）。

（13）《国有林区改革指导意见》《国有林场改革方案》（中共中央，国务院，2015 年第 9 号）。

（14）国家发展和改革委员会 自然资源部关于印发《全国重要生态系统保护和修复重大工程总体规划（2021—2035 年）》的通知（发改农经〔2020〕837 号）。

（15）《全国水土流失动态监测规划（2018—2022 年）》（水利部，2018 年 2 月）。

（五）人居环境改善相关政策保障

（1）《农村人居环境整治三年行动方案》（中办发〔2018〕5 号）。

（2）《全国农村环境综合整治"十三五"规划》（环水体〔2017〕18 号）。

（3）《农业农村污染治理攻坚战行动计划》（环土壤〔2018〕143 号）。

（4）《农村生活污水处理工程技术标准》（GB/T 51347—2019）。

（5）《美丽乡村建设评价》国家标准（GB/T 37072—2018）。

（6）《城镇排水与污水处理条例》（国务院令第 641 号）。

（7）《国家重点公园管理办法》（建城〔2006〕67 号）。

（8）《绿色生活创建行动总体方案》（发改环资〔2019〕1696 号）。

（9）《生活垃圾分类制度实施方案》（国办发〔2017〕26 号）。

（10）《住房和城乡建设部等部门关于在全国地级及以上城市全面开展生活垃圾分类工作的通知》（建城〔2019〕56 号）。

（11）《"十三五"全国城镇生活垃圾无害化处理设施建设规划》（发改环资〔2016〕2851 号）。

（12）《关于印发国家园林城市系列标准及申报评审管理办法的通知》（建城〔2016〕235 号）。

二、地方层面的部分相关政策与制度保障

（1）《美丽天津建设纲要》（中共天津市委、天津市人民政府，2013 年 8 月）。

（2）《江苏省人民政府关于深入推进美丽江苏建设的意见》（中共江苏省委、江苏省人民政府，2020 年 8 月）。

（3）《中共浙江省委关于建设美丽浙江创造美好生活的决定》（2014 年 5 月 23 日中国共产党浙江省第十三届委员会第五次全体会议通过）。

（4）《广东省全面推进拆旧复垦促进美丽乡村建设工作方案（试行）》（粤府函〔2018〕19 号）。

（5）《中共海南省委关于进一步加强生态文明建设谱写美丽中国海南篇章的决定》（2017 年 9 月 22 日中国共产党海南省第七届委员会第二次全体会议通过）。

（6）《中共四川省委关于推进绿色发展建设美丽四川的决定》（2016 年 7 月 28 日中国共产党四川省第十届委员会第八次全体会议通过）。

（7）《关于创建国家生态文明建设示范区加快建设美丽西藏的决定》（中共西藏自治区委员会，2020 年 6 月 18 日）。

（8）《云南省人民政府关于"美丽县城"建设的指导意见》（云南省人民政府办公厅，2019 年 2 月 16 日）。

（9）《陕西省人民政府关于加强环境保护推进美丽陕西建设的决定》（陕政发〔2014〕11 号）。

（10）《青海省人民政府办公厅关于印发青海省美丽城镇（乡）建设工作方案（2019—2025 年）的通知》（青海省人民政府办公厅，2019 年 4 月）。

（11）《青海省高原美丽城镇建设促进条例》（2020 年 12 月 2 日青海省第十三届人民代表大会常务委员会第二十二次会议通过）。

（12）《关于落实绿色发展理念加快美丽宁夏建设的意见》（2016 年 7 月 27 日中国共产党宁夏回族自治区第十一届委员会第八次全体会议通过）。

主要参考文献

[1] 方创琳, 王振波. 美丽中国建设的理论基础与评估方案探索, 地理学报, 2019, 74(4): 619-632.

[2] 方创琳. 美丽城市"鼎"力支撑美丽中国建设. 中国建设报·中国美丽城市, 头版头条, [2020-11-25].

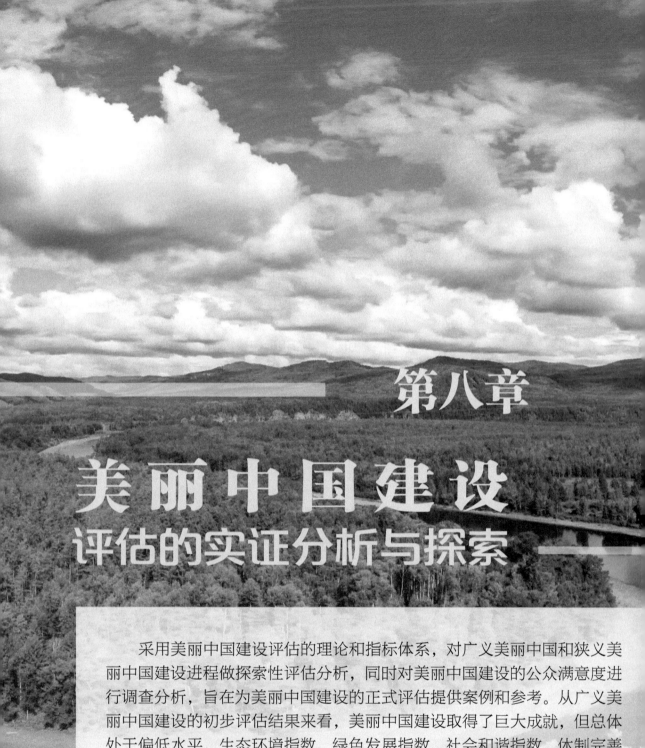

第八章

美丽中国建设
评估的实证分析与探索

　　采用美丽中国建设评估的理论和指标体系，对广义美丽中国和狭义美丽中国建设进程做探索性评估分析，同时对美丽中国建设的公众满意度进行调查分析，旨在为美丽中国建设的正式评估提供案例和参考。从广义美丽中国建设的初步评估结果来看，美丽中国建设取得了巨大成就，但总体处于偏低水平，生态环境指数、绿色发展指数、社会和谐指数、体制完善指数和文化传承指数均较低，且地域发展差异较大，说明广义美丽中国建设进程总体缓慢且不平衡。从狭义美丽中国建设进程的初步评估结果来看，2000～2019 年美丽中国建设进程明显加快，尤其是党的十八大以来出现历史性转折和全局性变绿变美，美丽中国建设的绿色版图持续扩展，说明聚集生态环境和人居环境改善的狭义美丽中国建设取得历史性重大成就。从美丽中国建设的公众满意度调查结果分析，社会公众对美丽中国建设的总体满意度高达 81.94%，说明美丽中国建设已深入民心也深得民心。

第一节 基于广义美丽中国建设评估的实证分析探索

一、广义美丽中国评估指标体系与数据来源

基于广义美丽中国建设的基本内涵和理论框架，参考国家《生态文明建设考核目标体系》《绿色发展指标体系》等，构建包括生态环境、绿色发展、社会和谐、体制完善、文化传承 5 个目标、31 个具体指标构成的美丽中国建设评估指标体系（图 8.1）。图中内环中正负号代表指标方向，环外的数值代表指标权重。采用的评估数据统一到 2016 年。其中，国家各类生态功能区选取了世界自然遗产地、国家级风景名胜区、国家级自然保护区；生态用地面积比例是指市域范围森林、草地、水域面积占比，数据来自中国科学院资源环境科学与数据中心；细颗粒物

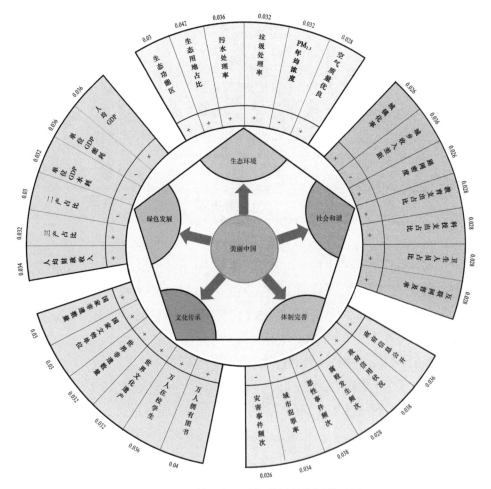

图 8.1　广义美丽中国建设的评估指标体系图

（PM$_{2.5}$）年平均浓度根据国控站点实测数据计算；腐败发生频次、恶性事件频次、灾害事件频次均通过百度指数大数据平台对 2011～2016 年事件进行统计；地方政府信息公开质量来自人民日报社调研数据库；政府信用状况来自国家发展和改革委员会城市营商环境调查数据库；世界和中国非物质文化遗产数量来自中国非物质文化遗产网；其他指标数据来自《中国城市统计年鉴 -2017》、2017 年各省统计年鉴、2016 年各市国民经济与社会发展统计公报。

二、广义美丽中国建设评估技术方法

美丽中国建设评估方法主要采用联合国人类发展指数（HDI）测评法[①]。主要依据生态环境、绿色发展、社会和谐、体制完善、文化传承 5 个维度构成的综合美丽指数反映美丽中国建设水平。根据每个评估指标的上、下限阈值来计算单个指标指数，再根据指标权重求和，衡量出城市、省（直辖市）和全国的美丽中国建设水平。

首先，确定美丽中国评估指标上、下限阈值，并对指标做无量纲的标准化处理。设第 i 个评估指标的实际值为 X_i，权系数为 W_i，下限阈值和上限阈值分别确定为 X_{min}^i 和 X_{max}^i，i 为三级指标序数，j 为二级指标序数，则标准化处理结果 Z_i 的计算公式如下，各评估指标标准化处理后的值 Z_i 介于 [0，100]。

对于正向指标，标准化计算公式：$Z_i = \dfrac{X_i - X_{min}^i}{X_{max}^i - X_{min}^i} \times 100$

对于逆向指标，标准化计算公式：$Z_i = \dfrac{X_{max}^i - X_i}{X_{max}^i - X_{min}^i} \times 100$

其次，确定评估指标权重。为体现"五位一体"的均衡发展格局，采取等权重方法将生态环境、绿色发展、社会和谐、体制完善、文化传承 5 个一级指标权重分别确定为 20%，采用熵技术支持的层次分析模型，将每个一级指标的权系数逐层分解至二级指标，得到 31 个二级指标权重 W_i。

最后，计算各维度美丽指数和综合美丽指数。将各维度的具体指标进行标准化处理，将处理结果值与其权重按下列公式计算，得到该维度的专项美丽指数值 I_k，其中 k 为一级指标序数。

$$I_k = \frac{\sum Z_i w_i}{\sum w_i}$$

将美丽中国建设评估指标体系中的 31 个二级指标标准化处理结果值与其权重按下列公式计算，就得到美丽中国建设水平综合指数，称为综合美丽指数。

$$I = \sum_{i=1}^{31} Z_i w_i$$

[①] 蔡尚伟，程励，等.《"美丽中国"省区建设水平（2016）研究报告》（简本）. 四川大学，2017年。

三、广义美丽中国建设评估结果分析与讨论

以全国地级行政单元为研究单元，构建集成中国基础地理信息数据和生态环境、经济社会、体制完善、文化传承等数据的综合数据库。基于美丽中国建设评估指标体系，根据每个评估指标的上、下限阈值计算单个指标指数，根据指标权重求和，分别得出生态环境、绿色发展、社会和谐、体制完善、文化传承5个维度的专项美丽指数。以此为基础，基于HDI方法得到综合美丽指数[1]。

（一）专项评估结果分析

1. 全国生态环境美丽程度较高，空间分异显著

采用生态环境指数评价美丽中国建设的生态环境美丽程度。生态环境之美评估结果反映地区生态环境质量，主要体现在国家各类生态功能区数量、生态用地面积比例、污水处理率、城市生活垃圾无害化处理率、细颗粒物（PM$_{2.5}$）年均浓度、空气质量优良率等方面。计算结果表明，全国平均生态环境指数为0.6，总体较好。内蒙古高原、青藏高原、华南地区是生态环境美丽优势区，华北平原地区是生态环境指数低值区。按省域分析，青海、福建生态环境质量较好，河北、山西生态环境质量较差（图8.2）。按地级行政单元分析，儋州、新余、通辽、厦门、海北藏族自治州（简称海北州）、泉州的生态环境指数较高，而衡水、德州、濮阳、石家庄和乐山的生态环境指数较低。

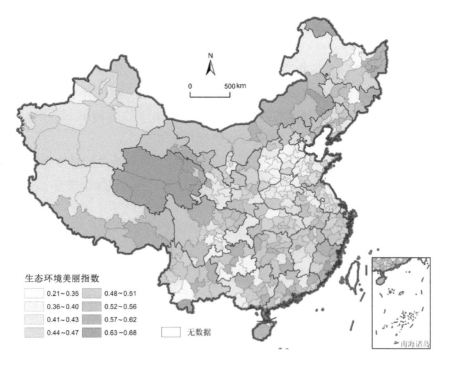

图8.2 生态环境指数评估结果空间分异图

2. 全国绿色发展程度较低，且由东南向西北逐渐降低

采用绿色发展指数评价美丽中国建设的绿色发展程度。绿色发展之美反映地区经济绿色发展程度，包括经济发展水平、产业占比、公共财政能力及资源利用的经济效益等指标。计算结果表明，全国平均绿色发展指数为0.22，整体水平偏低。京津冀、长三角及珠三角城市群地区是绿色发展优势区，西北边境地区是绿色发展指数低值区。按省域分析，广东、浙江、江苏的绿色发展状况较好，新疆、四川、广西绿色发展状况较差（图8.3）。按地级市分析，约51%的地级市在全国平均水平以上，昌都、三沙、山南、林芝、儋州绿色发展指数排在前几位，黔西南布依族苗族自治州、延边朝鲜族自治州、黔南布依族苗族自治州、黑河、昌吉回族自治州等老少边穷地区绿色发展指数较低。

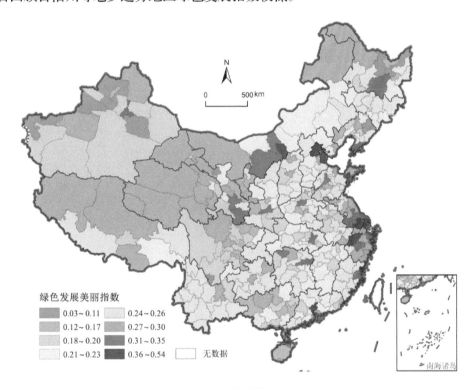

图 8.3　绿色发展指数评估结果空间分异图

3. 社会和谐程度偏低，经济发达地区社会和谐程度相对较高

采用社会和谐指数评价美丽中国建设的社会和谐程度。社会和谐之美反映地区城镇化水平、教育、卫生、科技、交通、信息化及城乡人民生活收入状况等方面。计算表明，全国平均社会和谐指数为0.29，整体水平较低。京津冀、长三角及珠三角城市群地区是社会和谐指数优势区，西南地区是社会和谐指数低值区。从省域分异来看，广东、浙江、江苏等沿海经济发达地区是社会和谐水平较高地区，新疆、西藏、青海等省区社会和谐指数较低（图8.4）。从地级市分析，约42%

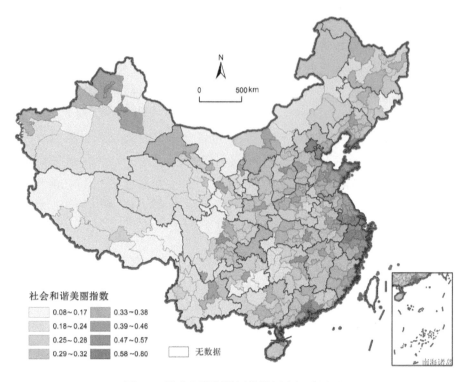

图 8.4　社会和谐指数评估结果空间分异图

的地级市社会和谐美丽程度在全国平均水平以上，深圳、东莞、舟山、杭州、广州是社会和谐指数前五名的城市，其中深圳市社会和谐指数最高，为 0.80；阿克苏地区、林芝、山南、昌都等城市社会和谐指数较低。

4. 体制完善程度较低，空间分异不显著

体制完善之美评估结果反映地区体制完善程度，主要体现在信用制度和基础建设、近五年重大环境污染事件发生次数、近五年重大腐败案件发生频次、近五年恶性事件发生次数、近五年重大自然灾害发生次数等方面。评估结果表明，全国平均体制完善指数为 0.22，总体偏低。东北地区、藏南地区、长三角地区、华中地区是体制完善优势区。按省域分析，黑龙江、浙江、吉林、江苏体制建设较完善，贵州、河北体制完善程度较低（图 8.5）。按地级市分析，北京、邯郸、杭州、枣庄、衢州是体制完善指数前五名的城市，西部和边境地区城市体制完善指数偏低。

5. 文化传承指数最低，是美丽中国建设的最短板

文化传承指数评估结果反映地区传统文化传承状况，主要体现在地区教育发展、文化与非物质文化遗产保护等方面，全国平均文化传承指数仅为 0.07，处于最低水平。华北地区、华东地区、西北地区、西南地区是文化传承相对优势区。按省域分析，新疆、山西等地文化传承较好，贵州、广西文化传承较差（图 8.6）。按地级市分析，北京、西安、南京、乌鲁木齐、苏州是文化传承指数前五位的城

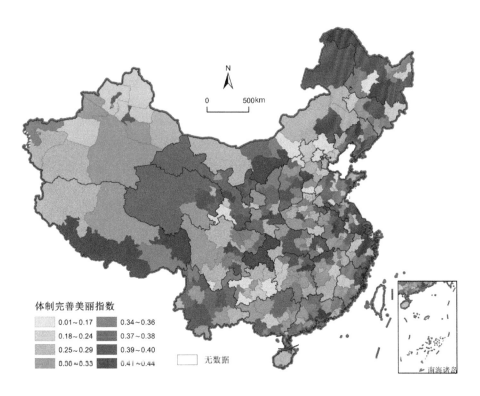

图 8.5　体制完善指数评估结果空间分异图

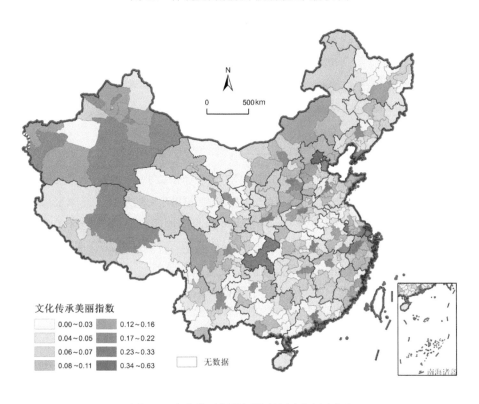

图 8.6　文化传承指数评估结果空间分异图

市，其中北京文化传承指数最高，为 0.63；三沙、贵港、昭通、绥化、黄南藏族自治州文化传承指数较低。

（二）综合评估结果分析

美丽中国建设综合指数（综合美丽指数）评估结果反映地区生态环境、绿色发展、社会和谐、体制完善及文化传承的综合发展水平，代表各区域美丽中国建设的完善程度。计算结果表明，美丽中国建设综合指数为 0.28。将不同维度的美丽中国建设评估结果运用雷达图进行可视化，结果如图 8.7 所示。可以看出在五个维度中，生态环境指数最高，其他四个维度的美丽指数得分均较低，绿色发展指数和社会和谐指数较为分散，说明不同城市间的发展程度差异较大，文化传承指数最低，是最需要提升的短板。

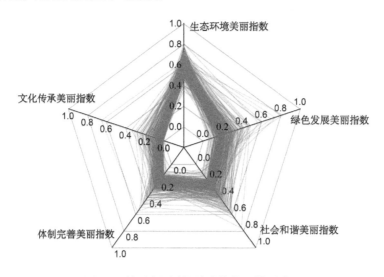

图 8.7　美丽中国建设综合指数五维雷达图

根据中位数分割法，基于美丽中国建设综合指数将美丽中国建设进程划分为差、较差、中等、良好、优秀五个等级，结果如图 8.8 所示。整体来看，东部沿海地区美丽中国建设进程较快，中部地区、西南地区、新疆等地区美丽中国建设进程较慢，水平较低。按省域分析，浙江、福建、青海等地综合美丽指数较好，而贵州、广西、河北美丽综合指数较低。按地级市分析，北京、深圳、南京、杭州、厦门是综合美丽指数位居前 5 位；黔南、黔西、定西、临夏、昌吉等地区综合美丽指数较低。

选取中国直辖市、省会及副省级城市等 36 个重点城市，分别做出五个发展维度和美丽中国建设综合指数的柱状图（图 8.9），可看出北京、深圳、广州、厦门、南京、杭州等城市的综合美丽指数较高，南宁、石家庄、西宁等城市的综合美丽指数较低，但不同维度的结果有所不同。生态环境指数深圳、厦门、福州、

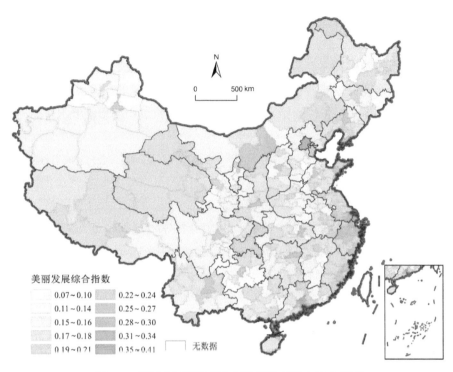

图 8.8　美丽中国建设综合指数评估结果空间分异图

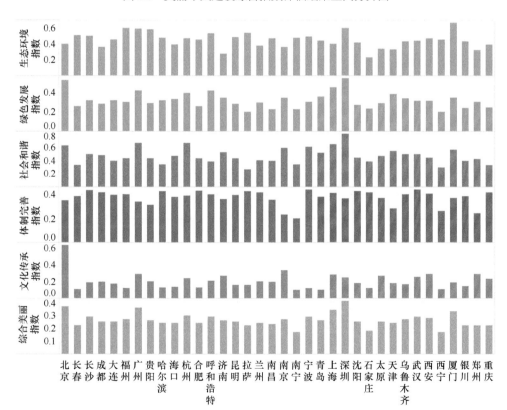

图 8.9　重点城市美丽中国建设综合指数评估结果空间分异图

广州等城市较高，而济南、郑州、石家庄等城市的生态环境指数较低；绿色发展指数显示北京、深圳、广州、杭州较高，拉萨、西宁、合肥等城市建设进程较慢；社会和谐指数显示深圳、上海、杭州等城市的社会建设较好，而拉萨、西宁、南宁等城市的社会建设较滞后；体制完善指数显示大部分城市水平相近，只有南宁、南京、郑州等略低；文化传承指数除北京外，其他城市均处于较低水平。

第二节　基于狭义美丽中国建设评估的实证分析探索

狭义美丽中国建设评估工作是基于 2020 年国家发展和改革委员会发布的《美丽中国建设评估指标体系及实施方案》中提出的聚焦生态环境改善和人居环境改善两方面建立的评估指标体系，选取其中可获取数据的指标，同时新增 8 个指标开展评估。

一、狭义美丽中国建设评估指标体系与数据来源

（一）评估指标体系的选取与权系数

2020 年，国家发展和改革委员会发布的《美丽中国建设评估指标体系及实施方案》中共提出空气清新、水体洁净、土壤安全、生态良好、人居整洁 5 大类 22 个具体评估指标，根据数据的可获得性，本书评估探索中采用 5 大类二级指标不变，保留了 22 个评估指标体系中的 11 个指标，未采用 4 个指标（污染地块安全利用率、农膜回收率、农村生活污水处理和综合利用率、农村生活垃圾无害化处理率），替代了 6 个指标（用农药施用强度替代农药利用率，用湿地覆盖率代替湿地保护率，用自然保护区面积占陆域国土面积比例代替自然保护地面积占陆域国土面积比例，用城市污水处理率代替城镇生活污水集中收集率，用城市生活垃圾无害化处理率代替城镇生活垃圾无害化处理率，用建成区绿化覆盖率代替城市公园绿地 500m 服务半径覆盖率），新增了 2 个指标（化肥施用强度和农村人均生物质），最后形成了由 19 个评估指标构成的评估指标体系，各指标及权重如表 8.1 所示。

（二）评估指标数据来源

本次评估指标采用 2000 ～ 2019 年各指标连续数据进行，对 19 个评估指标的数据来源说明如下[2, 3]。

（1）空气清新评估指标采集说明。选取了地级及以上城市细颗粒物（PM$_{2.5}$）浓度、地级及以上城市可吸入颗粒物（PM$_{10}$）浓度、地级及以上城市空气质量优良天数比例 3 个指标。指标数据来源于中国科学院大气物理研究所王自发研究员团队提供的数据。

表 8.1　狭义美丽中国建设评估指标体系及权重

二级指标	权重	具体指标（单位）	权重
空气清新	0.2286	C_1 地级及以上城市细颗粒物（PM$_{2.5}$）浓度（μg/m³）	0.06990
		C_2 地级及以上城市可吸入颗粒物（PM$_{10}$）浓度（μg/m³）	0.06200
		C_3 地级及以上城市空气质量优良天数比例（%）	0.09670
水体洁净	0.2345	C_4 地表水水质优良（达到或好于Ⅲ类）比例（%）	0.08610
		C_5 地表水劣Ⅴ类水体比例（%）	0.05860
		C_6 地级及以上城市集中式饮用水水源地水质达标率（%）	0.08980
土壤安全	0.1569	C_7 污染耕地安全利用率（%）	0.05155
		C_8 化肥利用率（%）	0.03835
		C_9 化肥施用强度（kg/亩）	0.03365
		C_{10} 农药施用强度（kg/亩）	0.03335
生态良好	0.2106	C_{11} 森林覆盖率（%）	0.06162
		C_{12} 湿地覆盖率（%）	0.05155
		C_{13} 水土保持率（%）	0.04829
		C_{14} 自然保护区面积占陆域国土面积比例（%）	0.04913
人居整洁	0.1694	C_{15} 城市污水处理率（%）	0.03900
		C_{16} 城市生活垃圾无害化处理率（%）	0.03730
		C_{17} 建成区绿化覆盖率（%）	0.03050
		C_{18} 农村卫生厕所普及率（%）	0.03380
		C_{19} 农村人均生物质（kg）	0.02880

注：红色为新增指标；绿色为替代指标。

（2）水体洁净评估指标采集说明。水体洁净包括地表水水质优良（达到或好于Ⅲ类）比例、地表水劣Ⅴ类水体比例、地级及以上城市集中式饮用水水源地水质达标率3个指标。水体洁净三个指标数据来源于《中国生态环境状况公报》《中国环境状况公报》《省市区生态环境状况公报》《省市区环境状况公报》，以及地方政府汇交数据。各省（区、市）地表水水质优良（达到或好于Ⅲ类）比例、地表水劣Ⅴ类水体比例存在定义不一致的问题，数据有基于国考断面水质计算得到的，有基于国控断面水质计算得到的，有基于省控断面水质计算得到的，也有基于河流断面（或河流长度）水质情况计算得到的。各省（区、市）地级及以上城市集中式饮用水水源地水质达标率指标的计算也存在不一致性，有基于城市水源个数计算得到的，有基于城市个数计算得到的，有基于提取的水资源量计算得到的。因此，基于该套数据计算得到的各省（区、市）水体洁净三个具体指标及二级指标在时间、空间上可能存在不一致性，应该充分考虑指标的不确定性。

（3）土壤安全评估指标采集说明。土壤安全评估中，选取了受污染耕地安全利用率、化肥利用率、化肥施用强度和农药施用强度4个指标。其中，受污染耕地安全利用率数据来源于全国土壤污染状况详查结果〔《受污染耕地安全利用率核算方法（试行）》〕，数据时间为2012年，2020年数据为各省（区、市）确定的受污染耕地安全利用率目标值。由于其他年份未开展土壤普查和详查，无法提供相应年份的数据，因此其他年份受污染耕地安全利用率数据采用线性内插法进行补充，以免数据缺失不能开展评估。化肥利用率数据来源于中国科学院（辛良杰研究的1998～2018年中国粮食作物化肥利用效率的时空演变特征结果）。但由于化肥利用率数据仅有1998年、2008年和2018年数据，无法提供其他年份的数据，因此其他年份化肥利用率数据采用线性内插法进行补充，以免数据缺失不能开展评估。

化肥施用强度指单位农作物播种面积农用化肥施用量，是农用化肥施用量与农作物播种面积的比值，单位为kg/亩。

农药施用强度指单位农作物播种面积农药施用量，是农用农药施用量与农作物播种面积的比值（单位为kg/亩）。

化肥施用强度和农药施用强度数据均来源于《中国农村统计年鉴》，由于缺少2019年数据，2019年数据采用趋势分析方法进行补充。

（4）生态良好评估指标采集说明。生态良好评估包括森林覆盖率、湿地覆盖率（代替湿地保护率）、水土保持率、自然保护区面积占陆域国土面积比例（代替自然保护地面积占陆域国土面积比例）4个指标。湿地覆盖率指湿地面积与区域国土面积的比值。湿地具有强大的生态服务功能价值，自然环境中自净能力最强的生态系统之一，其净化能力是同等地域森林的1.5倍，湿地大量持水起到涵养水源的作用，湿地还被称为"鸟类的天堂"和"人类的聚宝盆"等，这与其维护生物多样性及调节气候等功能有密不可分的关系。湿地面积的大小直接关系着一个地区生态良好的强弱，无论是人工的还是自然的（近海与海岸湿地、湖泊湿地、沼泽湿地、河流湿地）。自然保护区面积占陆域国土面积比例指自然保护区面积与区域陆域国土面积的比值。自然保护区面积占陆域国土面积比例也是直观反映人类对当地生态良好所采取措施的力度，这一比值越高，当地生态就越良好。森林覆盖率数据主要来自中国统计年鉴，中国环境统计年鉴，中国林业统计年鉴；湿地覆盖率来自《中国统计年鉴》《中国环境统计年鉴》《中国林业统计年鉴》《中国第三产业统计年鉴》；水土保持率由水利部提供，自然保护区面积占陆域国土面积比例来自《中国统计年鉴》《中国农村统计年鉴》《中国第三产业统计年鉴》。

（5）人居整洁评估指标采集说明。人居整洁评估采用城市污水处理率（代替城镇生活污水集中收集率）、城市生活垃圾无害化处理率（代替城镇生活垃圾无害化处理率）、建成区绿化覆盖率（代替城市公园绿地 500m 服务半径覆盖率）、农村卫生厕所普及率和农村人均生物质 5 个指标。

城市污水处理率指经管网进入污水处理厂处理的城市污水量占污水排放总量的比例，2000 ～ 2018 年数据来源于历年《中国城市建设统计年鉴》，2019 年数据来源于各省提交数据，部分缺失数据利用增长率进行推算。

城市生活垃圾无害化处理率指城市生活垃圾无害化处理量占城市生活垃圾总量的比例，2000 ～ 2019 年数据均来源于《中国统计年鉴》。

建成区绿化覆盖率指城市建成区绿化覆盖面积占建成区面积的比例，2000 ～ 2005 年数据来源于《中国城市统计年鉴》，2006 ～ 2019 年数据来源于《中国统计年鉴》。

农村卫生厕所普及率 2000 ～ 2018 年数据来源于《中国卫生统计年鉴》和《中国农村统计年鉴》，2019 年数据根据增长率推算获得。

农村人均生物质指农村地区人均使用的生物质质量，是农村生物质使用量与农村人口的比值（单位为 kg）。数据来源于北京大学陶澍院士课题组国家自然科学基金重大项目成果数据。

（三）评估指标分级标准的确定

根据 19 个评估指标的实际可能取值范围，并参照相关国家标准、规划目标、国家行动计划、国内外先进水平等确定各指标的上限、下限和等级划分标准，将 19 项评估指标按绝对值划分为差（Ⅰ级）、较差（Ⅱ级）、一般（Ⅲ级）、良好（Ⅳ级）、优秀（Ⅴ级）5 个等级，按归一化指数划分为差（Ⅰ级，0 ～ 20）、较差（Ⅱ级，20 ～ 40）、一般（Ⅲ，40 ～ 60）、良好（Ⅳ级，60 ～ 80）、优秀（Ⅴ级，80 ～ 100）5 个等级（表 8.2）。

将计算得到的空气清新指数、水体洁净指数、土壤安全指数、生态良好指数、人居整洁指数和综合美丽指数划分为 5 级：0 ～ 20 为Ⅰ级（差），20 ～ 40 为Ⅱ级（较差），40 ～ 60 为Ⅲ级（一般），60 ～ 80 为Ⅳ级（较好），80 ～ 100 为Ⅴ级（优秀）。

表 8.2　2020 年美丽中国建设试评估指标分级标准

序号	具体指标 （单位）	差 （Ⅰ级）	较差 （Ⅱ级）	一般 （Ⅲ级）	良好 （Ⅳ级）	优秀 （Ⅴ级）
1	地级及以上城市细颗粒物（$PM_{2.5}$）浓度（$\mu g/m^3$）	150 ～ 65	65 ～ 50	50 ～ 35	35 ～ 15	15 ～ 0
2	地级及以上城市可吸入颗粒物（PM_{10}）浓度（$\mu g/m^3$）	200 ～ 130	130 ～ 100	100 ～ 70	70 ～ 40	40 ～ 0
3	地级及以上城市空气质量优良天数比例（%）	0 ～ 30	30 ～ 50	50 ～ 80	80 ～ 90	90 ～ 100

续表

序号	具体指标（单位）	差（Ⅰ级）	较差（Ⅱ级）	一般（Ⅲ级）	良好（Ⅳ级）	优秀（Ⅴ级）
4	地表水水质优良（达到或好于Ⅲ类）比例（%）	0～20	20～40	40～60	60～75	75～100
5	地表水劣Ⅴ类水体比例（%）	100～30	30～20	20～10	10～5	5～0
6	地级及以上城市集中式饮用水水源地水质达标率（%）	0～70	70～80	80～90	90～95	95～100
7	污染耕地安全利用率（%）	0～60	60～85	85～90	90～95	95～100
8	化肥利用率（%）	0～20	20～30	30～40	40～50	50～100
9	化肥施用强度（kg/亩）	80～40	40～30	30～20	20～8	8～0
10	农药施用强度（kg/亩）	6～2	2～1	1～0.5	0.5～0.2	0.2～0
11	森林覆盖率（%）	0～10	10～15	15～20	20～25	25～90
12	湿地覆盖率（%）	0～2	2～4	4～6	6～8	8～20
13	水土保持率（%）	0～30	30～60	60～70	70～75	75～100
14	自然保护区面积占陆域国土面积比例（%）	0～5	5～8	8～12	12～17	17～40
15	城市污水处理率（%）	0～50	50～70	70～85	85～95	95～100
16	城市生活垃圾无害化处理率（%）	0～50	50～70	70～85	85～95	95～100
17	建成区绿化覆盖率（%）	0～20	20～30	30～40	40～50	50～60
18	农村卫生厕所普及率（%）	0～50	50～70	70～85	85～95	95～100
19	农村人均生物质（kg）	2000～1200	1200～600	600～450	450～250	250～50

注：所有指标的上限值不属于本级别。

（四）评估指标目标值的确定

参照相关国家标准、规划目标、国内外先进水平，结合各指标的现状值和历史演变情况，确定19个具体指标2025年、2030年、2035年的目标值，见表8.3。

表8.3　美丽中国建设评估具体指标的目标值

序号	具体指标（单位）	2019年	2025年	2030年	2035年
1	地级及以上城市细颗粒物（$PM_{2.5}$）浓度（$\mu g/m^3$）	35	25	15	10
2	地级及以上城市可吸入颗粒物（PM_{10}）浓度（$\mu g/m^3$）	60	50	30	20
3	地级及以上城市空气质量优良天数比例（%）	86	90	95	98

续表

序号	具体指标（单位）	2019 年	2025 年	2030 年	2035 年
4	地表水水质优良（达到或好于Ⅲ类）比例（%）	74.9	78	85	95
5	地表水劣Ⅴ类水体比例（%）	3.4	2.0	1.0	0
6	地级及以上城市集中式饮用水水源地水质达标率（%）	92	100	100	100
7	污染耕地安全利用率（%）	94.75	95	97	98
8	化肥利用率（%）	37.66	38	38.5	42.5
9	化肥施用强度（kg/亩）	21.95	20.0	19.0	18.0
10	农药施用强度（kg/亩）	0.55	0.39	0.28	0.18
11	森林覆盖率（%）	22.96	24	25	26
12	湿地覆盖率（%）	5.56	6	8	10
13	水土保持率（%）	71.66	85	90	100
14	自然保护区面积占陆域国土面积比例（%）	15.32	16	17	18
15	城市污水处理率（%）	96.72	98	99	100
16	城市生活垃圾无害化处理率（%）	99.2	100	100	100
17	建成区绿化覆盖率（%）	41.5	43	45	50
18	农村卫生厕所普及率（%）	85.18	90	95	100
19	农村人均生物质（kg）	282.73	240	220	200

二、狭义美丽中国建设评估结果分析与讨论

评估结论认为：一是 2000～2019 年美丽中国建设进程明显加快，全国及各地区综合美丽指数持续提升，尤其是党的十八大以来出现历史性转折，党的十八大以前综合美丽指数年均增长速度为 1.33%，党的十八大以来提高为 3.89%；二是美丽中国建设的绿色版图持续扩展，出现全局性变绿变美，美丽中国建设的路线图与时间表正在如期实现；三是空气清新指数先降后升，历年平均改善速度为 0.84%，空气质量总体向好，全国蓝天版图出现全局性变蓝，打赢蓝天保卫战取得历史性战果；四是水体洁净指数波动上升，历年平均洁净速度为 2.45%，全国碧水版图出现全局性变清，碧水保卫战成效显著；五是土壤安全指数缓慢上升，年均净化速度为 1.83%，全国净土版图呈全局性变净趋势，净土保卫战仍需扎实推进；六是生态良好指数逐步上升，年均良化速度为 2.46%，全国生态安全版图呈全局性变青变好趋势，"两山"理论指导山水林田湖草系统治理及国土绿化行动落地见效；七是人居整洁指数加速上升，年均整洁速度为 6.5%，人居环境改

善版图呈全局性变好，城乡人居环境得到根本性改善。评估结果也发现，美丽中国建设现状距建设目标还有较大差距，土壤安全和生态环境保护等方面仍然面临较大挑战，美丽中国建设进程仍有较大的区域差异，保障各地区同全国一道同步"到 2035 年基本实现美丽中国建设目标"仍须做更大努力。上述评估结果科学验证了习近平总书记提出的"开展了一系列根本性、开创性、长远性工作，决心之大、力度之大、成效之大前所未有"，定量验证了习近平总书记提出的"生态文明建设从认识到实践都发生了历史性、转折性、全局性的变化"的重要论断，同时也有力佐证了习近平总书记提出的"距离美丽中国建设目标还有不小差距"的客观判断。

（一）美丽中国建设进程明显加快，尤其是党的十八大以来出现历史性转折和全局性变绿变美

1. 全国及各地区综合美丽指数提升到历史性高度

从全国层面分析，2000 ～ 2019 年综合美丽指数持续上升，由 2000 年的 46.27 上升到 2010 年的 53.2，再上升到 2019 年的 72.63（图 8.10、表 8.4），综合美丽指数 20 年净增 26.36，尤其是党的十八大以来净增 19.12，占 20 年综合美丽指数净增量的 72.53%，达到了历史性高度，说明党的十八大以来国家深化生态文明体制改革制度和各项环境保护与生态建设政策落实取得了显著成效。

从地区层面分析，2000 ～ 2019 年各地区综合美丽指数持续上升，同样达到了历史性高度（图 8.11）。大部分地区在党的十八大以来综合美丽指数净增量占到近 20 年净增量的 70% 以上。近 20 年各地区综合美丽指数净增量最多的省

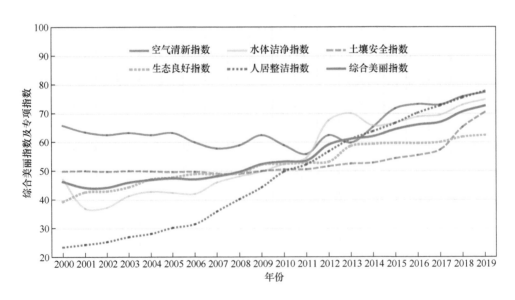

图 8.10　综合美丽指数动态变化图

表 8.4 2000～2019 年美丽中国建设进程变化分析表

年份	空气清新指数	水体洁净指数	土壤安全指数	生态良好指数	人居整洁指数	综合美丽指数
2000	65.96	47.27	49.92	39.38	23.48	46.27
2001	63.57	36.99	50.05	42.71	24.36	44.18
2002	62.61	37.37	49.81	43.02	25.34	44.24
2003	63.34	41.43	50.04	44.44	27.02	45.98
2004	62.54	42.89	49.89	47.20	28.14	46.89
2005	63.30	42.53	49.67	47.83	30.21	47.43
2006	60.05	42.16	49.77	49.02	31.46	47.08
2007	57.86	46.08	49.12	48.90	35.86	48.11
2008	58.93	48.17	49.09	49.28	40.19	49.65
2009	62.47	49.90	49.96	52.23	44.29	52.33
2010	58.98	52.50	50.54	52.46	49.76	53.20
2011	55.91	54.62	50.61	52.90	52.17	53.51
2012	62.44	67.66	51.66	53.19	56.73	59.06
2013	59.84	70.14	52.54	58.68	61.02	61.06
2014	65.36	65.85	52.83	59.39	63.76	61.98
2015	71.77	66.83	54.41	59.69	66.63	64.47
2016	73.28	68.94	55.48	59.64	70.19	66.07
2017	73.09	69.55	57.36	60.03	72.68	66.97
2018	75.93	73.04	65.32	61.88	75.42	70.54
2019	77.39	74.91	70.44	62.47	77.73	72.63
党的十八大前年均增速 /%	−1.11	1.05	0.12	2.91	7.80	1.33
党的十八大后年均增速 /%	4.15	4.03	4.22	2.10	5.11	3.89
2000～2019 年均增速 /%	0.84	2.45	1.83	2.46	6.50	2.40

（市、区）为四川、重庆、湖北、河南、贵州、河北、内蒙古等，最少的省（区、市）为海南和西藏等，其中党的十八大以来各地区综合美丽指数净增量最多的省（区、市）为四川、上海、浙江、河北、湖北、青海、河南等，最少的省（区、市）为宁夏、海南、福建、西藏等。2019 年综合美丽指数最高的省（区、市）为海南（81.49）、浙江（81.46）、福建（80.86）、青海（80.42），这四个省已进入美丽中国建设的"优秀"级别（图 8.12，表 8.5）；综合美丽指数最低的山西为 58.48，尚处在美丽中国建设的"一般"级别。自然与生态本底条件、资源禀赋条件和经济社会发展基础的差异性是引起美丽中国建设差异性的主要原因。

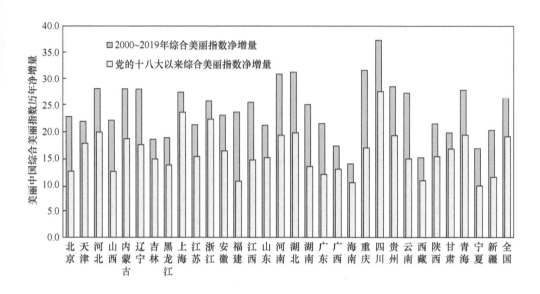

图 8.11　2000～2019 年综合美丽指数净增长量变化图

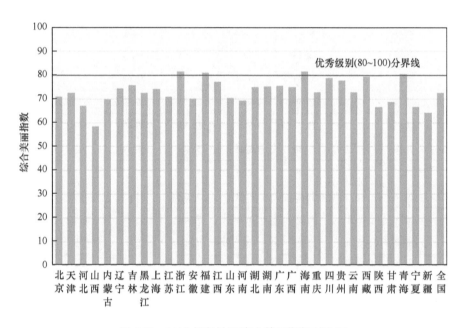

图 8.12　2019 年各地区综合美丽指数对比图

表 8.5　2019 年全国及各省美丽中国建设综合指数计算表

省（区、市）名称	空气清新指数	水体洁净指数	土壤安全指数	生态良好指数	人居整洁指数	综合美丽指数
北京	67.57	75.82	55.00	61.80	94.45	70.87
天津	63.48	78.48	65.67	68.67	87.99	72.58
河北	62.46	80.40	54.39	56.66	80.07	67.16

省（区、市）名称	空气清新指数	水体洁净指数	土壤安全指数	生态良好指数	人居整洁指数	综合美丽指数
山西	63.84	54.54	69.98	35.18	74.99	58.48
内蒙古	88.08	57.87	79.67	48.59	78.51	69.74
辽宁	79.08	70.10	66.60	78.21	77.22	74.52
吉林	83.46	86.78	63.68	71.16	67.50	75.84
黑龙江	87.49	55.64	73.05	83.31	62.25	72.60
上海	77.65	73.82	65.41	67.28	86.40	74.13
江苏	70.37	71.26	59.30	65.69	87.81	70.81
浙江	84.88	89.80	56.62	80.87	89.06	81.46
安徽	69.74	73.31	63.09	66.40	76.95	70.05
福建	92.27	98.90	47.43	69.57	85.47	80.86
江西	86.67	81.24	62.30	67.28	85.19	77.24
山东	65.03	79.28	61.70	63.37	82.40	70.44
河南	58.66	89.26	59.77	56.63	80.39	69.26
湖北	69.60	91.45	65.29	69.29	75.44	74.97
湖南	77.55	91.30	53.73	66.61	80.92	75.30
广东	87.89	74.04	44.02	78.85	86.64	75.64
广西	88.42	92.07	43.07	59.44	81.68	74.92
海南	92.57	97.80	45.10	76.76	83.53	81.49
重庆	77.93	90.49	75.43	52.03	65.42	72.91
四川	83.86	93.63	69.06	68.38	72.81	78.70
贵州	92.71	99.27	68.06	46.35	74.85	77.59
云南	93.44	83.18	51.97	51.94	75.93	72.82
西藏	96.96	100.00	64.26	64.66	59.02	79.31
陕西	68.33	91.96	53.49	42.21	71.08	66.51
甘肃	90.10	82.82	48.64	40.87	74.10	68.81
青海	94.28	93.52	80.98	61.85	66.16	80.42
宁夏	86.59	53.11	76.57	45.81	73.97	66.44
新疆	68.55	81.15	75.14	25.01	72.67	64.07
全国	77.39	74.91	70.44	62.47	77.73	72.63

从要素层面分析，2000～2019 年空气清新指数、水体洁净指数、土壤安全

指数、生态良好指数和人居整洁指数均呈稳定提升态势（图 8.13），2000～2019 年指数净增量分别为 11.43、27.64、20.52、23.09 和 54.25。其中人居整洁指数增长速度最快，达 6.50%，其次为生态良好指数为 2.46%，再次为水体洁净指数为 2.45%，土壤安全指数改善速度为 1.83%，空气清新指数历年平均改善速度最低，为 0.84%。土壤安全指数在 2000～2016 年增长速度缓慢，2016 年之后快速增长。空气清新指数在 2000～2011 年呈下降趋势，2012 年以来快速提升。2019 年全国空气清新指数为 77.39，水体洁净指数为 74.91，土壤安全指数为 70.44，生态良好指数为 62.47，人居整洁指数为 77.73，生态良好指数和土壤安全指数最低。对比美丽中国五个专项指数，生态环境和土壤安全仍然是美丽中国建设的短板。2019 年 31 个省（区、市）美丽中国建设综合指数的区域差异对比分析图见图 8.14。

2. 全国及各地区美丽中国建设速度发生了转折性变化

从全国层面分析，2000～2019 年综合美丽指数历年平均增长速度为 2.40%，尤其是党的十八大报告提出美丽中国建设目标以来增速更为明显，党的十八大以前综合美丽指数年均增长速度为 1.33%，党的十八大以来提高为 3.89%，比党的十八大以前高 2.56 个百分点，党的十八大以来美丽中国建设进程加快速度发生了转折性变化。

从地区层面分析，近 20 年来各地区美丽中国建设进程均呈快速增长态势，党的十八大以来加快速度同样发生了转折性变化，变化幅度各不相同。近 20 年各地区综合美丽指数增长速度最快的省（区、市）为四川、河南、重庆、河北、湖北、内蒙古、山西等，最慢的省（区、市）为海南、西藏、广西等（图 8.15，表 8.6）。其中党的十八大以来各地区综合美丽指数

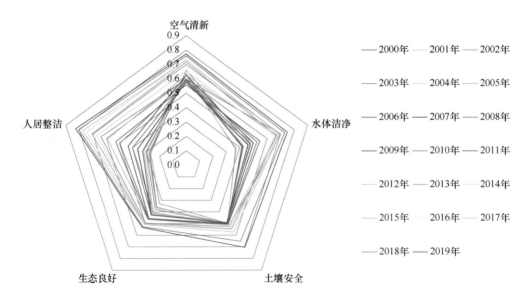

图 8.13 2000～2019 年美丽中国建设进程风向玫瑰图

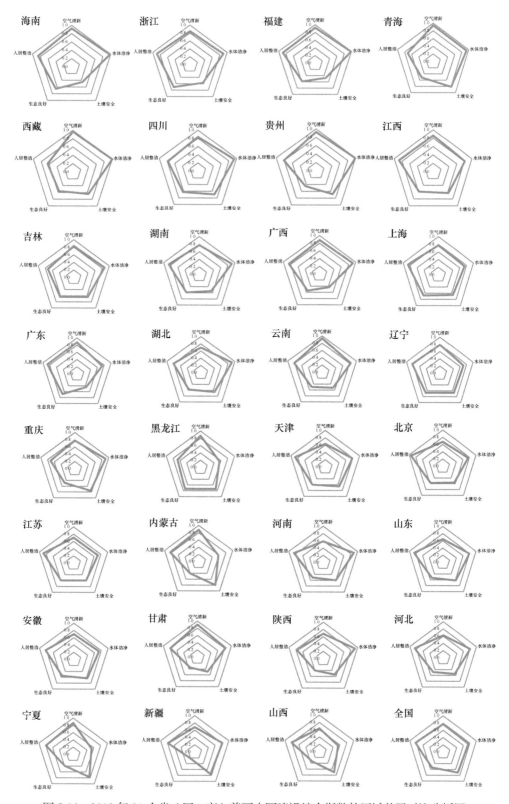

图 8.14　2019 年 31 个省（区、市）美丽中国建设综合指数的区域差异对比分析图

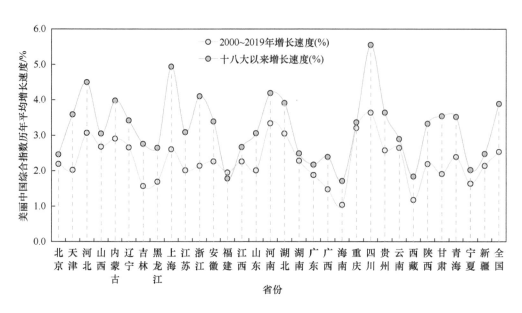

图 8.15   2000～2019 年全国各地区综合美丽指数增长速度图

表 8.6   各地区综合美丽指数计算表及增长速度

省份	2000	2005	2010	2011	2013	2015	2019	2000～2019 年增长速度 /%	十八大前增长速度 /%	十八大后增长速度 /%
北京	47.99	52.63	59.13	58.35	59.95	59.66	70.87	2.19	1.79	2.46
天津	50.61	53.41	54.8	54.74	56.1	53.8	72.58	2.02	0.71	3.59
河北	38.99	41.65	47.08	47.21	49.79	50.82	67.16	3.07	1.75	4.50
山西	36.3	39.17	44.8	45.99	47.74	52.92	58.48	2.68	2.17	3.05
内蒙古	41.63	44.33	52.98	51.05	56.01	61.1	69.74	2.91	1.87	3.98
辽宁	46.47	50.44	55.28	56.95	63.03	62.3	74.52	2.66	1.87	3.42
吉林	57.26	54.4	60.93	61.01	63.22	65.88	75.84	1.57	0.58	2.76
黑龙江	53.71	56.01	58.18	58.91	60.73	67.17	72.6	1.69	0.84	2.65
上海	46.64	48.63	51.4	50.42	54.35	54.51	74.13	2.61	0.71	4.94
江苏	49.46	51.48	54.96	55.51	64.21	67.63	70.81	2.01	1.05	3.09
浙江	55.64	54.25	61.7	59.06	61.67	64.23	81.46	2.14	0.54	4.10
安徽	46.89	51.45	51.47	53.67	60.54	64.45	70.05	2.26	1.24	3.39
福建	57.14	58.16	67.88	70.2	76.48	77.16	80.86	1.95	1.89	1.78
江西	51.67	55.94	62.82	62.58	64.67	70.97	77.24	2.26	1.76	2.67
山东	49.2	48.1	55.08	55.36	59.19	64.69	70.44	2.01	1.08	3.06
河南	38.34	48.5	53.16	49.89	54.46	54.35	69.26	3.34	2.42	4.19
湖北	43.65	52.63	55.88	55.14	61.97	66.63	74.97	3.05	2.15	3.91
湖南	50.15	50.81	59.74	61.85	65	70.65	75.3	2.28	1.92	2.49
广东	54.05	53.94	62.75	63.69	68.07	73.18	75.64	1.88	1.50	2.17
广西	57.56	58.37	63.31	62	66.08	69.54	74.92	1.48	0.68	2.39

续表

省份	2000	2005	2010	2011	2013	2015	2019	2000～2019年增长速度/%	十八大前增长速度/%	十八大后增长速度/%
海南	67.59	69.35	66.15	71.13	76.83	78.34	81.49	1.04	0.47	1.71
重庆	41.25	49.44	57.31	55.93	60.93	66.96	72.91	3.21	2.81	3.37
四川	41.37	47.68	51.85	51.08	59.78	66.73	78.7	3.64	1.93	5.55
贵州	49.04	52.43	57.93	58.27	62.75	68.36	77.59	2.58	1.58	3.64
云南	45.49	51.45	55.74	57.94	63.08	66.86	72.82	2.65	2.22	2.90
西藏	64.21	66.2	68.86	68.53	71.17	73.39	79.31	1.18	0.59	1.84
陕西	45.01	48.33	51.04	51.19	53.51	61.19	66.51	2.19	1.18	3.33
甘肃	48.99	51.06	52.67	52.08	54.23	63.23	68.81	1.91	0.56	3.54
青海	52.54	57.32	60.18	61	61.27	68.6	80.42	2.39	1.37	3.52
宁夏	49.61	51.28	57.23	56.63	60.07	54.97	66.44	1.64	1.21	2.02
新疆	43.78	48.34	52.02	52.67	54.57	59.99	64.07	2.14	1.70	2.48
全国	46.27	47.43	53.2	53.51	61.06	64.47	72.63	2.40	1.33	3.89

增长速度最快的省（区、市）为四川、上海、河北、河南、浙江、内蒙古等，最慢省（区、市）为海南、福建、西藏、宁夏、广东等。

3. 美丽中国建设的绿色版图持续扩展，出现全局性变绿变美

从 2000～2019 年全国综合美丽指数空间变化情况看出，2000 年各地区综合美丽指数总体较低，在中国版图上呈大面积"黄色"，尚处"一般"级别，甚至还有部分代表"较差"级别的"橘色"区域；而党的十八大以来则出现全局性变绿变美。2013 年全国接近一半版图转变为"浅绿"，进入"良好"级别；2019 年全国大面积版图转变为"浅绿"，并有 4 个省（区、市）转变为"深绿"，率先进入"优秀"级别（图 8.16）。这一全局性变化科学验证了 2021 年 4 月 30 日习近平总书记主持中央政治局就新形势下加强我国生态文明建设进行第二十九次集体学习时提出的"生态文明建设从认识到实践都发生了历史性、转折性、全局性的变化"的重要论断。若按目前的良好势头持续下去，预计到 2035 年全国版图将大面积转变为"深绿"，到 2050 年全国版图将全部转变为"深绿"。

从空间分异情况分析，综合美丽指数区域差异明显，整体呈现东南高、西北低的特点。2000 年大部分省（区、市）综合美丽指数评估结果为"一般"等级，其中，海南和西藏得分最高，评估结果为"良好"，河北、山西、河南得分较低，为"较差"等级，其余省（区、市）评估结果为"一般"，海南综合美丽指数最高为 66。2005 年尽管各个省（区、市）综合美丽指数评估结果均有一定幅度升高，但全国评估等级变化不大，河南与河北从"较差"等级变为"一般"等级。2010 年海南、福建、西藏、广东、广西、江西等 9 个省（区、市）综合美丽指数评估结果为"良好"，其余省（区、市）均为"一般"。2013 年相比 2010 年，江苏、

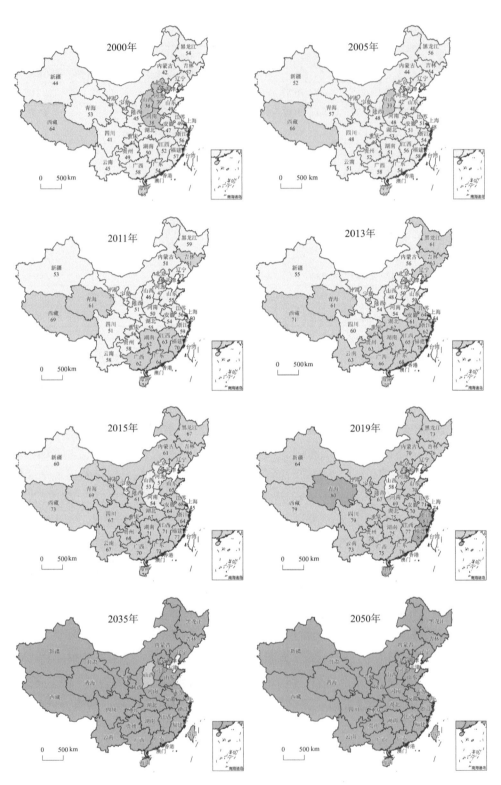

评估等级 ■优秀(80~100) □良好(60~80) □一般(40~60) ■较差(20~40) ■差(0~20) □无数据

图 8.16　2000～2019 年综合美丽指数时空演化图

重庆、贵州、湖南、湖北、安徽、云南、辽宁、黑龙江9个省（区、市）的综合美丽指数由"一般"等级上升为"良好"等级。到2015年，大部分省（区、市）的综合美丽指数评估结果为"良好"，只有北京、天津、河北、山西、河南、宁夏、新疆、上海8个省（区、市）结果为"一般"。

2019年，除山西外，其余省（区、市）综合美丽指数评估结果均在"良好"及以上等级。综合美丽指数最高的是海南、浙江、福建和青海，均超过80；西北部省（区、市）的综合美丽指数整体都偏低，综合美丽指数最低的几个省（区、市）分别是山西（58）、新疆（64）、宁夏（66）。自然生态本底条件、资源禀赋条件、工业化和城市化发展阶段、区域政策差异性是引起美丽中国建设差异性的一些原因。

4. 全国及各地区综合美丽指数正在加速向目标值逼近，美丽中国建设的路线图与时间表正在如期实现

根据综合美丽指数的计算方法，大于等于80为优秀等级。2019年全国综合美丽指数为72.63，处于良好等级，距离优秀等级还差7.37。目标设定是2025年全国的美丽中国建设平均水平能达到"优秀"等级，目前逼近优秀等级的程度是91%。通过分析31个省（区、市）2019年综合美丽指数与优秀等级的逼近程度（图8.17、表8.7），可以看到，除海南、浙江、福建和青海外，西藏、四川、贵州、江西、吉林、广东、湖南、湖北等省（区、市）的综合美丽指数已经非常接近优秀等级。内蒙古、河南、甘肃、河北、陕西、宁夏、新疆、山西等省（区、市）的综合美丽指数不到70，距离美丽中国建设优秀等级还有较大距离。其中，山西2019年的综合美丽指数是58.48，和美丽中国优秀等级差距最大；新疆2019年综合美丽指数是64.07，和美丽中国优秀等级差距也较大。

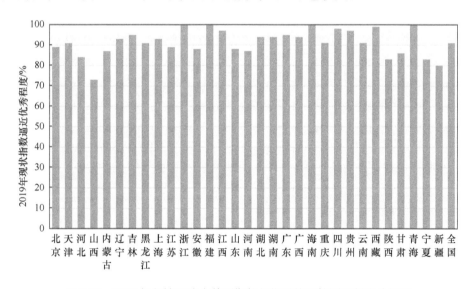

图8.17　2019年各地区综合美丽指数与优秀等级的逼近程度分析图

表 8.7　美丽中国建设现状值与目标值逼近程度分析表

省 （区、市）	2019年 现状值	2025年 目标值	2025年 逼近程度	2030年 目标值	2030年逼 近程度/%	2035年 目标值	2035年逼 近程度/%	优秀等 级值	逼近优秀 程度/%
北京	70.9	80	89	85	83	90	79	80	89
天津	72.6	80	91	85	85	90	81	80	91
河北	67.2	75	90	80	84	85	79	80	84
山西	58.48	75	78	80	73	85	69	80	73
内蒙古	69.7	80	87	85	82	90	77	80	87
辽宁	74.5	80	93	84	89	90	83	80	93
吉林	75.8	81	94	85	89	91	83	80	95
黑龙江	72.6	80	91	85	85	90	81	80	91
上海	74.1	81	91	85	87	91	81	80	93
江苏	70.8	80	89	85	83	90	79	80	89
浙江	81.5	83	98	88	93	96	85	80	100
安徽	70.1	80	88	85	82	90	78	80	88
福建	80.9	83	97	88	92	96	84	80	100
江西	77.2	81	95	85	91	91	85	80	97
山东	70.4	80	88	85	83	90	78	80	88
河南	69.3	80	87	85	82	90	77	80	87
湖北	75.0	80	94	84	89	90	83	80	94
湖南	75.3	81	93	85	89	91	83	80	94
广东	75.6	80	95	84	90	90	84	80	95
广西	74.9	81	92	85	88	91	82	80	94
海南	81.5	83	98	88	93	96	85	80	100
重庆	72.9	80	91	84	87	90	81	80	91
四川	78.7	82	96	86	92	93	85	80	98
贵州	77.6	82	95	86	90	93	83	80	97
云南	72.8	80	91	84	87	90	81	80	91
西藏	79.3	82	97	86	92	93	85	80	99
陕西	66.5	75	89	80	83	85	78	80	83
甘肃	68.8	75	92	80	86	85	81	80	86
青海	80.4	83	97	88	91	96	84	80	100
宁夏	66.4	75	89	80	83	85	78	80	83
新疆	64.1	75	85	80	80	85	75	80	80
全国	72.6	80	91	85	85	90	81	80	91

按照 2000～2019 年各省（区、市）综合美丽指数及五个维度指数的变化趋势，对未来到 2025 年、2030 年和 2035 年的综合美丽指数进行预测，综合考虑自然生态本底条件、产业结构、改善速度和政策落实情况，厘定各省（区、市）及全国综合美丽指数的目标值。同时，通过现状值与目标值的逼近程度综合判断各省（区、市）未来努力的方向，找出具体的差距点，为各省（区、市）推进美丽中国建设工作提供参考。

2025 年大部分省（区、市）的目标值在 80 以上（达到优秀），河北、山西、陕西、甘肃、宁夏、新疆 6 个省（区、市）目标值为 75（属于良好）。全国层面来看，目前距离 2025 年目标值逼近程度为 91%，山西、新疆、安徽、山东等 10 个省（区、市）距离 2025 年目标值逼近程度小于 90%，贵州、浙江、四川、西藏、海南等 21 个省（区、市）距离 2025 目标值逼近程度大于 90%。

2030 年所有省（区、市）的目标值在 80 以上（达到优秀）。全国层面来看，目前距离 2030 年目标值逼近程度为 85%，大部分省（区、市）距离 2030 年目标值逼近程度小于 90%。

2035 年大部分省（区、市）的目标值在 90 及以上。全国层面来看，目前距离 2035 年目标值逼近程度为 81%，山西、新疆、安徽、山东、河南等 11 个省（区、市）距离 2035 年目标值逼近程度小于 80%，甘肃、重庆、辽宁、云南、上海等 20 个省（区、市）距离 2035 年目标值逼近程度在 80%～85%。

通过对 2000～2019 年美丽中国建设进程评估发现，"大气十条""水十条""土十条"等国家综合治理行动中取得了前所未有的巨大成就，评估结果科学验证了习近平总书记主持中央政治局就新形势下加强我国生态文明建设进行第二十九次集体学习时的讲话提出的"开展了一系列根本性、开创性、长远性工作，决心之大、力度之大、成效之大前所未有"。采用 2000～2019 年全国及各地区美丽中国建设进程增长速度，结合美丽中国评估 KMP 系统的情景模拟可知，按目前的建设速度和建设质量推进下去，必将如期完成美丽中国建设的"路线图"和"时间表"。这一结论科学印证了习近平总书记关于"到 2035 年美丽中国建设目标基本实现、到 2050 年全面实现美丽中国建设目标"的重要论断。

（二）近 20 年空气清新指数先降后升，历年平均改善速度 0.84%，全国蓝天版图出现全局性变蓝，打赢蓝天保卫战取得历史性战果

1. 全国空气清新指数先降后升，蓝色版图出现全局性变蓝

从全国层面分析，2000 年全国空气清新指数为 65.96，2011 年降低到 55.91，党的十八大以后逐渐上升，到 2019 年上升为 77.39，经历了由"良好"到"一般"再回到"良好"的演变过程。空气清新指数历年平均增长速度为 0.84%，说明全

国空气环境质量到 2010 年前后降至最低值（探底值），此后随着蓝天保卫战的实施，空气环境质量逐步改善。党的十八大以来随着大气污染治理力度不断加大，空气质量明显提高，空气清新指数评价结果为"优秀"的区域范围持续扩大，美丽中国建设的蓝色版图出现全局性变蓝（图 8.18）。

空气清新指数及各指标评价指数时间变化呈现阶段性特征。2000～2013 年，呈现波动下降趋势，2013 年后，呈现逐步上升趋势，2013～2015 年增幅最大（图 8.19）。$PM_{2.5}$ 浓度评价结果除 2011 年呈现"一般"外，其余年份均为"良好"；

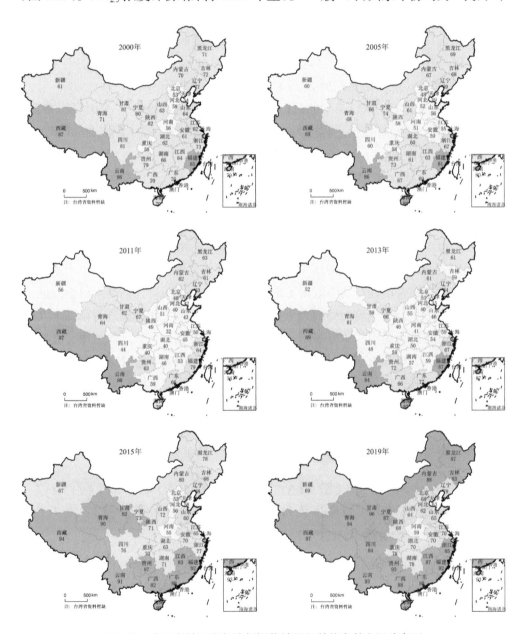

图 8.18　全国各地区空气清新评价结果与总体变蓝空间分布图

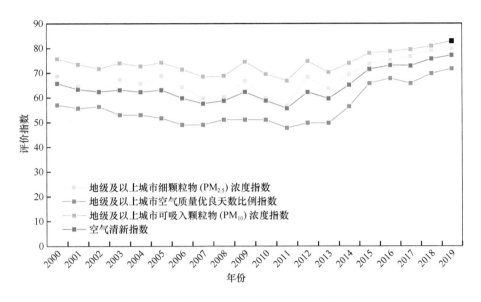

图 8.19　空气清新指标评价指数时间变化态势

PM$_{10}$ 浓度评价结果在 2017 年由"良好"转变为"优秀"；空气质量优良天数比例评价结果在 2015 年由"一般"转变为"良好"。空气清新综合评价指数经历了由"良好"到"一般"再回到"良好"的演变过程。总体来看，我国空气质量在逐步改善，2013 年起，随着生态文明建设的大力推进，大气污染治理力度不断加大，空气质量明显提高。

地级及以上城市细颗粒物（PM$_{2.5}$）浓度指数评价结果存在空间异质性。环渤海、汾渭平原、川渝、长三角和华中地区的评价指数相对较低，西南地区、东北地区和东南沿海地区的评价指数相对较高。2019 年，有 17 个省（区、市）评价结果达到"优秀"，其余均为"良好"，其中，西藏（94.86）和海南（90.86）评价指数最高，河南（69.00）评价指数最低。从空间演化看，2000 ～ 2019 年，PM$_{2.5}$ 浓度评价结果为"优秀"的区域范围逐渐扩大，结果为"一般"和"较差"的区域范围先增后减，没有出现评价结果为"差"的省（区、市）。全国各省（区、市）PM$_{2.5}$ 浓度评价指数经历了由低变高的过程，评价结果趋好，2010 年全国 PM$_{2.5}$ 浓度评价指数普遍较低，2019 年普遍较高，自 2016 年起各省（区、市）评价结果均在"良好"及以上。从具体省（区、市）看，内蒙古、黑龙江、吉林、辽宁、福建、广东、海南、云南、西藏、甘肃、青海、宁夏历年评价结果均保持"良好"以上。

地级及以上城市可吸入颗粒物（PM$_{10}$）浓度指数评价结果存在空间异质性。环渤海、汾渭平原、河南、安徽、新疆的评价指数相对较低，西南地区、东北地区和东南沿海地区的评价指数相对较高。2019 年，有 23 个省（区、市）评价结果达"优秀"，其余均为"良好"，其中，西藏、海南、青海和云南的 PM$_{10}$ 浓度评价指数较高，均在 90.00 以上，河南（73.00）和新疆（73.50）评价指数最低。从空间演化看，2000～2019 年，PM_{10} 浓度评价结果为"优秀"的区域先缩小再扩大，结果为"一般"的区域范围先增加后减小，没有出现评价结果为"较差"和"差"的省（区、市）。全国各省（区、市）PM_{10} 浓度评价指数经历了由低变高的过程，评价结果趋好，2010～2013 年全国 PM_{10} 浓度评价指数普遍较低，2019 年普遍较高，自 2014 年起，各省（区、市）PM_{10} 浓度评价结果均在"良好"及以上。从具体省（区、市）看，除北京、天津、河北、上海、江苏、湖北、湖南、重庆、安徽、山东、河南、陕西出现过"一般"外，其余省（区、市）均保持在"良好"及以上，其中海南一直保持"优秀"，山西和新疆一直维持"良好"。

地级及以上城市空气质量优良天数比例指数评价结果存在空间异质性。环渤海、汾渭平原、川渝、长三角和华中地区评价指数相对较低，西南地区、东北地区和东南沿海的大部分地区评价指数相对较高。2019 年，有 16 个省（区、市）评价结果达到"优秀"，6 个省（区、市）为"良好"，9 个省（区、市）为"一般"。其中，贵州、云南、西藏和青海的空气质量优良天数比例评价指数最高，均为100.00，河南（42.00）最低。从空间演化看，2000～2019 年，空气质量优良天数比例评价结果为"优秀"的区域范围逐渐扩大，结果为"一般"的区域范围在减小，结果为"较差"的区域范围先增加后减小。全国各省（区、市）空气质量优良天数比例评价指数经历了由高变低再升高的过程，评价结果由好变坏再恢复，2010～2013 年全国空气质量优良天数比例评价指数普遍较低，2019 年普遍较高，自 2015 年起各省（区、市）评价结果均在"一般"及以上。从具体省（区、市）看，福建、海南、贵州、云南、西藏历年评价结果均保持在"良好"及以上，其中福建、云南、西藏一直保持"优秀"；四川、北京、天津、河北、山东、河南、湖北、陕西、新疆出现过"较差"，北京在 2006～2007 年空气质量优良天数比例被评为"差"，这些省（区、市）中，除四川转为"优秀"、新疆转向"良好"外，其他省（区、市）均转为"一般"。

2. 各地区空气清新指数显著提升，空气质量总体向好

从地区层面分析，2000～2019 年各地区空气清新指数总体呈显著提升态势，近 20 年空气清新指数净增量最多的省（区、市）为青海、四川、甘肃、江西、重庆、内蒙古、上海、北京等。近 20 年空气清新指数增长速度最快的省（区、市）为四川、江西、重庆、青海（1.54%）、甘肃、上海、北京、内蒙古等。党的十八大以来空气清新指数增长速度最快的省（区、市）为四川、重庆、青海、甘肃、内蒙古和北京等。到 2019 年空气清新指数最高的是西藏（96.96），其次为青海（94.28）、云南（93.44）、贵州（92.71）、海南（92.57）、福建（92.27），这 6 个省（区、市）空气清新指数率先达到"优秀"级别（图 8.20），最低的为河南（62.46）和河北（58.66），空气清新指数尚处在"一般"级别。产业结构和能

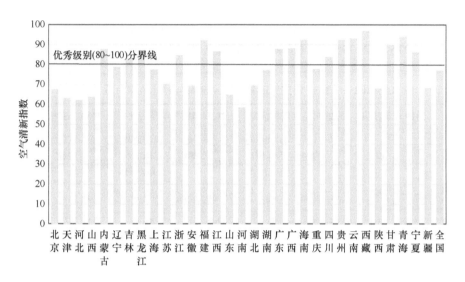

图 8.20　2019 年全国各地区空气清新指数对比图

源结构是空气清新指数出现差异的主要原因。

3. 各地区污染防治攻坚战和蓝天保卫战取得历史性战果

从空气清新指标分析，2013 年后全国空气质量明显改善，大气污染防治成效显著。2013 年之前全国空气质量波动较大，其中 2011 年空气质量最差，2013 年后空气质量明显改善，2000～2013 年，全国 $PM_{2.5}$ 浓度和 PM_{10} 浓度变化规律一致，均呈波动上升趋势，2011 年出现浓度高峰，分别达到 81μg/m³ 和 122μg/m³，超过国家二级标准 131% 和 74%。2013 年后随着蓝天保卫战的实施，大气污染治理力度不断加大，空气质量明显好转，$PM_{2.5}$ 浓度和 PM_{10} 浓度显著下降，空气质量优良天数比例显著提高。到 2019 年，$PM_{2.5}$ 浓度接近国家二级标准限值，PM_{10} 浓度连续两年达标，空气质量优良天数比例高达 86%，大气污染治理工作成效显著。2000～2019 年 $PM_{2.5}$ 浓度降低最快的省（区、市）包括西藏、海南、贵州、上海、福建、青海、重庆、浙江等；PM_{10} 浓度降低最快的省（区、市）包括西藏、青海、上海、海南、甘肃、贵州、重庆、北京等，空气质量优良天数比例增加最快的省（区、市）包括四川、北京、江西、新疆、陕西、甘肃、重庆、内蒙古等。

4. 空气清新指数与目标值逼近度分析

按照 2000～2019 年各省（区、市）空气清新指标及指数的变化趋势，对未来到 2025 年、2030 年和 2035 年的空气清新状况进行预测，综合考虑各省（区、市）2000～2019 年空气清新指数变化趋势及现状，厘定各省（区、市）及全国的相关指标目标值。同时，通过现状值与目标值的逼近程度综合判断各省（区、市）未来努力的方向，找出具体差距点，为各省（区、市）推进空气清新工作提供参考。

按照当前空气清新改善状况，预计到 2025 年全国空气清新情况会持续改善。根据 2000～2019 年各省（区、市）历史数据，运用趋势分析方法厘定各省（区、市）和全国的空气清新指标目标值。同时，运用空气清新综合指数计算方法测算出相应的 2025 ～ 2035 年空气清新综合指数（表 8.8）。

表 8.8　2025 ～ 2035 年空气清新指数预测及与目标值逼近程度分析表

省（区、市）	2019 年现状值		2025 年空气清新指数			2030 年空气清新指数			2035 年空气清新指数		
	标准化值	等级	标准化值	等级	现状值与目标值逼近程度 /%	标准化值	等级	现状值与目标值逼近程度 /%	标准化值	等级	现状值与目标值逼近程度 %
北京	67.57	良好	71.09	良好	95.05	75.89	良好	89.04	78.40	良好	86.19
天津	63.48	良好	67.54	良好	93.99	72.62	良好	87.41	75.84	良好	83.70
河北	62.46	良好	64.64	良好	96.63	72.19	良好	86.52	75.76	良好	82.44
山西	63.84	良好	67.71	良好	94.28	73.67	良好	86.66	76.51	良好	83.44
内蒙古	88.08	优秀	92.96	优秀	94.75	95.66	优秀	92.08	97.02	优秀	90.79
辽宁	77.08	良好	85.18	优秀	90.49	92.95	优秀	82.93	96.37	优秀	79.98
吉林	80.46	优秀	89.11	优秀	90.29	95.46	优秀	84.29	97.04	优秀	82.91
黑龙江	87.49	优秀	90.80	优秀	96.35	96.11	优秀	91.03	97.37	优秀	89.85
上海	77.65	良好	83.40	优秀	93.11	90.37	优秀	85.92	94.42	优秀	82.24
江苏	70.37	良好	76.84	良好	91.58	82.50	优秀	85.30	86.98	优秀	80.90
浙江	81.88	优秀	90.59	优秀	90.39	95.70	优秀	85.56	97.12	优秀	84.31
安徽	69.74	良好	76.06	良好	91.69	83.66	优秀	83.36	88.45	优秀	78.85
福建	92.27	优秀	94.80	优秀	97.33	96.71	优秀	95.41	97.86	优秀	94.29
江西	86.67	优秀	92.32	优秀	93.88	95.46	优秀	90.79	97.04	优秀	89.31
山东	65.03	良好	68.91	良好	94.37	74.80	良好	86.94	77.65	良好	83.75
河南	58.66	一般	62.86	良好	93.32	69.17	良好	84.81	72.08	良好	81.38
湖北	69.60	良好	74.86	良好	92.97	82.12	优秀	84.75	86.62	优秀	80.35
湖南	77.55	良好	83.52	优秀	92.85	91.28	优秀	84.96	95.69	优秀	81.04
广东	87.89	优秀	93.08	优秀	94.42	96.37	优秀	91.20	97.79	优秀	89.88
广西	88.42	优秀	93.28	优秀	94.79	96.07	优秀	92.04	97.20	优秀	90.97
海南	92.57	优秀	95.80	优秀	96.63	97.69	优秀	94.76	98.38	优秀	94.09
重庆	77.93	良好	83.95	优秀	92.83	91.58	优秀	85.09	95.77	优秀	81.37
四川	78.86	良好	89.79	优秀	87.83	95.25	优秀	82.79	96.79	优秀	81.48
贵州	92.71	优秀	94.35	优秀	98.26	96.63	优秀	95.94	97.78	优秀	94.81
云南	93.44	优秀	94.96	优秀	98.40	97.04	优秀	96.29	97.92	优秀	95.42

续表

省（区、市）	2019 年现状值		2025 年空气清新指数			2030 年空气清新指数			2035 年空气清新指数		
	标准化值	等级	标准化值	等级	现状值与目标值逼近程度/%	标准化值	等级	现状值与目标值逼近程度/%	标准化值	等级	现状值与目标值逼近程度%
西藏	96.96	优秀	97.57	优秀	99.37	98.42	优秀	98.52	98.99	优秀	97.95
陕西	68.33	良好	73.56	良好	92.89	81.59	优秀	83.75	86.34	优秀	79.14
甘肃	90.10	优秀	93.04	优秀	96.84	95.74	优秀	94.11	97.02	优秀	92.87
青海	94.28	优秀	95.51	优秀	98.71	97.26	优秀	96.94	98.30	优秀	95.91
宁夏	86.59	优秀	92.23	优秀	93.88	95.42	优秀	90.75	96.85	优秀	89.41
新疆	68.55	良好	74.94	良好	91.47	82.98	优秀	82.61	87.81	优秀	78.07
全国	77.39	良好	83.37	良好	92.83	90.65	优秀	85.37	95.26	优秀	81.24

2025 年将有 1 个省（区、市）由"一般"等级上升为"良好"等级，5 个省（区、市）从"良好"上升为"优秀"。全国 2019 年现状值与 2025 年目标值的逼近程度为 92.83% 左右，仍有 7% 左右的差距。同时，全国各省（区、市）逼近程度差异较大，有 10 个省（区、市）超过 95%，须统筹推进空气清新协同改善。

2030 年全国空气清新状况仍将进一步改善，将有 1 个省（区、市）由 2019 年的"一般"等级升级为"良好"等级，10 个省（区、市）由"良好"等级升级为"优秀"等级。与 2030 年的目标值相比，全国 2019 年空气清新指数的现状水平仅相当于目标值的 85.37% 左右。将有 13 个省（区、市）现状与目标值逼近程度高于 90%；18 个省（区、市）处于 80% ～ 90%（图 8.21）。

2035 年美丽中国目标基本实现，2019 年现状值与 2035 年目标值的逼近程度为 81.24%，全国空气清新指数还有 18 个左右百分点的差距，绝大多数省（区、市）都将面临 2% ～ 12% 的差距。因此，虽然各省（区、市）在空气清新工作上取得了显著成效，但是与基本实现美丽中国的要求还存在一定差距。

（三）近 20 年水体洁净指数波动上升，历年平均洁净速度 2.45%，全国碧水版图出现全局性变清，碧水保卫战成效显著

1. 全国水体洁净指数波动上升，已出现全局性变清

由水体洁净指数计算可知，2000 ～ 2019 年全国水体洁净指数在波动中上升，由 2000 年的 47.27 上升至 2010 年的 52.50，到 2019 年再上升为 74.91，由"较差"级别提升为"良好"水平，历年平均增长速度为 2.45%，其中党的十八大前年均增速为 1.05%，党的十八大后年均增速高达 4.03%，说明党的十八大以来全

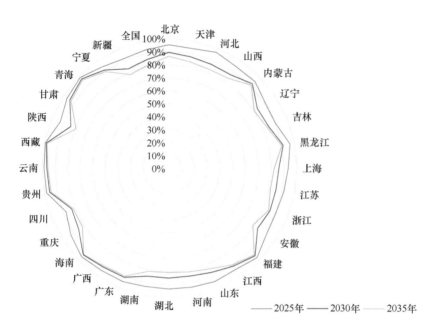

图 8.21　空气清新指数现状值与目值逼近程度雷达图

国水体环境质量明显改善。2000 年全国平均水体洁净指版图中尚有"差"的棕色区域和"较差"的淡红色区域，到 2019 年全部变为"良好"和"优秀"的蓝色、深蓝色区域，已出现全局性变清。西北、华南地区水体洁净程度优于华中、华东和东北地区（图 8.22）。说明《水污染防治行动计划》落实成效显著。

2. 各地区水体洁净指数持续上升，水体环境质量明显改善

2000 年西北地区及华南沿海局部地区水体洁净程度在"良好"以上，华北、华中及西南地区水体洁净评价结果为"较差"或"差"。到 2010 年，各地区水体洁净程度都有所提升，仅有山西与云南水体洁净评价结果为"较差"，评价结果为"良好"与"优秀"的地区数量大幅增长，其中，西藏、甘肃、宁夏、重庆、广西评价结果为"优秀"。近十年，随着全国水环境治理工作的推进和水环境的改善，各地区水体洁净情况持续改善，到 2019 年水体洁净指数最高的省（区、市）包括西藏、贵州、福建、海南、四川、青海、广西等，最低的省（区、市）包括山西、黑龙江、内蒙古等（图 8.23）。2000～2019 年水体洁净指数提升速度最快的省（区、市）包括河南、四川、辽宁、云南、湖北、上海和河北等，其中党的十八大以来提升速度最快的省（区、市）包括上海、四川、河北、浙江、天津、湖南和贵州等。

3. 水体洁净的各项指标持续变好，碧水保卫战成效显著

2000～2019 年全国地表水水质优良（达到或好于Ⅲ类）比例持续提升，由2000 年的 30% 提升到 2019 年的 75%，历年平均提升速度为 1.40%，地表水水质优良比例指数年平均提升速度为 1.74%，提升最快的省（区、市）包括山西、辽宁、

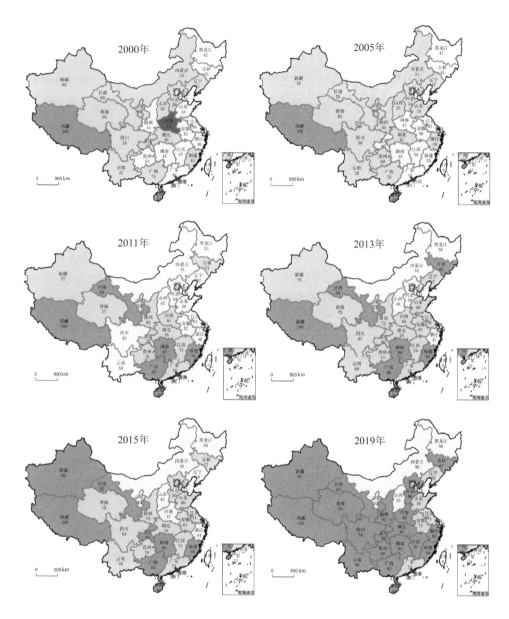

评估等级　■优秀(80~100)　■良好(60~80)　□一般(40~60)　□较差(20~40)■差(0~20)□无数据

图 8.22　全国各地区水体洁净指数变化与全局性变清示意图

天津、河北、陕西、吉林、江苏等，地表水水质优良（达到或好于Ⅲ类）比例
最高值保持在 100%（西藏），最低值由 2000 年的 3% 提高到 2019 年的 48%。地
表水劣Ⅴ类水体比例持续降低，由 2000 年的 50% 左右下降到 2019 年的 4% 左
右，年平均降低速度为 13.50%，地表水劣Ⅴ类水体比例指数年平均降低速度为
10.50%，年均降低速度最快的省（区、市）包括江苏、浙江、福建、河南、广
西、海南和四川；地级及以上城市集中式饮用水水源地水质达标率持续提高，由

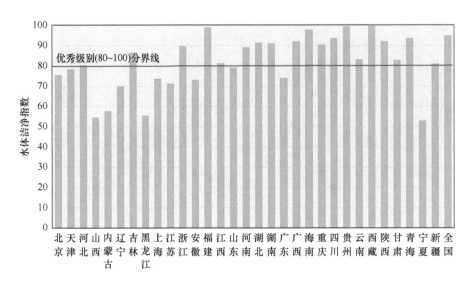

图 8.23　2019 年全国各地区水体洁净指数对比图

2000 年的 90% 上升到 2019 年的 92%，年平均提升速度为 0.12%，提升速度最快的省（区、市）包括四川、湖南、河南、新疆、福建、重庆、浙江等。

4. 水体洁净指数目标值拟定与目标值对标分析

根据 2000 ～ 2019 年各省（区、市）水体洁净具体指标及指数的变化趋势与现状情况，结合《水污染防治行动计划》等文件对水环境的要求，拟定未来到 2025 年、2030 年和 2035 年水体洁净指数目标值（表 8.9），为各省（区、市）推进水体洁净建设工作提供参考。考虑到 2035 年，各省（区、市）将消除劣Ⅴ类水体，且地级及以上集中式饮用水水源地达标率达到 100%，各省（区、市）水体洁净指数目标值都在 90 以上，达到"优秀"等级。将现状值指数与目标值对比分析，目前水体洁净指数偏低的省（区、市）改进空间较大，水环境改善压力也较大。其中，山西、内蒙古、黑龙江、宁夏面临最大的水环境治理压力，水体洁净程度需从"一般"提升到"优秀"；北京、天津、辽宁、上海、江苏、安徽、山东、广东水体洁净程度需从"良好"提升到"优秀"。

表 8.9　2025 ～ 2035 年水体洁净指数目标值

省（区、市）	现状值	目标值		
	2019 年	2025 年	2030 年	2035 年
北京	75.82	82	87	93
天津	78.48	83	88	93
河北	80.40	85	89	93
山西	54.54	66	78	93
内蒙古	57.87	70	81	93
辽宁	70.10	78	86	93

省（区、市）	现状值	目标值		
	2019 年	2025 年	2030 年	2035 年
吉林	86.78	90	92	95
黑龙江	55.64	62	74	95
上海	73.82	80	86	93
江苏	71.26	78	86	94
浙江	89.80	93	95	98
安徽	73.31	81	87	94
福建	98.90	99	99	99
江西	81.24	87	91	98
山东	79.28	84	88	93
河南	89.26	91	93	94
湖北	91.45	94	96	98
湖南	91.30	94	97	99
广东	74.04	79	87	96
广西	92.07	94	96	98
海南	97.80	99	99	99
重庆	90.49	93	96	98
四川	93.63	95	97	98
贵州	99.27	100	100	100
云南	83.18	87	91	96
西藏	100	100	100	100
陕西	91.96	93	95	96
甘肃	82.82	89	94	100
青海	93.52	96	98	100
宁夏	53.11	64	78	93
新疆	81.15	87	94	100
全国	74.91	82	88	94

尽管近 20 年来全国各大流域的水质不断提升，但许多地区水环境形势仍较严峻。为保障国家水安全，2015 年中央政治局常务委员会会议审议通过《水污染防治行动计划》，通过控源减排、生态修复等多种手段，在全国各地区实施水污染防治重点工程，强化监管，开展污染物治理，各流域地表水环境质量都有较大提升，全国平均地表水水质优良（达到或好于Ⅲ类）比例、地表水劣Ⅴ类水体比例指数评价结果达到"优秀"（图 8.24）。巩固地表水污染治理阶段性成果，进一步提高水资源禀赋较差地区的地表水环境质量是美丽中国建设面临的重要挑战之一。全国地级及以上城市集中式饮用水水源地水质达标率提升幅度较小，成为

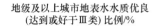

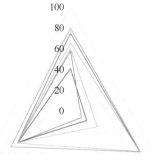

图 8.24　中国水体洁净三级指标平均雷达图

水体洁净的短板指标。未来，规范饮用水水源地环境保护建设、提高饮用水水源地环境管理水平、确保水源水质安全是美丽中国建设水体洁净方面的重要任务。

同时，由于中国各地区水资源禀赋差异巨大、人口与产业空间分布差异大、地区间社会经济发展水平迥异，水体洁净评价结果表现出较大的空间差异性。总体而言，西北、华南地区水体洁净程度普遍优于华中、华东、东北地区。未来，在水资源开发利用强度大的地区，尤其是水资源禀赋欠缺的地区，需要进一步强化水环境管理，在充分考虑水体环境容量、污染成因的基础上，科学制定水污染物排放总量约束目标，促进"以水定城""以水定人""以水定产"。严格产业环境准入，在水资源禀赋不足地区控制高耗水、高污染行业发展，考虑水资源、水环境承载能力，合理确定产业发展布局、结构和规模，提倡发展节水高效农业、低耗水高新技术产业及生态保护产业。

（四）近 20 年土壤安全指数缓慢上升，年均净化速度 1.83%，全国净土版图呈全局性变净趋势，净土保卫战仍需扎实推进

1. 全国土壤安全指数缓慢上升，已出现全局性变净趋势

由土壤安全指数计算可知，2000～2019 年土壤安全指数缓慢上升，由 2000 年的 49.92 上升至 2010 年的 50.54，到 2019 年再上升为 70.44，历年平均增长速度为 1.83%，说明全国土壤环境质量正在缓慢改善，但土壤安全状况不容乐观。2000～2019 年全国受污染耕地安全利用率与化肥利用率不断提升，化肥施用强度和农药施用强度有所下降，整体土壤安全水平有所提升，土壤污染防治工作取得一定成效。2016 年《土壤污染防治行动计划》（"土十条"）颁布实施后，全国土壤安全形势有所改观，2018～2019 年全国土壤安全指数增速提升，评估结果

等级为"良好"。2019年全国土壤安全指数评估结果为"良好"，其中青海评估结果为"优秀"，土壤安全版图由2000年的深咖啡色转变为2019年浅咖啡色，由一般转为良好，出现全局性变净趋势（图8.25）。

2.各地区土壤安全指数缓慢上升，土壤安全状况有所改观

2000年全国土壤安全指数分布较为平均，福建评估结果为"较差"，黑龙江、重庆、贵州评估结果为"良好"，其余省（区、市）均为"一般"。2019年土壤

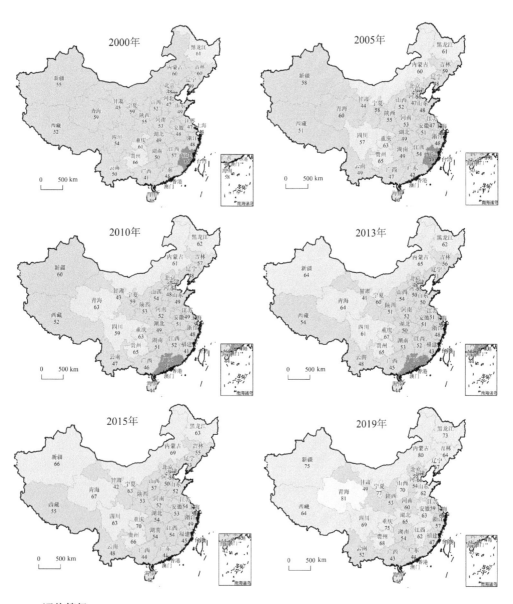

图8.25　全国各地区土壤安全指数动态变化与全局性变净分布图

安全指数逐步提高，评估结果为"良好"的省（区、市）由 2015 年的 7 个上升至 19 个，其中青海评估结果为"优秀"（图 8.26）。

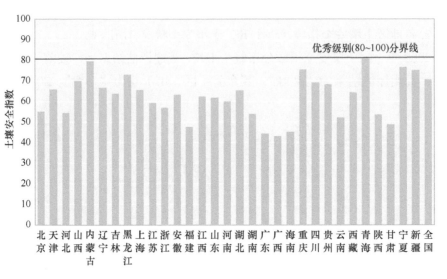

图 8.26　2019 年全国各地区土壤安全指数对比图

2019 年全国土壤安全指数仍呈现出西北高东南低的空间格局。2000 ～ 2019 年土壤安全指数提升较快的省（区、市）包括上海、青海、辽宁、新疆、内蒙古、山西等。

3. 土壤安全的各项指标缓慢提升，净土保卫战仍需扎实推进

2000 ～ 2019 年各地区受污染耕地安全利用率均出现正增长，其中 2019 年全国受污染耕地安全利用率达到 94.75%，说明各地区受污染耕地安全利用水平均有所提高，提高较快的省（区、市）包括广西、甘肃、云南、辽宁、河北、陕西、西藏、湖南、青海等。化肥利用率年均增速为 0.42%，其中 25 个省（区、市）出现正增长，说明各地区化肥利用水平总体趋于提高，提高速度最快的省（区、市）包括福建、四川、内蒙古、广西、新疆、甘肃、重庆、北京等。

2014 ～ 2019 年各地区化肥施用强度由 24.13kg/ 亩降低到 21.95kg/ 亩，化肥施用强度增速从 2.93% 降低为 –0.78%，化肥施用增长趋势得到有效遏制，年均增速降低较快的省（区、市）包括上海、江苏、山东、贵州、湖北、四川、江西等。农药施用强度同样出现明显降低趋势，各地区平均增速从 2000 ～ 2011 年的 3.55%，降低为 2012 ～ 2019 年的 –3.49%，农药使用情况逐步改善，改善最快的省（区、市）包括上海、河北、天津、江苏、四川、新疆等。总体判断，目前全国化肥、农药利用率仍偏低，与欧美发达国家和地区相比有很大差距，美国粮食作物氮肥利用率在 50% 左右，欧洲主要国家粮食作物化肥利用率在 65% 左右，比中国高 12 ～ 27 个百分点。全国土壤污染防治和土壤安全利用工作仍面临较大挑战。

4. 土壤安全指数预测及与目标值逼近程度分析

按照 2000 ～ 2019 年各省（区、市）土壤安全指标及指数的变化趋势，对未来到 2025 年、2030 年和 2035 年的土壤安全状况进行预测，综合考虑本底条件、改善速度和政策落实情况，厘定各省（区、市）及全国的相关指标目标值。同时，通过现状值与目标值的逼近程度综合判断各省（区、市）未来努力的方向，找出具体的差距点，为各省（区、市）推进土壤安全工作提供参考。

按照当前的土壤安全改善势头，预计到 2025 年全国土壤安全状况将持续改善（表 8.10）。根据 2000 ～ 2019 年各省（区、市）历史数据，运用趋势分析方法厘定各省（区、市）和全国的土壤安全指标目标值。同时，运用土壤安全综合指数计算方法测算出 2025 年相应的土壤安全综合指数。测算发现，到 2025 年将有 4 个省（区、市）的土壤安全指数由"一般"等级上升为"良好"等级，1 个省（区、市）从"良好"上升为"优秀"，但是仍有 9 个省（区、市）处于"一般"等级。全国 2019 年现状值与 2025 年目标值的逼近程度为 96% 左右，仍有 4% 左右的差距，需要进一步推进土壤环境治理力度。同时，全国各省（区、市）的逼近程度差异较大，有 7 个省（区、市）逼近程度超过 95%，但也有 10 个省（区、市）低于 90%，仍需统筹推进土壤安全的协同改善。

表 8.10　2025 ～ 2035 年土壤安全指数预测及与目标值逼近程分析表

省 （区、市）	2019 年现状值		2025 年土壤安全指数			2030 年土壤安全指数			2035 年土壤安全指数		
	标准 化值	等级	标准 化值	等级	现状值与 目标值逼 近程度 /%	标准 化值	等级	现状值与 目标值逼 近程度 /%	标准 化值	等级	现状值与 目标值逼 近程度 /%
北京	55.00	一般	62.00	良好	88.71	67.07	良好	82.00	75.18	良好	73.16
天津	65.67	良好	71.56	良好	91.77	75.11	良好	87.43	78.23	良好	83.94
河北	54.39	一般	57.89	一般	93.95	61.46	良好	88.50	69.48	良好	78.28
山西	69.98	良好	72.34	良好	96.74	77.62	良好	90.16	82.87	优秀	84.45
内蒙古	79.67	良好	82.25	优秀	96.86	86.12	优秀	92.51	88.91	优秀	89.61
辽宁	66.60	良好	71.44	良好	93.22	75.67	良好	88.01	81.78	优秀	81.44
吉林	63.68	良好	73.23	良好	86.96	81.97	优秀	77.69	85.31	优秀	74.65
黑龙江	73.05	良好	78.28	良好	93.32	83.23	优秀	87.77	88.51	优秀	82.53
上海	65.41	良好	72.94	良好	89.68	78.04	良好	83.82	84.88	优秀	77.06
江苏	59.30	一般	68.49	良好	86.58	74.80	良好	79.28	81.56	优秀	72.71
浙江	56.62	一般	62.54	良好	90.53	69.80	良好	81.12	77.37	良好	73.18
安徽	63.09	良好	67.35	良好	93.67	71.90	良好	87.75	86.50	优秀	72.94

续表

省（区、市）	2019 年现状值		2025 年土壤安全指数			2030 年土壤安全指数			2035 年土壤安全指数		
	标准化值	等级	标准化值	等级	现状值与目标值逼近程度/%	标准化值	等级	现状值与目标值逼近程度/%	标准化值	等级	现状值与目标值逼近程度/%
福建	47.43	一般	57.38	一般	82.66	64.98	良好	72.99	72.21	良好	65.68
江西	62.30	良好	67.62	良好	92.13	71.11	良好	87.61	76.10	良好	81.87
山东	61.70	良好	67.15	良好	91.88	73.82	良好	83.58	82.02	优秀	75.23
河南	59.77	一般	66.14	良好	90.37	72.28	良好	82.69	81.36	优秀	73.46
湖北	65.29	良好	71.33	良好	91.53	75.41	良好	86.58	81.65	优秀	79.96
湖南	53.73	一般	56.40	一般	95.27	62.85	良好	85.49	69.75	良好	77.03
广东	44.02	一般	48.91	一般	90.00	57.50	一般	76.56	66.55	良好	66.15
广西	43.07	一般	48.75	一般	88.35	55.49	一般	77.62	62.68	良好	68.71
海南	45.10	一般	47.79	一般	94.37	53.31	一般	84.60	62.91	良好	71.69
重庆	75.43	良好	76.33	良好	98.82	80.09	优秀	94.18	86.26	优秀	87.44
四川	69.06	良好	76.88	良好	89.83	81.39	优秀	84.85	87.62	优秀	78.82
贵州	68.06	良好	79.63	良好	85.47	84.64	优秀	80.41	90.25	优秀	75.41
云南	51.97	一般	59.21	一般	87.77	67.57	良好	76.91	73.46	良好	70.75
西藏	64.26	良好	72.33	良好	88.84	79.12	良好	81.22	85.22	优秀	75.40
陕西	53.49	一般	58.65	一般	91.20	66.34	良好	80.63	73.66	良好	72.62
甘肃	48.64	一般	55.45	一般	87.72	60.26	良好	80.72	68.60	良好	70.90
青海	80.98	优秀	83.89	优秀	96.53	87.53	优秀	92.52	90.46	优秀	89.52
宁夏	76.57	良好	79.47	良好	96.35	81.62	优秀	93.81	85.51	优秀	89.55
新疆	75.14	良好	78.19	良好	96.10	82.04	优秀	91.59	87.44	优秀	85.93
全国	70.44	良好	73.41	良好	95.95	78.08	良好	90.22	81.06	优秀	86.90

2030 年全国土壤安全状况仍将进一步改善，将有 10 个省（区、市）由 2019 年的"一般"等级升级为"良好"等级，8 个省（区、市）由"良好"等级升级为"优秀"等级，累计将有 9 个省（区、市）进入"优秀"等级。但仍有 3 个省（区、市）（广东、广西和海南）到 2030 年仍可能处于"一般"等级。其中，过高的化肥施用强度和农药施用强度将是制约这 3 个省（区、市）土壤安全水平提升的重要限制因素。与 2030 年的目标值相比，2019 年全国土壤安全利用的现状水平仅相当于目标值的 90% 左右。将有 6 个省（区、市）现状值与目标值逼近程度高于 90%；19 个省（区、市）处于 70% ~ 80%；仍有 6 个省（区、市）的逼近度低于 80%。因此，未来不同省（区、市）均存在较大的土壤安全改善潜力空间，防范土壤污染，提

高土壤安全水平仍需长期努力。

2035年我国生态环境质量将实现根本好转，美丽中国目标基本实现，全国土壤安全水平将逐步进入"优秀"等级（图8.27）。全国绝大部分省（区、市）将进入"优秀"等级和"良好"等级，不存在"一般"及以下等级。据测算，将有18个省（区、市）土壤安全指数进入"优秀"等级，13个省（区、市）进入"良好"等级。2019年现状值与2035年目标值的对比显示，全国土壤安全指数还有13个百分点的差距。绝大多数省（区、市）都将面临10%～25%的差距，甚至有些省（区、市）将有30%以上的差距。相比2035年目标值，福建、广东、广西将有30%以上的差距。因此，虽然各省（区、市）土壤安全工作取得了显著成效，但与基本实现美丽中国的要求相比还存在一定差距。

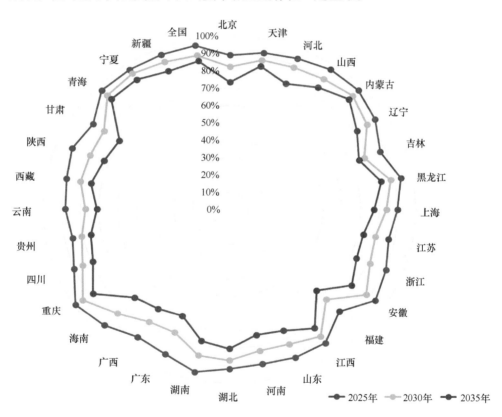

图8.27　全国土壤安全指数现状值与目标值逼近程度雷达图

（五）近20年生态良好指数逐步上升，年均良化速度2.46%，全国生态安全版图呈全局性变青变好趋势，"两山"理论指导山水林田湖草系统治理与国土绿化行动落地见效

1. 全国生态良好指数逐步上升，已出现全局性变青变好趋势

由生态良好指数计算可知，2000～2019年全国生态良好指数逐步上升，由

2000 年的 39.38 上升至 2010 年的 52.46，到 2019 年再上升为 62.47，历年平均增长速度为 2.46%，说明全国生态环境质量正在逐步改善，已出现全局性变青变好趋势（图 8.28），但生态良好指数距离"优秀"级别的差距还较大，生态环境改善任务依然繁重。生态良好指数年均增长率最快的省（区、市）包括宁夏、贵州、内蒙古、山西、青海、北京、甘肃、重庆、河北和新疆。

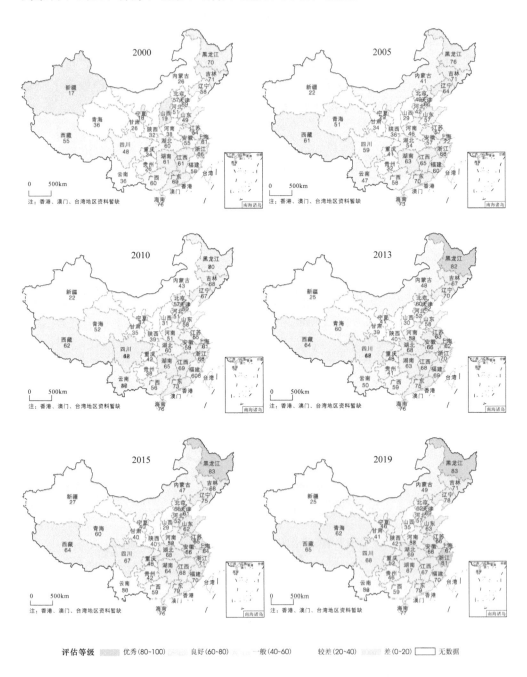

图 8.28　2000 ～ 2019 年全国生态良好指数空间变化及全局性变青图

2. 各地区生态良好指数逐步上升，生态建设取得显著成效

全国各地区生态良好指数总体呈稳步增加态势。2000 年约有 1/3 地区生态良好指数评估等级为"较差"，大概有 1/3 的地区生态良好指数评估等级为"一般"，新疆、宁夏和山西等省区生态良好指数为差，但是宁夏和山西生态良好指数的提升幅度非常显著。随着时间推移，我国生态良好指数评估等级处于"差"和"较差"的地区逐渐减少，"一般"和"良好"的地区呈显著增加态势。2019 年有 18 个省（区、市）生态良好指数评估等级为"良好"，10 个省（区、市）生态良好指数评估等级为"一般"，只有新疆、山西两省区生态良好指数为"较差"，已没有生态良好指数为"差"的省（区、市）（图 8.29）。

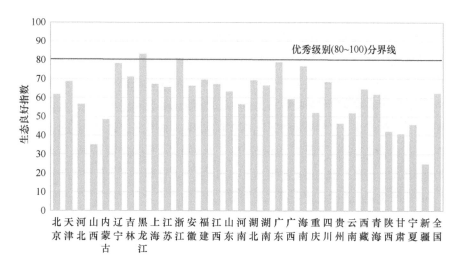

图 8.29　2019 年全国各地区生态良好指数对比图

3. 生态良好的各项指标逐步提升，山水林田湖草系统性生态保护修复与国土绿化行动成效初显

2000 ～ 2019 年全国森林覆盖率稳步增长，由 2000 年的 16.55% 上升到 2019 年的 23%，增加了 38.97%；森林覆盖率归一化值年均增长率达到 2.36%，增长率最快的省（区、市）包括青海、宁夏、江苏、新疆、西藏、甘肃、上海和河南等。

全国湿地覆盖率从 2000 年的 4.01% 提高到 2019 年的 5.56%，湿地覆盖率归一化值年均增长率达到 1.73%，增长率最快的省份包括重庆、新疆、贵州、云南、福建、四川、安徽和河北等；

全国水土保持率从 2000 年的 63.87% 上升到 2019 年 71.66%，水土保持率归一化值年均增长率达到 4.65%，增长率最快的省（区、市）包括宁夏、重庆、贵州、云南、陕西、辽宁、河北、湖北等；

全国自然保护区面积占国土面积比例从 2000 年的 9.90% 增长到 2019 年的 15.32%,归一化值年均增长率达到 2.33%,增长率最快的省(区、市)包括山西、浙江、河北、江西、陕西、广东等。

可见,党的十八大以来,国家开展了山水林田湖草系统性生态保护修复与国土绿化行动,不断筑牢国家生态安全屏障,"两山"理论落地生根,显著提升了生态系统的稳定性和质量。2012 年之前全国生态环境总体在恶化,局部在改善,治理能力远远赶不上破坏速度,生态赤字逐渐扩大。2012 年党的十八报告将生态文明建设纳入"五位一体"总体布局,生态环境保护力度显著加大,生态环境质量明显改善。森林资源持续增长,森林惠民成效显著。

4. 生态良好指数预测及与目标值逼近度分析

按照 2000 ~ 2019 年全国生态良好指标及指数的变化趋势,结合国内生态良好发展的客观实际情况以及国内外的相关标准对到 2025 年、2030 年和 2035 年的生态良好指数进行预测(表 8.11),同时,通过现状值与目标值的逼近程度综合判断中国生态良好指数未来努力的方向,找出具体的差距点,为全国推进生态建设工作提供参考。自然保护区面积占陆域国土面积比例指数逼近程度达到了 91.25%,森林覆盖率指数逼近程度次之,为 90%,其次是湿地覆盖率指数和水土保持率指数。可见,湿地修复保护和水土保持工作任重而道远。森林覆盖率在建国初期只有 8%,通过几十年不懈的植树造林,"三北"防护林、退耕还林、园林绿化等造林工程,达到了现今的 23%。通过人工改造和湿地修复工程,人工湖泊、河塘、水系的修建,草本和森林沼泽的维护,将会逐步提高湿地覆盖率。除保护生物和遗传多样性外,湿地常常作为居民生活用水、工业生产用水和农业灌溉用水的水源,溪流、河流、池塘、湖泊中都有可以直接利用的水,还可以补充地下水,又能有效控制洪水和防止土壤沙化,还能滞留沉积物、有毒物、营养物质,净化环境污染,改善城市气候,提高绿化等。居住在湿地周围的人们将会乐享更加健康舒适的生活。

表 8.11 美丽中国建设的生态良好指标现状值指数及目标值指数

具体指标	2019 年	2025 年	2030 年	2035 年	与 2035 年逼近程度 /%
森林覆盖率	72	76	80	80	90.00
湿地覆盖率	56	60	72	80	70
水土保持率	47	60	72	80	58.75
自然保护区面积占陆域国土面积比例	73	76	78	80	91.25
生态良好指数	62	67	76	80	77.50

（六）近20年人居整洁指数加速上升，年均整洁速度6.5%，人居环境改善版图呈全局性变好，城乡人居环境得到显著改善

1. 全国人居整洁指数加速上升，已出现全局性变好态势

由人居整洁指数计算可知，2000～2019年全国人居整洁指数快速上升，由2000年的23.48上升至2010年的49.76，到2019年再上升为77.73，人居整洁指数年均净增2.71，历年平均增长速度为6.5%，说明国家对人居环境治理政策的实施效果明显，全国人居环境质量正在快速改善。人居整洁指数的变化大体可划分为两个阶段：2000～2006年为缓慢增长阶段，由23.48增长至31.46，评估等级一直停留在"较差"水平（Ⅱ级）；2006～2019年为较快增长阶段，由31.46增长至77.73，评估等级由"较差"（Ⅱ级）变为"良好"（Ⅳ级），已出现全局性变好态势（图8.30）。2000～2019年人居整洁指数年均增长速度最快的省（区、市）包括西藏、甘肃、宁夏、内蒙古、贵州、陕西、四川和重庆等。

2. 各地区人居整洁指数加速上升，东南地区高于西北地区

全国人居整洁指数呈东南高、西北低的空间格局。2000～2019年，全国各地区人居整洁指数显著提高，各年份均呈现出"东高西低、南高北低"的空间格局，各具体指标评估等级也大多表现出类似特征，说明人居整洁程度与区域社会经济发展水平之间存在着较强的关联性。2019年人居整洁指数最高的是北京（94.45）、浙江（89.06）、天津（87.99）、江苏（87.81）、广东（86.64）等，这5个省（区、市）人居整洁指数均达到"优秀"级别（图8.31），最低的是西藏（59.02）、黑龙江（62.25）、重庆（65.42）和青海（66.16），尚处在"一般"级别。人居整洁指数最低的省（区、市）大多数集中在气候条件较差和生态环境脆弱的西北及东北地区。在人居环境改善工作方面，西部地区和东北地区时间紧、任务重，需要高度重视这些地区人居环境优化提升，才能实现全国层面人居环境均衡发展。

3. 人居整洁的各项指标加速上升，人居环境得到显著性改善

围绕绿色生态、舒适宜居的城乡建设目标，全面开展了城乡人居环境整治工作，人居环境状况持续向好。2000～2019年，全国城市污水处理率由34.25%持续增加至96.72%，评估等级由"差"上升为"优秀"水平；城市生活垃圾无害化处理率由44.44%增加至99.20%，评估等级由"较差"上升为"优秀"水平；全国建成区绿化覆盖率由29.40%增加至41.50%，评估等级由"一般"上升为"良好"水平；全国农村卫生厕所普及率由44.8%增加至67.40%，评估等级由"差"上升为"良好"水平；全国农村人均生物质由767.29kg降至282.73kg，评估等级由"较差"上升为"良好"水平。

在全国人居整洁指数的5个指标中，城市污水处理率、城市生活垃圾无害化处理率、建成区绿化覆盖率、农村卫生厕所普及率和农村人均生物质的

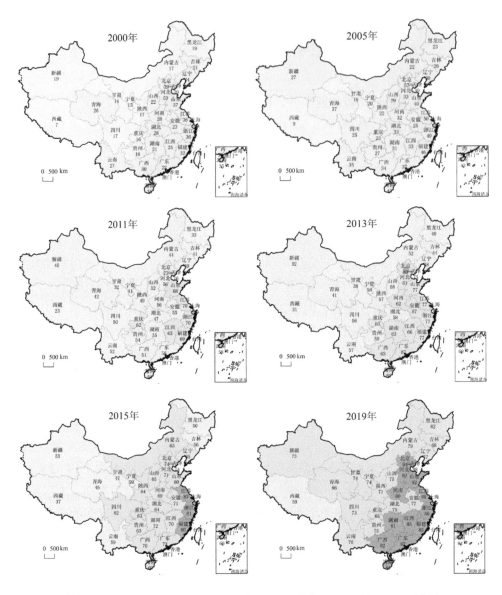

评估等级 ■优秀(80~100) ■良好(60-80) □一般(40-60) □较差(20-40) □差(0-20) □无数据

图 8.30 2000～2019 年全国生态良好指数空间变化及全局性变青图

相对优劣发生了变化。2000 年和 2005 年，五个指标的贡献度排序为：建成区绿化覆盖率 > 农村人均生物质 > 农村卫生厕所普及率 > 城市生活垃圾无害化处理率 > 城市污水处理率。2010 年，五个指标的贡献度排序为：建成区绿化覆盖率 > 城市污水处理率 > 城市生活垃圾无害化处理率 > 农村人均生物质 > 农村卫生厕所普及率。2013 年，五个指标的贡献度排序为：城市污水处理率 > 城市生活垃圾无害化处理率 > 农村人均生物质 > 建成区绿化覆盖率 > 农村卫生厕所普及率。2015 年，五个指标的贡献度排序为：城市生活垃圾

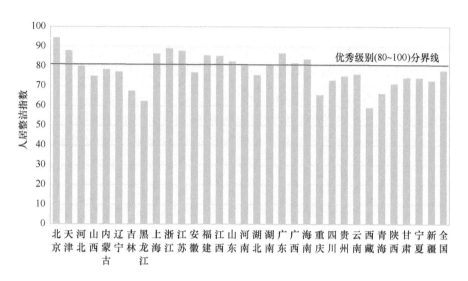

图 8.31　2019 年全国各地区人居整洁指数对比图

无害化处理率 > 城市污水处理率 > 农村人均生物质 > 建成区绿化覆盖率 > 农村卫生厕所普及率。2019 年，五个指标的贡献度排序为：城市生活垃圾无害化处理率 > 城市污水处理率 > 农村人均生物质 > 建成区绿化覆盖率 > 农村卫生厕所普及率。

　　从省级层面来看，2019 年城市污水处理率评估指数低于全国平均水平的省（区、市）包括天津、山西、上海、江苏、湖北、宁夏、陕西、吉林、重庆、四川、广东、福建、海南、黑龙江、青海和西藏；城市生活垃圾无害化处理率评估指数低于全国平均水平的省（区、市）包括吉林、黑龙江、贵州、西藏、青海和新疆；建成区绿化覆盖率评估指数低于全国平均水平的省（区、市）包括天津、内蒙古、辽宁、吉林、黑龙江、上海、河南、湖北、湖南、广西、贵州、云南、西藏、陕西、甘肃、青海、宁夏和新疆；农村卫生厕所普及率评估指数低于全国平均水平的省（区、市）包括河北、山西、内蒙古、辽宁、吉林、黑龙江、安徽、湖北、河南、重庆、贵州、云南、西藏、陕西、甘肃、青海、宁夏和新疆；农村人均生物质评估指数低于全国平均水平的省（区、市）包括新疆、青海、江西、安徽、辽宁、湖北、宁夏、甘肃、云南、内蒙古、吉林、四川、黑龙江、西藏、重庆。从横向对比的角度来看，这些指数值低于全国平均水平的指标为以上省（区、市）人居环境的短板要素，需要更加精准施策，以补足短板，实现全国人居环境的全面提升和均衡发展。

第三节　美丽中国建设公众满意度的调查分析

　　公众满意度调查是美丽中国建设评估的重要组成部分，主要反映不同类型居民对居住地美丽中国建设的满意程度，包含空气清新满意度、水体洁净满意度、土壤安全满意度、生态良好满意度、人居整洁满意度和美丽中国建设进程整体满意度。公众满意度调查作为美丽中国建设评估的辅助性方法，通过开发美丽中国建设满意度调查 APP 系统，获得美丽中国建设公众满意度有效问卷 55.18 万份，调查结果发现全国居民对美丽中国建设的综合满意度高达 81.94%。问卷调查结果基本上反映了公众对美丽中国建设的主观满意程度。

一、公众满意度调查样本的获取与人口学属性

美丽中国建设公众满意度调查样本基于 2020 年 7 ～ 10 月，对全国 31 个省（区、市）的居民采用美丽中国建设公众满意度手机 APP 问卷抽查方式进行，最后共获得问卷 557728 份，其中有效问卷 551783 份，占全国总人口的 0.393‰。从数据量和抽样率来看，问卷能基本反映中国居民对美丽中国建设的满意度情况。

性别比例方面，全部受访者中，男性共 270373 人，女性共 281410 人，男女比例约为 1 ∶ 1（表 8.12）。

表 8.12　美丽中国建设公众满意度问卷统计表

基本情况	类别	问卷数量 / 份	占比 /%
性别	男	270373	49
	女	281410	51
年龄	18 岁及以下	2207	0.4
	18 ～ 30 岁	242785	44
	31 ～ 40 岁	253820	46
	41 ～ 50 岁	38625	7
	51 ～ 60 岁	6070	1.1
	61 ～ 70 岁	7725	1.4
	70 岁以上	551	0.1
学历	初中及以下	38614	7
	高中 / 中专	71732	13
	本科 / 大专	369695	67
	硕士及以上	71742	13
居住地类型	农村	165534	30
	城市	386249	70

续表

基本情况	类别	问卷数量 / 份	占比 /%
职业	农、林、牧、渔、水利业生产人员	176570	32
	党政机关 / 事业单位人员	49660	9
	科教文化和医务人员	11036	2
	企业员工	27589	5
	制造业工人	44143	8
	商业、服务业人员	71733	13
	全日制学生	126910	23
	离退休人员	16553	3
	无业待业人员	11036	2
	其他	189123	3

年龄方面，绝大多数受访者都已经成年，各年龄组受访人数随年龄增加先上升后下降，超过 40% 的受访者年龄在 18 ～ 30 岁（44%），31 ～ 40 岁受访者占比最高，为 46%，41 ～ 50 岁占比约为 7%，其余年龄组占比均在 5% 以下，这也符合手机使用频率随年龄变化的规律。

受教育水平方面，将近 70% 的受访者最高学历为本科 / 大专。职业结构方面，农、林、牧、渔、水利业生产人员占比相对较高。

二、公众综合满意度调查结果分析

（一）全国居民对美丽中国建设的综合满意度高达 81.94%

全国各地区中有北京、贵州、广西、山东、湖北和宁夏 6 个省（区、市）的综合满意度处于"非常满意"级别，其余 25 个省（区、市）为"较满意"级别。从空间格局上看，综合满意度呈现出南方普遍较高、北方普遍较低的空间格局，南方居民对美丽中国建设的满意程度普遍高于北方居民。

美丽中国建设的综合满意度包含六方面，分别是空气清新满意度、水体洁净满意度、土壤安全满意度、生态良好满意度、人居整洁满意度和美丽中国建设进程整体满意度，将六方面的满意度得分加总平均得到各省（区、市）的美丽中国建设综合满意度结果。结果显示，2020 年美丽中国建设的综合满意度全国平均得分为 81.94%，总体属于"较满意"。各省（区、市）的综合满意度得分最高的是贵州（88.84%）最低的是山西（75.02%），最高分最低分差距并不太大（13.82%）。所有省（区、市）综合得分位于 85 ～ 100%（优秀级别）的省（区、市）

有 6 个, 分别为贵州、广西、北京、山东、湖北和宁夏, 占 31 个省区的 19.4%; 综合得分位于 75~85%(良好级别)的省(区、市)有 25 个, 占 31 个省区的 80.6%, 平均得分为 80.58; 没有省(区、市)的综合得分位于 75%(表 8.13、图 8.32)。

表 8.13 美丽中国建设分项及综合满意度结果统计表   (单位: %)

省(区、市)	综合满意度	分项满意度					
		空气清新满意度	水体洁净满意度	土壤安全满意度	生态良好满意度	人居整洁满意度	进程整体满意度
北京	88.80	88.43	88.99	89.77	87.04	88.64	89.93
天津	83.72	87.06	80.68	84.05	83.29	82.31	84.92
河北	83.38	86.71	81.44	83.43	82.59	81.67	84.42
山西	75.02	78.40	72.20	75.90	74.90	72.30	76.40
内蒙古	76.57	79.62	74.22	76.78	76.43	73.43	78.93
辽宁	77.13	78.37	75.88	77.52	77.22	74.95	78.83
吉林	81.54	82.85	80.01	82.46	82.31	78.78	82.85
黑龙江	78.31	78.73	76.83	79.30	79.02	76.12	79.86
上海	78.60	80.80	75.80	79.70	76.70	78.00	80.60
江苏	84.97	87.04	83.33	84.73	84.92	83.45	86.36
浙江	82.72	82.46	81.07	82.06	81.94	84.34	84.42
安徽	77.50	79.31	75.10	78.35	77.34	74.76	80.11
福建	82.12	83.35	79.61	82.94	83.90	79.60	83.32
江西	82.23	84.38	82.15	79.49	83.61	79.01	84.72
山东	88.05	89.92	86.20	88.28	87.65	87.29	88.96
河南	81.49	83.60	79.50	81.92	80.74	80.04	83.16
湖北	85.43	87.36	86.82	85.53	84.02	84.90	83.95
湖南	81.45	82.85	79.60	82.10	82.26	78.89	82.97
广东	81.49	83.64	79.47	81.87	81.73	79.52	82.70
广西	88.83	90.88	88.02	87.83	89.13	86.74	90.37
海南	81.98	84.20	81.00	73.30	84.17	84.25	84.98
重庆	77.54	79.54	74.89	79.44	78.50	73.87	78.99
四川	84.16	85.91	82.17	84.49	84.01	82.92	85.45
贵州	88.84	89.86	87.92	89.25	89.40	86.83	89.79
云南	81.26	82.28	80.53	80.46	82.20	79.39	82.71

续表

省（区、市）	综合满意度	分项满意度					
		空气清新满意度	水体洁净满意度	土壤安全满意度	生态良好满意度	人居整洁满意度	进程整体满意度
西藏	79.93	79.98	80.49	84.17	76.94	77.29	80.69
陕西	83.21	84.47	80.71	84.74	84.54	80.43	84.36
甘肃	80.39	84.15	78.16	81.78	78.61	77.41	82.22
青海	79.03	81.16	76.26	81.77	78.78	75.21	80.98
宁夏	85.25	89.07	84.29	85.24	82.86	83.02	87.01
新疆	78.81	79.42	78.10	79.16	78.14	77.54	80.53

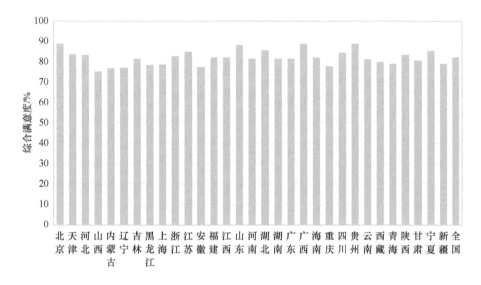

图 8.32　2020 年度全国各省（区、市）美丽中国建设综合满意度

从 2020 年美丽中国建设的综合满意度空间格局上看，总体上华南地区的综合满意度相对较高，华北地区的综合满意度相对较低，看来南方居民对美丽中国建设的满意程度高于北方居民。综合满意度较高的省区主要分布在西南地区的贵州（88.84%）和广西（88.83%），以及华北地区的北京（88.80%）和华东地区的山东（88.05%）；综合满意度较低的省（区、市）主要有重庆（77.54%）、安徽（77.50%）、辽宁（77.13%）、内蒙古（76.57%）和山西（75.02%），以北方省（区、市）为主。

（二）不同属性居民对美丽中国建设的满意度表现不同

分析发现，男性居民对美丽中国建设的综合满意度总体高于女性，老年人群对美丽中国建设的综合满意度相对较低，硕士以上学历居民对美丽中国建设的满意度差异性明显高于其他学历，无业待业人员和制造业工人对美丽中国建设的不满意比例较高，城市居民对美丽中国建设的综合满意度高于农村居民。

1. 性别差异特征：男性满意度总体高于女性

在综合满意度的调查结果中，男性样本的满意度总体高于女性样本，46.73%的男性样本评价结果为非常满意，仅有35.97%的女性样本评价结果为非常满意；在所有的女性样本中，约三成的女性对美丽中国建设的综合满意度评价水平在一般满意及以下（图8.33）。其中，空气清新方面，男性样本中对空气清新满意度为非常满意的比例更大，67.99%的男性样本的满意度评价结果为非常满意，女性对空气质量的敏感度更高。水体洁净方面，女性样本的满意度总体低于男性样本，56.34%男性对于水体状况非常满意。土壤安全和生态良好方面的满意度评价未出现明显的性别分化，男性和女性的各级满意度占比基本持平。人居环境和建设进程方面，女性的整体满意度均低于男性。

2. 年龄差异特征：老年人满意度相对较低

在综合满意度评价中，31～40岁、41～50岁、51～60岁的样本占据了"较满意"和"非常满意"的主导地位，这三个年龄段中，均有超过85%的样本综合满意度为"较满意"和"非常满意"（图8.34）。在"很不满意"的样本中，年龄特征主要为70岁以上的老年人群，有1.76%的70岁以上的老年人群评价结果为"很不满意"。

空气清新方面，满意度为"非常满意"的样本集中在51～60岁的中老年人群，其中有64.83%的样本对空气清新表示十分满意，满意度为"不满意"和"一般满意"的样本集中在18～30岁青年人以及70岁以上老年人。

水体洁净和土壤安全方面，各年龄段样本的感知状况差异不大，41～50岁和51～60岁样本的整体满意度相对略高于其他年龄段。

生态良好方面，满意度为"不满意"和"很不满意"的样本主要集中在70岁以上老年人群体，"非常满意"的样本的年龄以51～60岁为主。

人居环境方面，"较满意"和"非常满意"的样本主要集中在18岁以下的青少年群体，对居住环境满意度为"一般满意"或"不满意"的样本主要是70岁以上的老年人。美丽中国建设进程方面，各年龄段的满意度评价差异不明显，对总体建设进程"不满意"的主要是70岁以上老年人群体。

3. 学历差异特征：硕士以上学历居民满意度分化较大

在综合满意度评价中，满意的样本主要集中在初中级以下、高中/中专和本科/大专样本中，其中，评价结果为"较满意"和"非常满意"的样本占到的该组样本总数的85%以上（图8.35）。"不满意"的样本学历主要集中在硕士及以上，其中有2.5%的样本评价结果为"很不满意"，其在四个学历层次的样本中占比最高。空气清新方面，硕士及以上的高学历样本的满意度相对较低，有近20%的样本对空气清新的满意度评价等级在"一般满意"及以下。水体洁净、

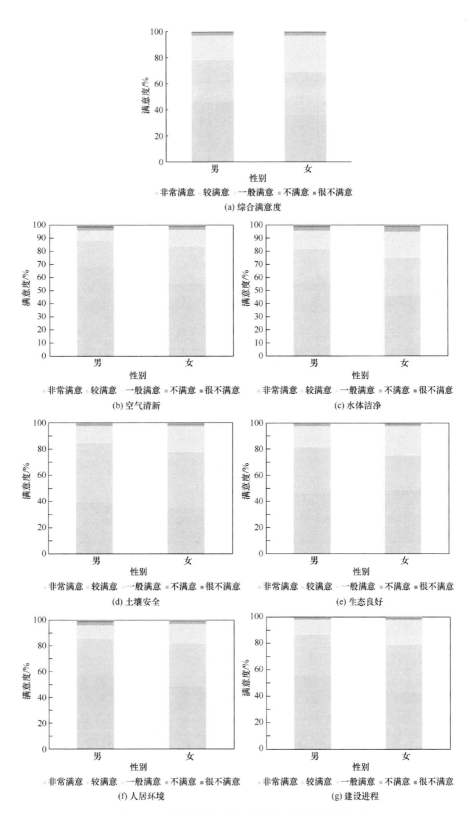

图 8.33 不同性别居民对美丽中国建设的满意度

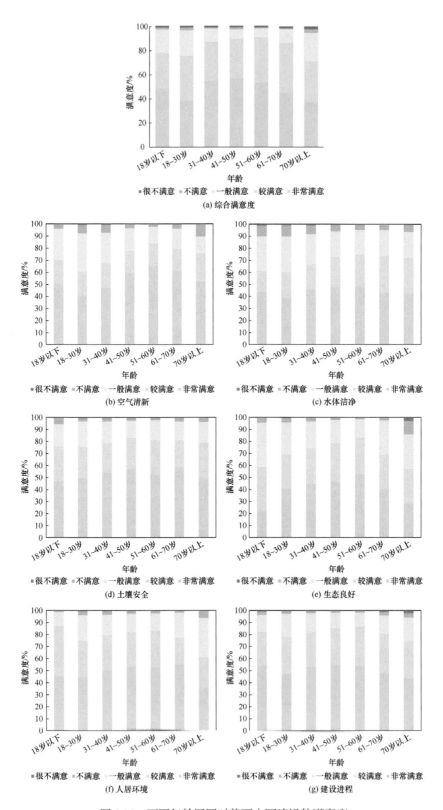

图 8.34　不同年龄居民对美丽中国建设的满意度

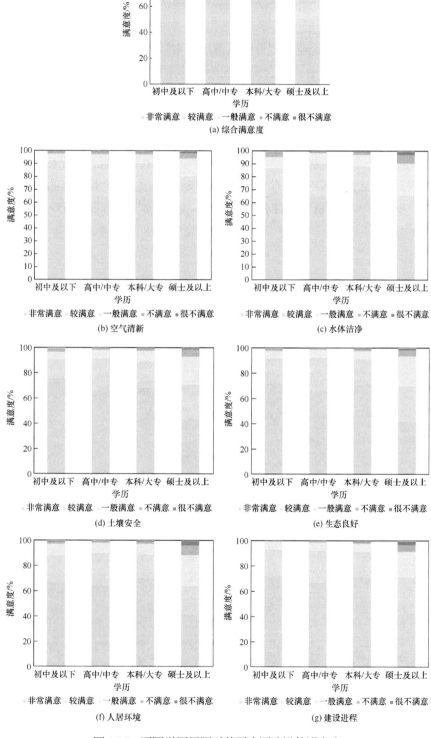

图 8.35 不同学历居民对美丽中国建设的满意度

土壤安全、生态良好、人居环境和建设进程方面，满意度评价为"不满意"或"一般满意"的样本的学历主要均集中在硕士及以上，其余三个学历层次的满意度评价结果差异不明显。硕士及以上样本群体内部对美丽中国的满意度评价呈现出较为明显的分化。

4. 职业差异特征：无业和制造业满意度相对较低

在综合满意度评价中，综合满意度为"非常满意"的样本主要从事的职业集中在党政机关/事业单位人员，农、林、牧、渔、水利业生产人员，企业员工和制造业人员。综合满意度为"一般满意"的样本主要从事的职业有无业待业人员、科教文化和医务人员、离退休人员。综合满意度为"很不满意"的样本主要集中在无业待业人员和制造业工人（图8.36）。分项满意度评价结果的占比分布较为一致，评价结果为"较满意"或"非常满意"的样本主要从事的职业为党政机关/事业单位、企业员工，评价结果为"一般满意"或"不满意"的样本主要

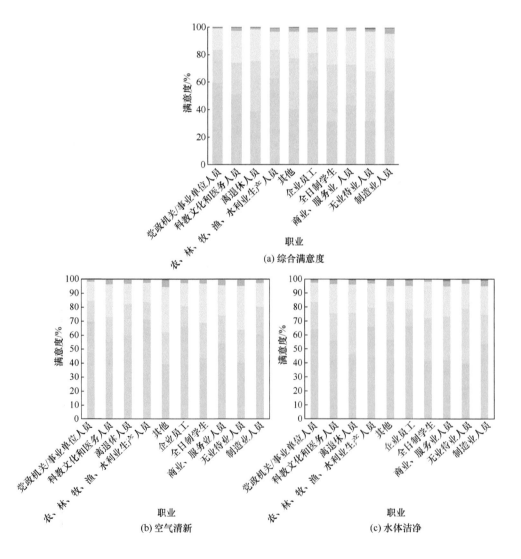

(a) 综合满意度

(b) 空气清新

(c) 水体洁净

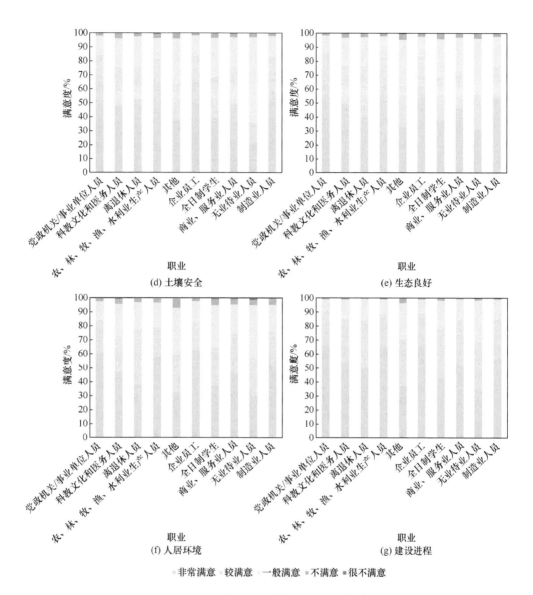

(d) 土壤安全

(e) 生态良好

(f) 人居环境

(g) 建设进程

■非常满意 ■较满意 ■一般满意 ■不满意 ■很不满意

图 8.36 不同职业居民对美丽中国建设的满意度

为其他职业、无业待业人员。

5. 城乡差异特征：城市公众满意度高于农村

在综合满意度评价中，来源地为城市的样本的综合满意度总体高于来自乡村的样本。来自城市的样本中，评价结果为"非常满意"的样本占 66.02%；来自乡村的样本中，"非常满意"的样本占 63.65%（图 8.37）。

空气清新方面，城市样本中有 68.37% 的满意度评价结果为"非常满意"，乡村样本中有 64.91% 的满意度评价结果为"非常满意"。水体洁净方面，城市样本中有 64.61% 的满意度评价结果为"非常满意"，乡村样本中有 65.02% 的满意度评价结果为"非常满意"。

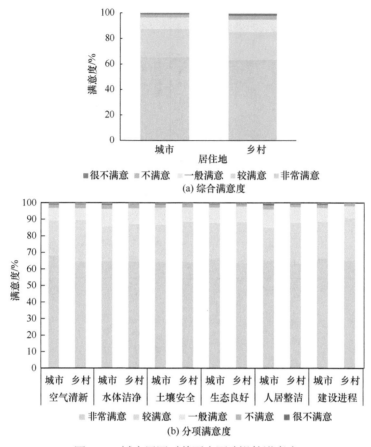

图 8.37 城乡居民对美丽中国建设的满意度

土壤安全方面，城市样本中有 64.55% 的满意度评价结果为"非常满意"，乡村样本中有 64.46% 的满意度评价结果为"非常满意"。

生态良好方面，城市样本中有 66% 的满意度评价结果为"非常满意"，乡村样本中有 64.08% 的满意度评价结果为"非常满意"。

人居整洁方面，城市样本中有 63.25% 的满意度评价结果为"非常满意"，乡村样本中有 65.13% 的满意度评价结果为"非常满意"。

建设进程方面，城市样本中有 65.44% 的满意度评价结果为"非常满意"，乡村样本中有 66.51% 的满意度评价结果为"非常满意"。值得注意的是，农村地区的人居环境满意度高于城市，说明近年来随着乡村振兴战略的实施和美丽乡村项目的落地，农村地区环境整治取得了显著成效。

三、公众分项满意度调查结果分析

（一）人居整洁满意度低于空气清新、水体洁净、土壤安全和生态良好满意度

美丽中国建设公众满意度的分项分析包括五个维度，分别是空气清新、水

体清洁、土壤安全、生态良好和人居整洁。满意度调查结果显示，居民对空气清新的满意度为第一（平均为83.74%），第二是对土壤安全的满意度（平均为82.19%），第三是对生态良好的满意度（平均为81.77%），第四是对水体洁净满意度（平均为80.37%），第五是对人居整洁的满意度（平均为80.09%），属于"一般"级别（一般满意）（图8.38）。该结果反映出居民普遍对美丽中国建设中偏自然生态的方面具有相对较高的满意度，但对美丽中国建设中涉及人为因素的生活垃圾、污水处理、公园绿地和公共卫生的满意度相对较低。建议加大宣传，提升公众对美丽中国建设的参与和认知程度。

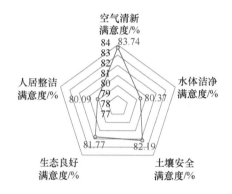

图8.38 美丽中国建设全国公众满意度分项结果

从全国31个省（区、市）的分项满意度调查结果可以看出，大多数省（区、市）的五个分项满意度评价结果的相对高低与全国平均结果的"尖塔状"保持高度一致性，即空气清新的满意度得分明显高于其他四个维度（图8.39、图8.40），说明近年来在我国工业化经济高质量转型发展的推动下，污染气体排放得到了有效控制，全国范围内的空气质量得到明显的提高，空气污染治理效果得到了大多居民的认可。生态良好和土壤安全两个维度构成尖塔的"基座"，

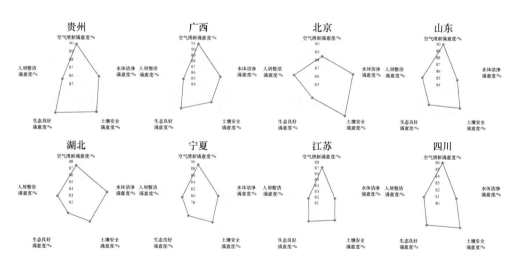

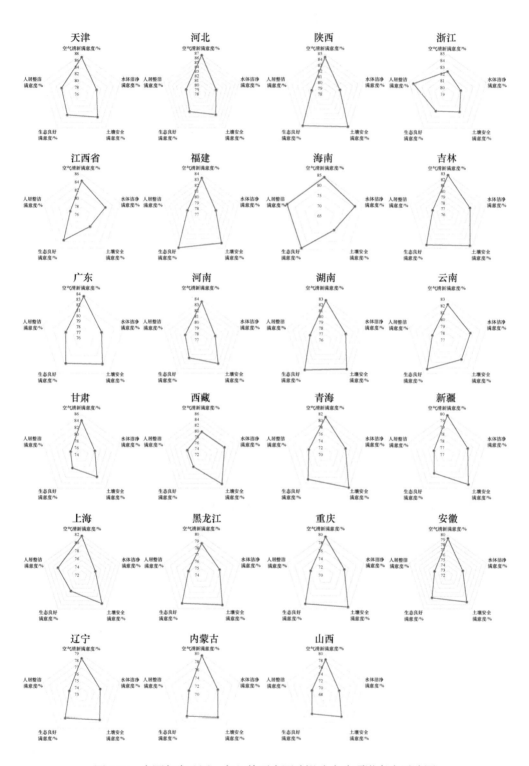

图8.39 全国各省（区、市）美丽中国建设公众分项满意度雷达图

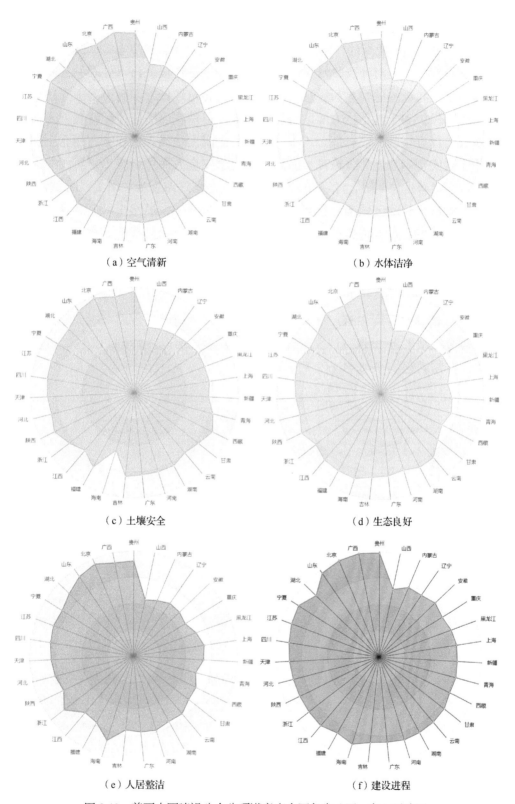

（a）空气清新　　　　　　　　　　　（b）水体洁净

（c）土壤安全　　　　　　　　　　　（d）生态良好

（e）人居整洁　　　　　　　　　　　（f）建设进程

图 8.40　美丽中国建设公众分项满意度全国各省（区、市）雷达图

二者的满意度得分相对较高，而人居整洁和水体洁净两个维度的满意度得分相对较低，形成向内收缩的"塔腰"，说明多数居民对于自然生态方面具有相对较高的满意度，但是对涉及日常生活基本需求如生活垃圾、污水处理、公园绿地和公共卫生状况的感知更为敏感，满意度评价相对较低，说明美丽中国建设在自然生态保护和土地整治方面取得显著成效，但是在居民居住环境改善方面还有较大的提升空间。还有部分（市、区）的满意度结果表现独特，如北京和西藏的土壤安全满意度得分最高，而海南在土壤安全方面短板突出，浙江的人居整洁维度优势地位明显，江西和云南构成以生态良好维度为"塔尖"的倒转塔。分项满意度得分的区域差异化特征意味着美丽中国建设虽然全局上看具有一致性，但各地也有自身特征；美丽中国建设具有在国家全局基础上充分把握地方特性。

（二）空气清新满意度的调查结果分析

空气清新满意度方面，全国各省（区、市）平均得分为 83.74%，总体公众满意度分级结果为"较满意"。从省（区、市）满意度得分来看，均为"较满意"或者"非常满意"（图 8.41）。

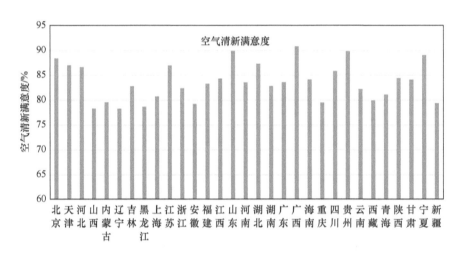

图 8.41　全国各省（区、市）空气清新公众满意度

从全国格局来看，东南地区的满意度整体高于西北地区；满意度高的省（区、市）集中在西南地区（广西 90.88%、贵州 89.86%）和华东地区（山东 89.92%、北京 88.43%、天津 87.06%、江苏 87.04%）。过去十年北京及环渤海一带空气质量问题受到极大关注，经过治理，近几年的空气污染治理无论是雾霾治理工作还是空气质量提升工作都取得了较为显著的成效，目前该地区居民对空气清新的整体满意度普遍较高，山东满意度（89.92%）全国排名第二，北京（88.43%）排名第五，天津（87.06%）排名第七，河北（86.71%）排名第九。然而，黑龙江

（78.73%）、山西（78.40%）和辽宁（78.37%）等位于老工业基地的省（区、市）公众对空气质量的满意度相对较低，表明工业经济带来的空气污染问题依旧严峻，这些省（区、市）的空气质量和大气治理工作需要更加重视。

（三）水体洁净满意度的调查结果分析

水体洁净满意度方面，全国各省（区、市）的平均得分为80.37%，总体公众满意度分级结果为"较满意"。从省（区、市）满意度得分来看，除山西、内蒙古和重庆为"一般满意"外，其他省（区、市）满意度均为"较满意"或者"非常满意"（图8.42）。从全国格局来看，中国南方省（区、市）对水体洁净的满意度整体上高于北方。满意度高的省（区、市）主要有西南地区的广西（88.02%）和贵州（87.92%），华中地区的湖北（86.82%），华东地区的北京（88.99%）、山东（86.20%）。满意度较低的省份主要在安徽（75.10%）、重庆（74.89%）、内蒙古（74.22%）和山西（72.20%）。各省（区、市）对所在地的河流、湖泊、水库等水体水质的满意度与对所在社区（村镇）饮用水的水质满意度存在较大一致性，总体上对水体水质满意度高的省（区、市）对饮用水的水质满意度也较高。

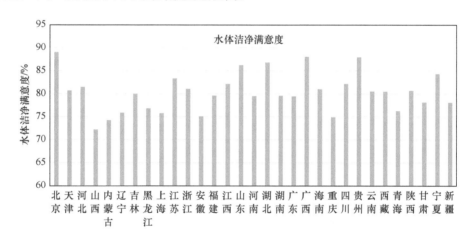

图8.42　全国各省（区、市）水体洁净公众满意度

（四）土壤安全满意度的调查结果分析

土壤安全满意度方面，全国各省（区、市）的平均得分为82.19%，总体公众满意度分级结果为"较满意"。从省（区、市）满意度得分来看，省（区、市）满意度均为"较满意"或者"非常满意"（图8.43）。从全国格局来看，总体上西部省（区、市）对土壤安全的满意度高于东部省（区、市），中部省（区、市）对土壤安全的满意度较低。东部地区土地开发利用程度比较高，居民对土壤安全的关注程度也很高，东部地区除北京（89.77%）和山东（88.28%）满意度较高外，

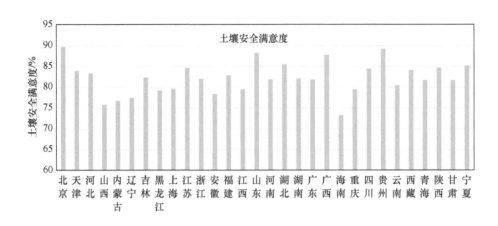

图 8.43　全国各省（区、市）土壤安全公众满意度

其他省（区、市）的满意度相对不高；西部地区除内蒙古（76.78%）、新疆（79.16%）和重庆（79.44%）满意度较低外，其他省（区、市）的满意度相对较高。

各省（区、市）对所在地的土壤是否受到污染的满意度与对所在地的农药、化肥使用是否过量的满意度存在较大一致性，工业和农业发展程度较高的中东部地区满意度低于西部地区。

（五）生态良好满意度的调查结果分析

生态良好满意度方面，全国各省（区、市）的平均得分为81.77%，总体公众满意度分级结果为"较满意"。从省（区、市）满意度得分来看，除山西为"一般满意"外，其他省（区、市）满意度均为"较满意"或者"非常满意"（图8.44）。从全国格局来看，总体上南方省（区、市）对生态的满意度高于北方省（区、市），南方省（区、市）中除上海（76.70%）、重庆（78.50%）和安徽（77.34%）

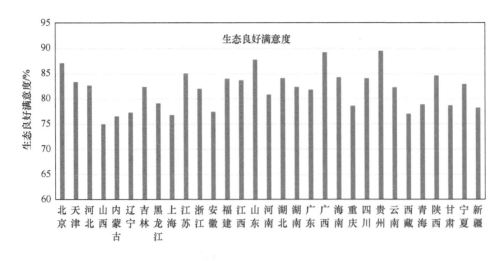

图 8.44　全国各省（区、市）生态良好公众满意度

居民对生态的满意度相对较低外，其余省（区、市）的满意度均较高；北方省（区、市）除山东（87.65%）、北京（87.04%）和陕西（84.54%）外，其余省（区、市）满意度均较低。这或许与南方水热条件较好、植被覆盖和动植物保护较好有很大关系。明显看出西北地区的省（区、市）居民认为所在地森林覆盖率偏低，这与这些地区干旱缺水的自然环境有关，但对动植物保护的满意度相对较高。

（六）人居整洁满意度的调查结果分析

人居整洁满意度方面，全国各省（区、市）的平均得分为80.09%，总体公众满意度分级结果为"较满意"，在五个维度的公众满意度中得分最低。从省（区、市）满意度得分来看，有五个省（区、市）为"一般满意"，分别为山西（72.30%）、内蒙古（73.43%）、重庆（73.87%）、安徽（74.76%）和辽宁（74.95%），其他省（区、市）满意度均为"较满意"或者"非常满意"（图8.45）。从全国格局来看，没有明显的空间分异特征，满意度较高的五个省（区、市）分别是北京（88.64%）、山东（87.29%）、贵州（86.83%）、广西（86.74%）和湖北（84.90%）。

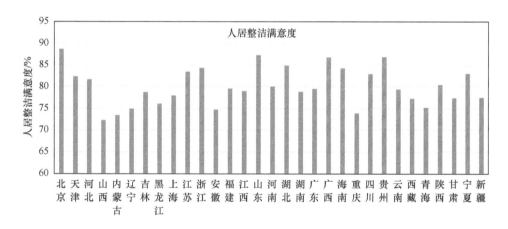

图8.45　全国各省（区、市）人居整洁公众满意度

对所在地的生活垃圾处理状况的满意度调查结果显示，全国平均得分为79.68%，满意度最高的前五名分别为北京（88.25%）、广西（87.63%）、山东（87.28%）、贵州（86.81%）和海南（86.15%），满意度最低的五个省（区、市）分别为山西（70.99%）、内蒙古（72.14%）、重庆（73.04%）、安徽（73.15%）和辽宁（73.70%）。

对所在地的生活污水处理状况的满意度调查结果显示，全国平均得分为80.17%，满意度最高的前五名分别为北京（89.18%）、广西（87.41%）、山东（87.13%）、贵州（86.86%）和湖北（84.21%），满意度最低的五个省（区、市）

分别为山西（72.02%）、内蒙古（73.03%）、安徽（73.97%）、重庆（74.49%）和青海（75.19%）。

对居住地附近公园绿地的满意度调查结果显示，全国平均得分为84.27%，满意度最高的分别为广西（91.00%）、贵州（90.95%）、北京（89.90%）、山东（89.64%）和宁夏（89.06%），满意度最低的五个省（区、市）分别为山西（78.51%）、重庆（78.53%）、青海（79.05%）、西藏（79.33%）和黑龙江（79.56%）。

对居住地卫生厕所普及的满意度调查结果显示，全国平均得分为76.43%，四个人居整洁公众满意度得分最低，满意度最高的分别为北京（87.20%）、山东（87.13%）、贵州（82.70%）、浙江（82.34%）和海南（82.06%），满意度最低的五个省（区、市）分别为江西（67.37%）、山西（67.79%）、内蒙古（68.62%）、重庆（69.42%）和安徽（70.22%）。

对比四方面的人居整洁公众满意度全国格局，总体上各省（区、市）居民对所在地垃圾处理、生活污水处理、公园绿地和卫生厕所普及具有一致性，普遍满意或普遍不满意；但对公园绿地的满意度情况比较独特，是由于中国西北地区自然环境影响，城市公园绿地相对较少，使得公众满意度相对生活垃圾处理、生活污水处理和卫生厕所普及的满意程度明显偏低。

主要参考文献

[1] 方创琳, 王振波. 美丽中国建设的理论基础与评估方案探索. 地理学报, 2019, 74(4): 619-632.

[2] 方创琳, 鲍超, 王振波. 美丽中国建设的科学基础和评估指标体系研究.《中国城市发展报告》编委会编. 中国城市发展报告(2020/2021). 北京: 中国城市出版社, 2021.

[3] 高峰, 赵雪雁, 黄春林, 等. 地球大数据支撑的美丽中国评价指标体系构建及评价. 北京: 科学出版社, 2021.

第九章

美丽中国建设的
推进路径与对策建议

　　建设美丽中国需要根据各地区不同建设条件采取不同的推进模式,包括要素主导型、功能主导型和因地制宜型等,需要从树立美丽国土观、重大科技攻关、动态评估监测、战略路线绘制、综合分区、建设样板点、编制技术标准、加强公众参与、科普宣传教育等方面提出美丽中国建设的对策建议。

第一节　美丽中国建设的推进模式

美丽中国建设的推进模式包括要素主导型、功能主导型和因地制宜型三大类，其中要素主导型推进模式包括空气清新模式、水体洁净模式、土壤净化模式、生态建设模式、人居整洁模式、绿色发展模式和多要素组合模式；功能主导型推进模式包括优化开发区优中变美模式、重点开发区重中建美模式、限制开发区保粮现美模式和禁止开发区原真保美模式；因地制宜型推进模式包括美丽江河建设模式、美丽城市群建设模式、美丽公园群建设模式、美丽中国分区建设模式和美丽中国分省建设模式等[1]。

一、要素主导型推进模式

美丽中国建设的要素主导型推进模式是根据美丽中国建设的空气清新、水体洁净、土壤安全、生态良好、人居整洁、绿色发展等二级指标确定的推进模式，包括空气清新模式、水体洁净模式、土壤净化模式、生态建设模式、人居整洁模式、绿色发展模式，以及由上述6大要素两组合、三组合、四组合、五组合、六组合构成的多要素组合模式。对于一个特定区域的美丽中国建设而言，可能是上述6大要素中其中一个要素主导的模式，也可能是两个要素主导的模式，也可能是三要素、四要素、五要素或六要素共同发挥作用的组合推进模式。究竟采用何种推进模式，需要根据该地区面临的美丽中国建设短板来决定。

（一）空气清新模式—天蓝模式

空气清新模式也叫天蓝模式，采用这种模式的区域面临的美丽中国建设最短板就是空气污染严重，体现该区域空气清新的主要指标不达标。下一步美丽中国建设的重点是消减重污染型产业，调整优化产业结构，加大区域空气污染的治理力度，弥补该区域在空气污染防治与综合治理的短板，大幅度降低该地区地级及以上城市细颗粒物（$PM_{2.5}$）浓度和地级及以上城市可吸入颗粒物（PM_{10}）浓度，增加地级及以上城市空气质量优良天数。通过空气清新模式的实施，补蓝天之短板，赶上美丽中国建设的整体步伐与进程。天山北坡城市群地区、呼包鄂榆城市群地区、河南、山东、河北、山西、陕西、新疆等地区可采取这种模式。

（二）水体洁净模式—水清模式

水体洁净模式也叫水清模式，采用这种模式的区域面临的美丽中国建设最短板就是水体污染严重，体现该区域水体洁净的主要指标不达标。下一步美丽中国建设的重点是最大限度地保护水源地，综合治理区域黑臭水体，提升河流、湖泊等水体水质，加大污水资源化利用比例和再生水利用效率，加大城市与农村生活污水集中收集率，弥补该区域在水污染防治与综合治理的短板，大幅度提升该地区地表水水质优良（达到或好于Ⅲ类）比例和地级及以上城市集中式饮用水水源地水质达标率，降低地表水劣Ⅴ类水体比例。通过水体洁净模式的实施，补清水之短板，赶上美丽中国建设的整体步伐与进程。长三角城市群地区、京津冀城市群地区、珠三角城市群地区、山西、内蒙古、黑龙江、辽宁、江苏等地区可采取这种模式。

（三）土壤净化模式—净土模式

土壤净化模式也叫净土模式，采用这种模式的区域面临的美丽中国建设最短板就是土壤污染严重，体现该区域土壤安全的主要指标不达标。下一步美丽中国建设的重点是最大限度地改良修复已污染土壤，综合治理土壤污染，提升受污染耕地安全利用率、污染地块安全利用率、农膜回收率、化肥利用率与农药使用率。通过土壤净化模式的实施，补净土之短板，赶上美丽中国建设的整体步伐与进程。广东、海南、福建、甘肃、云南、湖南等地可采取这种模式。

（四）生态建设模式—生态模式

生态建设模式也叫生态模式，采用这种模式的区域面临的美丽中国建设最短板就是生态建设与修复欠账多，体现该区域生态良好的主要指标不达标。下一步美丽中国建设的重点是最大限度地加大生态建设力度，继续实施国土绿化行动，遏制生态退化进程，保护区域自然保护地和重点生态功能区，不断提高森林覆盖率、湿地保护率、水土保持率、自然保护面积占陆域国土面积比例、重点生物物种种数保护率。通过生态建设模式的实施，补生态之短板，赶上美丽中国建设的整体步伐与进程。新疆、山西、甘肃、宁夏、陕西、贵州、内蒙古等地可采取这种模式。

（五）人居整洁模式—宜居模式

人居整洁模式也叫宜居模式，采用这种模式的区域面临的美丽中国建设最短板就是人居环境改善滞后，体现该区域人居整洁的主要指标不达标。下一步美丽中国建设的重点是最大限度地加大人居环境改善力度，不断提高城镇生活污水集中收集率、城镇生活垃圾无害化处理率、农村生活污水处理和综合利用率、农村生活垃圾无害化处理率、城市公园绿地500米服务半径覆盖率和农村卫生厕所普及率。通过城乡人居环境的建设和宜居城市、美丽城市、美丽乡村建设，补宜居之短板，赶上美丽中国建设的整体步伐与进程。西藏、青海、黑龙江等地可采取这种模式。

（六）绿色发展模式—绿色模式

绿色发展模式也叫绿色模式，采用这种模式的区域面临的美丽中国建设最短板就是绿色发展进程缓慢，体现该区域绿色发展的主要指标不达标。下一步美丽中国建设的重点是最大限度地加大区域绿色发展进度，构建绿色产业体系，大力发展绿色农业、绿色工业和绿色服务业，推进国民经济的绿色化和经济社会活动的绿色化，不断提升绿色 GDP 比重，大幅度降低单位 GDP 水耗、单位 GDP 能耗和单位 GDP 碳排放量。通过区域绿色发展，补绿色发展之短板，赶上美丽中国建设的整体步伐与进程。全国各地均可采取这种模式。

（七）多要素组合模式—综合模式

要素组合模式包括两组合、三组合、四组合、五组合和六组合等构成的多要素组合模式。其中：两组合模式是将两种要素作为该区域建设美丽中国短板的模式，包括空气清新–水体洁净模式、空气清新–土壤安全模式、空气清新–生态良好模式、空气清新–人居整洁模式、水体洁净–土壤安全模式、水体洁净–生态良好模式、水体洁净–人居整洁模式、土壤安全–生态良好模式、土壤安全–人居整洁模式等；三组合模式是将三种要素作为该区域建设美丽中国短板的模式，包括空气清新–水体洁净–土壤安全模式、空气清新–水体洁净–人居整洁模式、空气清新–土壤安全–生态良好模式、空气清新–土壤安全–人居整洁模式、水体洁净–土壤安全–生态良好模式、水体洁净–土壤安全–人居整洁模式等；四组合模式是将四种要素作为该区域建设美丽中国短板的模式，包括空气清新–水体洁净–土壤安全–生态良好模式、空气清新–水体洁净–土壤安全–人居整洁模式、水体洁净–土壤安全–生态良好–人居整洁模式等；五组合模式是将五种要素作为该区域建设美丽中国短板的模式，包括空气清新–水体洁净–土壤安全–生态良好–人居整洁模式等，这种组合模式是美丽中国建设中短板最多的一种模式，体现出该区域与美丽中国建设目标相比还存在着很大差距。

二、功能主导型推进模式

2010 年国务院印发的《全国主体功能区规划》（国发〔2010〕46 号）将全国国土空间划分为优化开发、重点开发、限制开发和禁止开发四大不同功能区，不同国土空间的主体功能是基于不同区域的资源环境承载能力、现有开发强度和未来发展潜力所做出的划分，有着不同的开发主体内容和发展的主要任务，因而也有着美丽中国建设的不同模式。具体包括优化开发区优中变美模式、重点开发区重中建美模式、限制开发区保粮现美模式和禁止开发区原真保美模式 4 种模式，不同主体功能对应的区域其美丽中国建设的目标、方向、重点和要求完全不同，需用因类制宜，因势利导，差异化推进，根据主体功能定位推动美丽中国建设。

（一）优化开发区优中变美模式

优化开发区域是经济比较发达、开发强度较高、人口比较密集、资源环境问题更加突出，从而应该优化进行工业化城镇化开发的城市化地区。这些区域是提升国家竞争力的核心区，是全国重要的人口和经济密集区，处在率先加快转变经济发展方式、调整优化经济结构、提升参与全球分工与竞争的最高层次。在发展方面，重点突出优化空间结构、优化城镇布局、优化人口分布、优化产业结构、优化发展方式、优化基础设施布局与生态系统格局。在美丽中国建设方面，把恢复生态、净化空气、治理水污染和土壤污染，改善生态环境作为重中之重，把实现绿色发展作为长远目标，加大生态环境保护与土壤环境修复投入，严格控制开发强度，加强环境治理和生态修复，净化水系、提高水质，切实严格保护耕地以及水面、湿地、林地、草地和文化自然遗产，保护好城市之间的绿色开敞空间，在把优化开发区建成全国最富裕地区的同时，力争建成全国最美的地区。京津冀城市群地区、长江三角洲地区和珠江三角洲地区等可采取优化开发功能主导模式，率先建成美丽中国先行典范区，实现优中变美的美丽中国建设目标与美丽城市建设目标。

（二）重点开发区重中建美模式

重点开发区域是具备较强经济基础、具有一定科技创新能力和较好发展潜力、初步形成城镇体系并具备经济一体化条件的区域，这些区域是支撑全国经济增长的重要增长极、促进区域协调发展的重要支撑点，也是全国重要的人口和经济密集区。在重点发展方面，重点统筹规划国土空间、健全城市规模结构、促进人口加快集聚、形成现代产业体系、提高发展质量、完善基础设施、保护生态环境。在美丽中国建设方面，统筹好重点开发与重点保护的关系，转变经济发展方式，推进低资源消耗、低碳排放、低环境污染、低生态破坏、高综合效益的集约型高质量发展模式，在最大限度地获得经济增长总量的同时，最大限度地治理区域大气污染、水体污染，做好生态环境与土壤环境修复，把重点开发区域建成高质量发展与高水平保护的典范区，建成同步实现美丽中国目标的典范区。中原、长江中游、成渝、山东半岛等城市群地区可采取重点开发功能主导模式，率先建成美丽中国先行典范区，实现重中建美的美丽中国建设目标与美丽城市建设目标。

（三）限制开发区保粮现美模式

限制开发区域是指限制进行大规模高强度工业化城镇化开发的农产品主产区和重点生态功能区，以提供农产品为主体功能，以提供生态产品、服务产品和工业品为其他功能，以保持并提高农产品生产能力和生态产品供给能力的区域。限制开发区基本上是农业发展条件好、保障农产品供给安全与国家生态安全的重要区域，也是人与自然和谐相处的示范区和美丽乡村建设的示范区。在发展方面，加强土地整治，着力保护耕地，加强水利设施建设，稳定粮食生产，发展现代农业，优化农业生产布局和品种结构，增强农业综合生产能力，增加农民收入，以县城为重点推进城镇建设和非农产业发展，加强县城和乡镇公共服务设施建设，完善小城镇公共服务和居住功能；重点生态功能区要以保护和修复生态环境、提供生态产品为首要任务，因地制宜地发展不影响主体功能定位的适宜产业，引导超载人口逐步有序转移。在美丽中国建设方面，在最大限度地保障国家粮食安全的同时，最大限度地保护耕地和基本农田，保护农田生态系统，治理农村生态环境和水环境，确保农村青山绿水常绿，最大限度地改善农村人居环境，建设美丽乡村。东北平原、黄淮海平原、长江中下游平原等国家主要粮食主产区、以及大小兴安岭森林生态功能区、长白山森林生态功能区、阿尔泰山地森林草原生态功能区、三江源草原草甸湿地生态功能区、祁连山冰川与水源涵养生态功能区等国家重点生态功能区可采取限制开发功能主导模式，实现保粮现美的美丽中国建设目标和美丽乡村建设目标。

（四）禁止开发区原真保美模式

禁止开发区域是依法设立的各级各类自然文化资源保护区域，以及其他禁止进行工业化城镇化开发、需要特殊保护的重点生态功能区。包括国家及省级自然保护区、世界文化自然遗产、国家级及省级风景名胜区、国家及省级森林公园和国家及省级地质公园，以及其他省级人民政府根据需要确定的禁止开发区域。禁止开发区属于严格保护的区域，在保护方面，重点保护生境、保护生物多样性、保护自然保护地、保护自然遗产与文化遗产，保护各类公园、湿地、地质遗迹、风景名胜等，在美丽中国建设方面，禁止开发区本身就是非常美丽的区域，重点维持清新的空气、洁净的水体、干净的土壤、原生态的自然环境等。三江源国家公园、祁连山国家公园、东北虎豹国家公园、各类国家级自然保护区等可采取禁止开发功能主导模式，实现原真保美的美丽中国建设目标。

三、因地制宜型推进模式

（一）美丽江河建设模式

美丽江河建设模式重点是以大江大河等流域为单元，以流域一体化为主线，综合统筹流域上、中、下游地区、左、右岸地区和干、支流地区，全面开展空气清新、水体洁净、土壤安全、生态良好、人居整洁等美丽江河的综合建设，综合治理流域水污染、大气污染、土壤污染和生态退化，树立一盘棋思想，最终实现全流域天变蓝、水变清、土变净、生态变良好、人居环境变整洁的通江变美的建设目标。长江流域、黄河流域、珠江流域等大江大河地区可采取这种建设模式，实现美丽长江、美丽黄河、美丽珠江、美丽淮河、美丽松花江等美丽中国建设目标。

（二）美丽城市群建设模式

美丽城市群建设模式重点围绕重点建设的 5 个国家级城市群、稳步建设的 9 个区域级城市群和引导培育的 6 个地区性城市群，按照城市群产业发展布局一体化、基础设施建设一体化、生态建设和环境保护一体化思路，推进城市群地区空气清新、水体洁净、土壤安全、生态良好、人居整洁等一体化的综合治理与建设，综合治理城市群其余水污染、大气污染、土壤污染和生态退化，树立高度一体化思想，最终实现城市群地区各城市共同实现天变蓝、水变清、土变净、生态变良好、人居环境变整洁的整群变美的建设目标。京津冀城市群、长三角城市群、珠三角城市群、长江中游城市群、成渝城市群、中原城市群等可采取这种建设模式，实现美丽京津冀、美丽长三角、美丽珠三角、美丽成渝、美丽中原、美丽关中等美丽中国建设目标。

（三）美丽公园群建设模式

美丽公园群建设模式重点针对已经试点建设和未来规划建设的国家公园，按照国家公园建设管理实施方案及办法，做好国家公园的试点建设与保护，推进国家公园地区常年保持空气清新、水体洁净、土壤安全、生态良好等原真美丽状态。这里的国家公园是指由国家批准设立并主导管理，边界清晰，重点保护国家代表性大面积自然生态系统、实现自然资源科学保护和合理利用的特定区域，同时提供与其环境和文化相容的精神的、科学的、教育的、休闲的和游憩的机会。三江源国家公园、大熊猫国家公园、东北虎豹国家公园、海南热带雨林国家公园、武夷山国家公园、祁连山国家公园等可采取这种建设模式。

（四）美丽中国分区建设模式

按照自然环境相对一致性、经济社会发展相对一致性、地域文化景观一致性、空间分布连续性与县级行政区划完整性等原则，可将美丽中国建设划分为美丽东北区、美丽华北区、美丽华东区、美丽华中区、美丽华南区、美丽西北区、美丽西南区和美丽青藏区 8 大美丽区和 66 个美丽亚区。在不同的美丽区和美丽亚区，美丽中国建设的目标、短板、推进路径与模式各不相同，大区之间在美丽中国建设指标中不具备可比性，比如美丽东北区和美丽青藏区、美丽华东区和美丽西南区、美丽华中区和美丽西北区具有完全不同的自然环境和人居环境，无法进行同类指标的大区对比，但区内各亚区之间、各省区之间、各城市之间具有可比性，需要因地制宜、分区差别化制定美丽中国建设目标，在区内的比美建美中差异化实现美丽中国建设目标。

（五）美丽中国分省建设模式

按照中国现行的省级行政单元，可将美丽中国建设按省市区划分为 34 个省级行政单元，与此相对应，可提出建设美丽北京、美丽天津、美丽河北、美丽山西、美丽内蒙古、美丽辽宁、美丽吉林、美丽黑龙江、美丽上海、美丽江苏、美丽山东、美丽河南、美丽湖北、美丽湖南、美丽浙江、美丽江西、美丽安徽、美丽福建、美丽广东、美丽海南、美丽广西、美丽四川、美丽重庆、美丽云南、美丽贵州、美丽陕西、美丽西藏、美丽青海、美丽甘肃、美丽宁夏、美丽新疆、美丽香港、美丽澳门、美丽台湾等分省建设模式，不同省区美丽中国建设的目标、短板、模式和路径不同，需要制定出省区美丽中国建设行动方案、差异化评估指标体系和评价标准，确保各省同全国一道实现美丽中国建设的共同目标。

第二节　美丽中国建设的推进路径

为了到 2035 年基本建成美丽中国，到 2050 年全面建成美丽中国，需要树立美丽国土观，在《全国国土空间规划纲要（2016—2030 年）》中体现美丽中国建设目标，开展美丽中国建设的重大科技攻关和试验示范，以问题为导向开展美丽中国建设进程的动态评估与监测，编制美丽中国建设的战略路线图与分阶段行动方案，因地制宜地做好美丽中国建设综合区划，建设好美丽城市群和美丽公园群，先行开展美丽中国建设样板试点，总结美丽中国建设的区域模式[2]。

一、开展美丽中国建设的重大科技攻关和试验示范

建设美丽中国尚且面临一系列亟待突破的关键技术瓶颈，需要开展美丽中国建设的重大科技攻关和试验示范。在中国科学院战略性先导科技专项（A 类）"美丽中国生态文明建设科技工程"专项支持下，重点开展：重点污染区大气环境与大型复杂场地污染防控关键技术研发与示范、长三角区域生态环境协同管理与综合治理示范、粤港澳大湾区城市群生态建设工程与生态系统智能管理示范、长江经济带干流水环境水生态综合治理与应用、近海与海岸带环境综合治理及生态调控技术和示范、生态脆弱区绿色升级发展途径与示范、绿水青山提质增效与乡村振兴关键技术及示范、自然保护地健康管理与生态廊道设计技术与示范、气候变化条件下山地致灾风险绿色调控关键技术与示范、生态文明建设地理图景技术与应用示范十大关键技术研发及应用示范，通过实验示范，开展多尺度精准检测和诊断生态文明建设状态，突破研制复合污染防治、生态系统修复及绿色升级

核心技术和装备体系，设计支撑生态文明建设供给侧改革的重要技术平台和制度创新的关键技术，科学设计区域环境污染综合治理和生态环境协同管理、自然保护地健康管理、生态智慧城市建设、乡村振兴等发展路线图，以及践行"两山论"模式和优化国土空间管控方案，多尺度动态模拟美丽中国"2035 目标和 2050 愿景"。为建设美丽中国，打造山水林田湖草生命共同体提供蓝图与实施途径[3]。

二、以问题为导向开展美丽中国建设进程的动态评估监测

美丽中国是一项涉及多学科、多领域、多部门共同建设的长期性、复杂性、系统性社会工程。高质量、高标准地贯彻落实美丽中国建设的"时间表"和"路线图"，尚且面临着"三缺一低"等现实问题：一是缺乏通用权威的美丽中国建设评估指标体系。美丽中国战略提出以来，全国各省（区、市）人民政府和部分研究机构相继建立了美丽中国评估指标体系，但这些评估指标体系存在着区域同质化、指标多样化、权重多元化、学科领域差异化等问题，指标体系缺乏充分的理论支持，指标体系设置与美丽中国的基本内涵和实质难以对接，美丽中国评估缺乏有效的顶层设计。亟须按照"五位一体"的总体布局和生态文明建设的本质特征，充分考虑不同区域的自然条件、主体功能、地域文化、发展基础和地方政策的异质性，因地制宜地构建包括生态环境之美、绿色发展之美、社会和谐之美、体制完善之美和文化传承之美等多维度、多层次、多目标、多标准的美丽中国建设评估体系。二是缺乏可操作的美丽中国建设进程评估技术标准。开展美丽中国建设进程评估是实现高质量、高标准地完成和履行建设美丽中国"时间表"和"路线图"的首要环节，不可取代。目前，全国各省（区、市）并没有形成固定的美丽中国建设进程和程度评估机制。在已有的美丽中国建设评估实践和研究中，因缺乏统一的美丽中国建设进程评估技术规范与标准，普遍存在着评估理论不科学、评估依据不充分、评估要素不具体、评估技术不先进以及"美丽"程度评估不明确等问题。在全国范围内全面开展美丽中国建设进程评估需要对各省（区、市）"美丽"建设情况进行多维度、多尺度、多层次分析，评估面广、要求多、难度大，亟需建立一套可操作性强、实用性高、适用面广的美丽中国建设进程评估技术标准。三是缺乏公认的美丽中国建设样板区。近年来，全国各省（区、市）积极落实中央精神，稳步推进"美丽中国"建设项目、试点与评估工作，但由于不同区域面临着不同的发展阶段和发展问题，美丽中国建设的重点有较大差别，多数省（区、市）将生态环境管控、环境污染治理、农村环境整治、环保监测监管、生态文明宣传等内容作为当前美丽中国的建设重点，并总结了部分新理念、新路径和新样板，而产业绿色转型和体制机制建设作为美丽中国建设的核心内容实施见效缓慢。亟需在全国范围内因地制宜地建立若干个公认的美丽中国建设样板和

示范区，进一步总结归纳"美丽"模式与"美丽"路径，为全国美丽中国建设提供经验与借鉴。

针对以上"三缺"问题，在美丽中国建设推进过程中，建设进展程度如何，建设效果如何，综合美丽程度如何考量？回答这些问题需要开展美丽中国建设进程的动态评估与监测。需要在协调好与《生态文明建设考核目标体系》《绿色发展指标体系》《高质量发展指标体系》、联合国可持续发展指标体系的逻辑关系前提下，按照国家发改委印发的《美丽中国建设评估指标体系及实施方案》（发改环资〔2020〕296 号），开展美丽中国建设进程评估。具体评估的技术流程为：按照评估指标采集评估数据，以省级及地级行政单元为空间尺度采集 2000～2020 年的各类数据，包括实地调研数据、文字数据、遥感数据、土地利用数据、网络问卷调查数据等；对采集的数据采用无人机等高新技术手段进行数据校验，预处理分析和加工，建立评估数据库；对评估指标量化辨识并计算权系数，提出美丽中国建设的分阶段目标值和阈值，研发美丽中国建设进程动态评估监测系统 V 1.0，编制美丽中国建设进程评估技术规程，研制美丽中国建设满意度调查 APP 系统；提出美丽中国建设的分区方案与差异化评估指标体系；形成美丽中国建设进程评估总报告和分省评估报告，作为指导全国和各省美丽中国建设成效的评判依据。通过动态评估和监测，确保全国和各省按照美丽中国建设的时间表和路线图逐步接近目标值，在"比美健美"的竞相建设行动中实现美丽中国建设目标。

三、编制美丽中国建设的战略路线图与分阶段行动方案

美丽中国建设是一项长期性的重大工程，短期内无法实现所有目标，需要编制全国及各省美丽中国建设的中长期战略规划，绘制全国及各省美丽中国建设的战略路线图，提出全国及各省美丽中国建设的时间表和分阶段行动方案。具体到"十四五"期间，需要先行制定出美丽中国建设的 5 年目标值，在正向指标方面，需要提出到 2025 年地级及以上城市空气质量优良天数比例、地表水水质优良（达到或好于Ⅲ类）比例、地级及以上城市集中式饮用水水源地水质达标率、受污染耕地安全利用率、污染地块安全利用率、农膜回收率、化肥利用率、农药利用率、森林覆盖率、湿地保护率、水土保持率、自然保护面积占陆域国土面积比例、重点生物物种种数保护率、城镇生活污水集中收集率、城镇生活垃圾无害化处理率、农村生活污水处理和综合利用率、农村生活垃圾无害化处理率、城市公园绿地 500m 服务半径覆盖率、农村卫生厕所普及率共 19 个指标提升的目标值；在负向指标方面，需要提出到 2025 年地级及以上城市细颗粒物（$PM_{2.5}$）浓度、地级及以上城市可吸入颗粒物（PM_{10}）浓度、地表水劣Ⅴ类水体比例 3 个指标降低

的目标值。根据美丽中国建设进程评估的 22 个正负指标的目标值,结合"十四五"期间经济社会高质量发展目标、生态环境高水平保护目标,分类提出"十四五"时期空气清新、水体洁净、土壤安全、生态良好、人居整洁等方面的建设重点和任务,合理确定切实可行的建设方案,确保实现"十四五"期间美丽中国建设的阶段性目标。

四、树立美丽国土观,在《全国国土空间规划纲要(2021—2035 年)》中体现美丽中国建设目标

2019 年 5 月中共中央、国务院下发了《关于建立国土空间规划体系并监督实施的若干意见》,标志着中国自此终结了长达 40 多年之久的"多规演义"和各类空间规划"分治"冲突的局面,这是中国空间规划编制与实施从"多规分治"的浅水区进入"多规合一"的深水区的重要里程碑,必将为优化中国国土空间格局、提高国土空间利用质量、为推动美丽中国建设发挥重要作用。回顾中国国土空间走过的开发、破坏、保护、利用的曲折演变历程,在美丽中国建设进程中,必须汲取经验教训,树立美丽国土观,在编制《全国国土空间规划纲要(2021—2035 年)》时,贯彻落实"多规合一"、"多审合一"和"多证合一"的"三合一"主线思维,突出生态功能保障基线、环境质量安全底线、自然资源利用上线、生态保护红线"四线"管控的要求,按照统一的测绘基准和测绘系统、统一的规划用地分类体系、统一的规划技术标准体系、统一的规划编制审批体系、统一的规划监督实施体系、统一的规划法规政策体系的"六统一"规划要求,突出美丽中国建设中的"空气清新、水体洁净、土壤安全、生态良好、人居整洁"五个维度的美丽国土建设目标,提出国土空间高水平保护、高质量发展、高品质利用、高效率修复、高强度协同的总体思路,构建美丽国土轴和美丽城市群,形成点线面结合的美丽国土高效利用格局、支撑保障体系和分区管控方案。在编制省市国土空间规划时,把美丽中国建设目标分解到各省市国土空间优化布局的总体方案中,实现国土空间开发保护向更高质量、更高效率、更加公平、更可持续方向发展,通过规划实施推进美丽中国建设进程。

五、因地制宜地做好美丽中国建设综合区划,建设好美丽城市群和美丽公园群

充分考虑全国地域差异,瞄准国家重大战略布局,因时制宜地做好美丽中国建设分区。科学构建由"H"形美丽国土轴、八大美丽区和 19 个美丽城市群构成的"以轴串区、以区托群"美丽中国分区发展格局。其中,"H"形美丽国土轴由东部美丽沿海国土轴、中部美丽长江国土轴和西部美丽丝路国土轴组成;八大美丽区是在已有的自然、人文、经济、城镇等综合区划基础上,基于 ArcGIS

空间分析方法，按照综合性、主导性、自然环境与社会经济系统相对一致性、空间分布连续性和行政区划完整性等原则，以自然要素、生态要素、气候要素、经济要素、人口要素、文化要素、主体功能要素、城市群要素、城镇化要素、聚落景观要素等要素为基础，可将全国美丽国土划分为美丽东北区、美丽华北区、美丽华东区、美丽华中区、美丽华南区、美丽西北区、美丽西南区和美丽青藏区 8 大美丽区；19 个美丽城市群是指建设由 5 个国家级城市群、8 个区域性城市群和 6 个地区性城市构成的 19 个美丽城市群，作为美丽中国建设的战略重点地区，这一区域以占全国 29% 的面积，集中了全国 75% 的人口、80% 以上的经济总量，同时也产出了全国 70% 以上的污染，是国家今天和未来经济发展的战略核心区，因而也是美丽中国建设的战略重点区。除此而外，需要在国家重点生态功能区中建设一批国家公园，形成与美丽城市群错位配置的国家公园群，以保护具有国家代表性的大面积自然生态系统，实现自然资源科学保护和合理利用，作为美丽中国建设的另一类保护性战略重点区。

综合考虑中国自然地理区划、人文地理区划、生态区划、气候区划、经济区划、主体功能区划和新型城镇化区划等区划，建议制定承载与融合地域发展全要素的美丽中国建设综合区划，分区进行美丽中国样板区建设试点，因地制宜地建立若干个公认的美丽中国建设样板和示范区，进一步总结归纳"美丽"模式与"美丽"路径，为全国美丽中国建设提供经验与借鉴。2015 年杭州成为全国首个省部共建的美丽中国建设试点城市，取得了阶段性试点成效。建议全国层面以杭州为美丽中国建设样板区，东北地区以大连为样板区，华北区以北京为样板区，华东区以杭州为样板区，华中区以武汉为样板区，华南区以深圳为样板区，西南区以昆明为样板区，西北区以西安为样板区，青藏区以西宁为样板区，全面推开各省市的美丽中国建设试点工作。

六、先行开展美丽中国建设样板试点，总结美丽中国建设的区域模式

建设美丽中国是一场涉及经济发展方式、技术创新模式、消费价值观念和生活方式变革的系统工程，建议以美丽中国综合区划方案为基础，分区进行美丽中国样板区建设试点，因地制宜地建立若干个公认的美丽中国建设样板和示范区。2015 年杭州成为全国首个省部共建的美丽中国建设试点城市，取得了阶段性试点成效，2019 年杭州市印发《美丽城镇建设试点工作方案》[4]，到 2020 年创建有 10 个以上小城镇率先成为省级美丽城镇示范镇。2019 年起住房和城乡建设部在全国启动 11 个城市体检与美丽城市建设试点，威海成为全国首个获批"美丽城市"建设试点的城市，聚焦生态宜居、城市特色、交通便捷、生活舒适、多元包容、城市活力、安全韧性等目标，旨在综合提升城市人居环境与建设品质。在

开展美丽城市建设试点的同时，农业农村部在全国组织开展了 1100 个"美丽乡村"创建试点。这些试点样板和试点经验为在全国范围内建设美丽中国提供了典范。根据不同试点城市和乡村美丽中国建设的实情，可总结美丽中国建设的通用模式和差异化模式，其中通用模式包括生态保护型模式、绿色发展型模式、文化传承型模式、体制机制创新型模式、市场驱动型建设模式、远程推动型建设模式、开放带动型建设模式、综合发展型建设模式等，差异化建设模式基本是千城千策，万村万方，只可借鉴，不可复制，这就是美丽中国建设的空间差异性。

第三节　美丽中国建设的对策建议

建设美丽中国是一项涉及多学科、多领域、多部门共同建设的长期性、复杂性、系统性持久过程，是一场涉及经济发展方式、技术创新模式、消费价值观念和生活方式变革的革命性转变过程，需要立足长远，从眼下做起，根据国家经济社会发展所处的不同阶段和生态环境变化的趋势循序渐进，坚持不懈，其间会出现这样那样的问题和挑战。地理学家需要有敏锐的洞察力和高度的责任感，随时发现美丽中国建设中出现的新动向、新要素和新问题，及时提出解决对策，高质量、高标准地贯彻落实美丽中国建设的"时间表"和"路线图"，确保美丽中国建设向着更高质量、更高效率和更显著成效方向发展。

一、编制美丽中国建设评估技术规程，上升为国家标准

美丽中国建设战略部署以来，全国各省（区、市）人民政府和部分研究机构相继尝试建立了美丽中国评估指标体系，但这些评估指标体系存在着区域同质化、指标多样化、权重多元化、学科领域差异化等问题，指标体系缺乏充分的理论支持，指标体系设置与美丽中国的基本内涵和实质难以对接，美丽中国评估缺乏有效的顶层设计。建议在全国各省市全面推进美丽中国建设的进程中，为保障美丽中国的建设方向，提升建设效率与建设质量，避免建设过程中出现美丽走偏、美丽不足和美丽不持久等问题，建议编制美丽中国建设评估技术标准或评估技术规程，并上升为国家标准。在技术规程中明确美丽中国建设评估指标体系、评估流程、评估技术方法、指标分级标准和综合美丽指数计算方法，同时要兼顾美丽中国建设的区域差异性，提出差异化指标的设置原则与要求，充分考虑到东部、中部、西部和东北部之间的地域文化及美丽差异，通过区间跟自己比美、区内跟相邻地区比美，深入了解各地区美丽中国建设中存在的问题及取得的成就，取长补短，为到 21 世纪中叶全面建成美丽中国保驾护航。

开展美丽中国建设进程评估是实现高质量、高标准地完成和履行建设美丽

中国"时间表"和"路线图"的首要环节，不可取代。目前，全国各省市并没有形成通用的美丽中国建设进程和程度评估机制。在已有的美丽中国建设评估实践和研究中，因缺乏统一的美丽中国建设进程评估技术规范与标准，普遍存在着评估理论不科学、评估依据不充分、评估要素不具体、评估技术不先进以及"美丽"程度评估不明确等问题。在全国范围内全面开展美丽中国建设进程评估需要对各省市"美丽"建设情况进行多维度、多尺度、多层次分析，评估面广、要求多、难度大，亟须建立一套可操作性强、实用性高、适用面广的美丽中国建设进程评估技术标准。建议国家主管部门编制并发布美丽中国建设的技术评估标准，上升为国家标准，出台美丽中国建设评估技术指南和评估办法，以此标准为指引，开展全国及各省区美丽中国建设进程的综合评估，通过评估，发现短板，找出差距，进而提出提升美丽中国建设质量的对策措施。

二、持续推进产业结构与能源结构优化，保障空气长清常新

持续推动能源、产业、交通、用地四大结构优化调整。大力发展清洁能源，落实能源消费总量和强度"双控"，深入挖掘高耗能行业存量节能潜力。严格控制煤炭消费总量，推进重点行业企业自备电厂"煤改气"，鼓励发展天然气分布式能源。持续优化产业结构。修订完善高耗能、高污染和资源型行业准入条件，依法依规关停落后产能，推动过剩产能平稳有序退出。深入推进传统行业转型升级和布局调整，推进关键工艺技术装备和污染治理技术装备的研发推广，进一步加快战略性新兴产业的发展。持续优化交通运输结构。大力推进多式联运，推动大宗货物和集装箱运输转向铁路、水路运输。以公共服务领域为重点，加快新能源汽车推广应用。持续优化用地结构。全面落实"三线一单"成果，严格执行大气环境分区管控要求。建立省域空气治理联防联控机制，统一大气环境监测标准，落实大气环境监测预报，实行应急联动，实现信息共享、联合执法、科研合作等。强化环境联防联治[5]。

深入实施工业源、移动源、面源三大源治污减排，深化工业源污染治理。加大燃煤小锅炉的治理力度，推广应用更高效的尾气处理技术。深化工业炉窑污染治理，推进钢铁、水泥、平板玻璃等行业污染治理升级改造。强化移动源污染控制，严格新车环保达标监管，加强在用车排放管理，完善机动车"天地车人"一体化综合监管平台。深化面源污染防控，加强施工扬尘防治管理，扩大扬尘在线监控范围。加强道路扬尘污染控制，进一步完善省市联动的大气污染源排放政务清单管理和更新机制，加快提升大气污染防治精准管控和科学决策能力。

积极探索以臭氧为核心的多污染物协同控制。一方面将臭氧污染防控作为重点，加强区域臭氧污染联防联控，尽快遏制臭氧评价浓度的上升趋势；另一方面，

进一步采取措施持续降低 $PM_{2.5}$ 浓度水平，为对标国际先进地区空气质量做准备。

三、护好水与治劣水相结合，改善水环境，保障水体洁净

一是护好水。加强流域水生态保护、饮用水水源环境安全保障，确定饮用水水源地污染防治配套措施，加快饮用水水源地在线监控系统建设。进一步全面推行河长制湖长制，深入实施水污染防治行动计划，统筹左右岸、上下游、陆上水上、地表地下、河流海洋、水生态水资源、污染防治与生态保护，切实保护好水环境，构建良好水生态系统，打造清水绿岸、鱼翔浅底的碧水环境。

二是治劣水。强化源头控制，标本兼治，分流域、分区域、分阶段推进水污染防治、水生态保护和水资源管理，分行业推进工业水污染、城镇生活污水、农业农村水污染的综合防治，全面消除黑臭水体，实现"长治久清"的治水目标。加快水污染源在线监控系统建设，建立完善省、市、县三级水环境监控中心和环境监测网络，加快水环境质量监测网络工程、重点污染源自动在线监控工程和突发性环境事件应急监控工程建设，建成地表水质量自动监测网。

四、实时监控与修复相结合，加强土壤污染源头治理，保障土壤安全

以提升耕地地力为抓手，集成推广应用秸秆还田、绿肥种植、商品有机肥示范推广等措施，推进实施化肥施用零增长。推广在作物关键生长期进行施肥和灌溉的高产高效养分和水分管理技术，实现减肥增效。坚持"预防为主、综合整治"的方针，按"防治时机专业化、科学用药专业化、施药器械专业化、操作技术专业化"的要求，重点在"控、替、精、统"上下功夫，大力推进农药面源污染防治。

逐步建立建设用地土壤污染调查评估制度。对于风险评估结果表明需要实施修复的地块，按"谁污染，谁治理"原则，由土壤污染责任人结合国土空间规划和控制性详细规划等编制修复方案，报地方人民政府生态环境主管部门备案并实施。建立建设用地土壤环境监管联动机制，为严控土壤污染风险，实施建设用地准入管理，明确建设用地污染地块在开发利用必须符合规划用途的土壤环境质量要求，对经调查和风险评估确定为污染地块但未明确修复责任主体的地块，禁止土地出让；对未达到土壤污染风险评估报告确定的风险管控、修复目标的建设用地地块，禁止开工建设任何与风险管控、修复无关的项目，防范人居环境风险。

以重金属、危险废物等污染场地和污染耕地为重点，选择矿山尾矿库、重污染工矿企业搬迁遗留场地、工业危险废弃物堆存场地和农田污染典型区域，制定分区、分类、分期修复计划，以点带面、因地制宜地开展污染土壤治理修复和风险控制试点工作。积极推动企业实施清洁生产，实施重金属污染分区防控的环

境管理政策，加大重点区域重点行业污染整治力度，健全重点污染源在线监控系统，实现污染源实时监控。

五、严格落实生态红线管控目标导向，倒逼提升生态环境质量

按照国家山水林田湖综合治理要求，依据全国主体功能区划和重点生态功能区划，在生态功能区和生态敏感、脆弱的区域，以及禁止开发区域划定并严守生态功能红线。划定林地和森林、湿地、海洋、物种等生态保护红线，将自然保护区、江河湖库周边地区、城镇饮用水水源地等划为重点生态区，实施严格的生态保护和管控，实现生态环境休养生息。科学划定生态公益林和经济林界限，严格保护生态公益林，实施严格的林地用途管制，严禁在生态公益林范围内发展经济林，依法实施强制性保护。开展河道和水利工程确权划界工作，推进水域岸线确权登记。持续推进绿化造林工作，加强生物多样性保护，提升自然保护区的保护、管理和建设水平，推进生态治理与修复。加快改革生态环境质量类指标的统计核算监测制度，建设信息共享平台，夯实数据基础。

以健全山、水、林、田、湖、草等自然资源有偿使用和生态补偿制度为抓手，发挥市场在生态文明资源配置中的有效作用，深化生态文明制度改革。建立自然资源开发使用成本评估机制，加强对自然垄断环节的价格监督。建立流域双向补偿制度，合理提高生态公益林效益补偿标准。提高生态保护修复资金使用效益。严格生态环境损害赔偿制度。协调环境保护与经济建设之间的发展平衡点，加强"两山论"融合转化力度。

加快"三线一单"等生态环境管控制度落地。"三线一单"是以改善环境质量为核心，以生态保护红线、环境质量底线、资源利用上线为基础，将行政区域划分为若干环境管控单元，形成一张图、一清单、一平台，落实生态保护、环境质量目标管理、资源利用管控要求，构建生态环境分区管控体系。推动"三线一单"尽快落地，以加强对生态环境保护的宏观管控。强化生态环境准入把关，守住生态安全源头预防底线。

六、补齐城乡人居环境建设短板，保障人居环境舒适整洁

在城市地区，加快美丽城市建设，大力推进城市公园绿地建设，重点提升城市绿地服务能力，不断改善城市人居环境。结合城市生态景观带、城市绿色廊道、绿道网络等城市绿地公园与生态走廊建设工程，重点提升城市建成区绿化覆盖率，合理规划绿地空间，保证城市公园服务半径，提升绿地服务质量。

在农村地区，以人为核心，加快美丽乡村建设力度，完善农业生产性基础

设施、乡村公共服务设施、乡村道路基础设施、农村生态环境设施、农村污水及垃圾处理设施、农村信息网络设施建设，逐步改善农民生存和发展的条件，补齐乡村人居环境短板，提升乡村发展质量和宜居质量。

七、推动美丽中国与生态文明建设内容进入中小学课堂

建设美丽中国是一项长期任务，是国家可持续发展大计，需要经过几代人坚持不懈的努力。中小学生是未来美丽中国的建设者，肩负着美丽中国建设接力棒的重大责任，建设美丽中国需要从"娃娃"抓起，需要将美丽中国建设内容写入中小学教科书，需要从中小学开始普及美丽中国建设理念和基本知识。可将美丽中国建设内容写入中小学《思想政治》和《地理》等教科书，从中小学开始培养美丽中国建设意识，普及美丽中国建设知识，增长美丽中国建设见识。

现有中小学教科书中尚缺失美丽中国建设的内容。在由教育部普通高中思想政治课课程标准实验教材编写组编著、人民教育出版社 2018 年出版的普通高中课程标准实验教科书《思想政治》"经济生活"部分第 10 课"新发展理念与中国特色社会主义新时代的经济建设"中（第 87 页）只提到"到 2035 年基本实现社会主义现代化，生态环境根本好转，美丽中国目标基本实现"一句话，除此之外，全书再未提及美丽中国建设的相关内容。到底什么是美丽中国？为什么建设美丽中国？美丽中国建设目标怎样实现？等问题，对于这些基本问题需要给中学生一个明确的普及。在由人民教育出版社出版的普通高中课程标准实验教科书《初中地理》和《高中地理》中，更没有美丽中国建设的任何内容。今天的中小学生是明天美丽中国建设的主要承担者，而中小学生对美丽中国建设内容、建设过程、建设目标和建设路线图等全然不知，这些成为相关知识的盲点，他们如何能肩负起美丽中国建设重任令人担忧。为此提出如下三点建议。

一是在中小学《思想政治》教科书中新增美丽中国建设等内容，树立美丽中国建设意识。建议教育主管部门修编中小学《思想政治》，将美丽中国建设的总体思想、相关内容纳入中小学教科书中去，作为思想政治教育的重要内容。让学生从小懂得什么是美丽中国，为什么要建设美丽中国，怎样建设美丽中国，未来建成一个什么样的美丽中国。通过美丽中国建设的思想政治教育，让学生从小意识到美丽中国建设的重要性和责任感，从小树立美丽国土观和热爱祖国的责任观，树立建设美丽家乡，护卫美丽家乡的意识。让学生长大后学会处理好经济发展和生态环境保护之间的辩证关系，学会处理好绿水青山和金山银山的辩证关系，从靠山吃山转变为养山富山，从浏览美丽风光转变为发展美丽经济，建设美丽城市和美丽乡村。

二是在中学《地理》教科书中新增专章介绍美丽中国建设目标与路线图，普

及美丽中国建设知识。建议教育部教材主管部门在中学《地理》教科书中专章增设美丽中国建设内容，让学生从小了解美丽中国建设的重要性、基本内涵、主要内容、建设目标、建设路线图和时间表、建设的样板点、建设愿景和行动计划等，同时邀请相关专家、实践者走进课堂，用正反两方面的生动事例介绍美丽中国建设的样板点，向中小学生展示美丽中国建设成果，增强中小学生热爱祖国的自豪感和未来建设美丽中国的责任感。

三是在全国优选一批美丽中国建设样板点作为教学实践基地，使学生增长美丽中国建设方面的见识。目前，全国各省已建成各种不同空间尺度（美丽城市、美丽乡村、矿山修复、小流域治理、垃圾无害化处理等）和不同类型（空气清新、水体洁净、土壤安全、生态良好和人居整洁）的美丽中国建设样板点。选择典型的美丽中国建设样板点，作为中小学生美丽中国教学实践基地和爱国主义教育基地，通过教学实践和现场体验感知，将课堂知识和实践基地有机结合起来，开拓视野，增长见识，激发中小学生从小养成建设美好家园的自信心和责任担当，长大以后以实际行动建设美丽中国，成为推进人与自然和谐发展的中坚力量。

八、组建美丽中国建设研究机构，开展美丽中国建设立法工作

为深入推动实现美丽中国建设目标，发挥科学研究工作对美丽中国建设的引导推动作用，提出如下两点建议。

一是联合成立美丽中国建设研究院。考虑到美丽中国建设评估工作一直到2035 年结束，美丽中国建设中面临着一系列亟待解决的重大科学问题和技术问题，迫切需要通过研究提出系统全面的解决方案，建议国家相关部门联合国家相关科研机构、高等院校等联合成立美丽中国建设研究院。研究院的宗旨就是总结习近平总书记有关深化生态文明体制改革和美丽中国建设的重大理论成果，及时发现全国各地美丽中国与生态文明建设的短板，定期评估短板，防止跑偏，建立重大沟通机制，定期总结形成并发布一批重大理论成果，体现党中央的施政意图和科学决策。总结出美丽中国建设理论与科学体系，为推动美丽中国与生态文明建设提供理论与科技支撑。

二是成立美丽中国与生态文明建设百人论坛。美丽中国与生态文明建设是全党、全国人民共同作为的事情，不是某个部委或者某一部分人能作为的事。建议国家主管部门联合相关部门、高校及企业联合组成美丽中国与生态文明建设百人论坛，共同研判美丽中国建设进展程度，存在问题并提出重大政策建议，定期召开美丽中国建设评估研讨会，讨论和解读美丽中国建设评估过程的难点与重点问题，为党中央推进美丽中国与生态文明建设进程提供智力支撑。

三是尝试开展美丽中国建设的立法工作。建设美丽中国是实现我国"两个

一百年"奋斗目标、稳固大国地位和实现中华民族伟大复兴中国梦的重要任务，关系到人民福祉、关乎民族未来。建议加强大气环境、水体清洁、土壤安全、生态良好和人居环境方面的法制建设，完善关于生态文明、环境保护的相关法律法规，以立法的形式确保美丽中国建设成效。

第四节　美丽中国建设评估工作建议

一、加强美丽中国建设评估指标的数据统计监测能力建设

在国家发展和改革委员会下发的《美丽中国建设评估指标体系与实施方案》中，22 个评估指标其中有部分指标无法从现有的统计年鉴、各部委、各地方政府报表中获取连续数据，数据缺口率达 60% 以上。在 12 个指标中，其中受污染耕地安全利用率、污染地块安全利用率、农膜回收率、重点生物物种种数保护率、农村生活污水处理和综合利用率、农村生活垃圾无害化处理率 6 项评估指标过去从未统计过，需要在未来的评估中建议各职能部门开展监测、观测后获取数据；化肥利用率、农药利用率、湿地保护率、自然保护地面积占陆域国土面积比例、城镇生活污水集中收集率、城市公园绿地 500m 服务半径覆盖率 6 项指标只有在个别年份、个别地方有监测统计数据，但没有连续的时间和完整的空间尺度数据，同样需要进行系统观测和监测。

为此，建议国家相关部门、地方政府相关部门针对美丽中国建设评估指标体系中的相关指标增加观测监测设备，提供专业性强的观测数据，为下一次开展美丽中国建设评估奠定可靠的数据基础。

二、完善相关部委和地方政府美丽中国建设评估工作机制

美丽中国建设评估是国家行为，不是某一部门行为，部门之间不协调，无法完成党中央交办的任务。但目前个别部委、个别地方政府对美丽中国建设评估的重要性认识不够到位，对美丽中国建设评估任务落实的主体责任不清。为此，建议建立和完善相关部委和地方政府美丽中国建设评估工作机制。

国家层面，建议进一步完善国家主管部门建立的"美丽中国建设评估工作机制"，落实各部委、各地方政府的主体责任，加强各部委协调，整合各部委力量，由评估领导小组层面与各省（区、市）建立数据共享和调度机制。目前，各省（区、市）数据收集调度机制尚未建立，不利于中长期开展常态化美丽中国建设进程评估工作。建议从领导小组层面建立相应的工作机制，并将各省（区、市）自然资

源部门、生态环境部门、住房和城乡建设部门、水利部门、农业农村部门、国家林业和草原部门、国家统计部门、卫生健康部门等相关部门纳入数据调度、收集的责任部门。

省级层面，形成省负总责、市县落实的工作推进机制。地方党委和政府对本地区美丽中国建设进程负责，做好上下衔接、域内协调和督促检查工作，依据全省制定的年度工作目标进行县市分解，制定各地区的美丽中国建设实施方案。强化县级党委和政府主体责任，做好项目落位、资金管理、方案实施等工作。乡镇党委和政府做好具体组织实施工作。强化农村基层党组织领导核心地位，引导农村党员发挥先锋模范作用，带领村民参与美丽乡村建设。

三、有序调整优化美丽中国建设评估指标体系和差异化指标

在开展美丽中国建设评估的实地调研中发现，各部委和地方政府对评估指标体系有不同建议，表现在以下几方面。

一是评估指标体系对绿色发展指标考虑较少。会导致评估结果无法实现既富又美的双重目标，出现"越是发达省（区、市）综合美丽指数越低，相反，越是落后省（区、市）综合美丽指数越高"的倾向。出现这种结果不是美丽中国建设的终极目标。因此，建议增加绿色发展指标作为二级指标，可具体增加万元GDP能耗、万元GDP水耗、万元GDP碳排放强度等指标作为绿色发展的三级指标。考虑美丽中国指标体系与高质量发展指标体系的有机衔接，避免出现越美区域反而越是落后区域。

二是评估指标体系中个别指标在2025年后达到优秀或阈值，可不纳入评估指标。例如，$PM_{2.5}$、PM_{10}到2025年后不少省（区、市）都达标了，不需要将这两个指标再作为评估指标，需要增加臭氧等指标进去。近年来空气臭氧污染成为突出的问题，特别是华北地区，臭氧已超过$PM_{2.5}$等，成为首要污染因子，建议评估体系中增加臭氧等相关指标，便于督促地方加大臭氧污染治理力度。

三是在评估指标体系中建议把美丽中国公众满意度调查结果纳入美丽中国建设评估的二级指标参与评估。一方面可避免客观评估结果和主观评估结果相背离不一致的情况，另一方面可通过满意度调查数据体现地方参与美丽中国建设的公众参与程度和对自己家乡的热爱程度，把美丽中国建设变成全民行为，而不是政府行为。

四是各地区差异化的特色指标建议由国家主管部门提出，由地方执行，而不是由地方主管部门自己提出。为了体现各地区美丽中国建设的区域差异性和特色性，每个省（区、市）可根据自身特色增加不超过5个特色指标参与评估。但从实际情况来看，各省（区、市）增加的特色指标并未体现各省（区、市）特色。

为此建议对各省（区、市）差异化的特色指标由国家主管部门根据美丽中国建设的国家整体部署的要求预先提出，由地方执行，而不是地方自己提出。例如，美丽青海评估中建议增加三江源保护的特色指标，美丽湖南评估建议增加洞庭湖面积变化指标，美丽贵州评估建议增加石漠化治理率等指标，美丽云南评估增加滇池治理指标，美丽安徽评估增加巢湖生态修复指标，美丽江西评估增加鄱阳湖面积变化指标，美丽山西评估增加历史遗留矿山修复率、工业固体废弃物综合利用率等指标，美丽山东、美丽海南、美丽浙江等沿海省（区、市）评估增加自然岸线保护率指标和近海污染治理指标，美丽新疆、美丽宁夏、美丽内蒙古评估建议增加林草覆盖度等指标，剔除其中的荒漠戈壁面积。

五是针对重点开发区域、优化开发区域、限制开发区域和禁止开发区域等不同主体功能区，建议对同一指标赋予不同权重，设置不同的评估指标体系。

六是考虑到 4 个直辖市空间范围很小，都市化区域面积大，乡村区域面积小，建议对四个直辖市的城乡指标合并一起进行评估，不分区县开展评估。例如，北京市城乡一体化程度较高，建议城镇生活污水集中收集率（C_{17}）和农村生活污水集中收集率（C_{19}）两个指标合并为城乡生活污水集中收集率（C_{17}）一个指标；城镇生活垃圾无害化处理率（C_{18}）和农村生活垃圾无害化处理率（C_{20}）两个指标合并为城乡生活垃圾无害化处理率（C_{18}）一个指标。

四、提升协调推进能力，编制各地区美丽中国建设评估技术指南

鉴于美丽中国建设的长期性，建议各地区主管部门加强对美丽中国建设的协调推进能力建设，逐渐规避美丽中国建设相关工作在现有机构职能中的管理任务散布、职能交叉重叠等诸多弊端。建议各地区紧扣美丽中国建设的基本目标任务要求，强化美丽中国建设的顶层设计、规划引领，扬长优势、规避短板、夯实基础，组织专业队伍规划编制美丽中国建设中长期路线图和技术指南，形成理念清晰、方向明确、目标精准、重点突出、特色明显的区域性美丽中国建设技术指南，确保美丽中国建设工作的前瞻性和导向性。

研究制定各省美丽中国建设工作实施规则、美丽中国建设职能考核规则，自上而下地推动省、市、县三级美丽中国建设工作细则，以及关联职能对空气清新、水体洁净、土壤安全、生态良好、人居整洁五维结构目标考核规制。通过工作规则和考核制度，形成党委和政府主要领导抓统筹、分管领导抓协调、部门领导抓落实，省、市、县三级上下联动、抓在经常、管在平常、督在日常的工作常态化行动。

五、加强美丽中国建设评估的广泛宣传与公众参与

美丽中国建设的最直接实践者、体验者与检验者是广大的人民群众，这也

符合中国共产党"人民群众是历史的创造者与检验者"的施政方针，美丽中国建设评估也专门设置了"公众满意度调查"部分，以评估公众对地区美丽中国建设的认可度。因此，在美丽中国建设评估过程中，应依托主流媒体、互联网，加大美丽中国建设的宣传力度，发动广大群众积极投入到大气、水体、土壤、生态和人居环境整治当中。同时，加大典型案例经验宣传力度，对破坏美丽中国建设成果的行为及时曝光，营造全社会珍视美丽中国建设成果，保护美丽中国建设成果，巩固与发展美丽中国建设成果的良好氛围。

建设美丽中国已经成为人民群众心向往之的奋斗目标。美丽中国建设稳步推进深入人心，取得进展的地方，群众可以看得见、感受得到，需要稳固中提升，群众不满意的方面正是需要加大力度改进的地方。必须坚持绿水青山就是金山银山理念，把建设美丽中国化为人民自觉行动，着力推动绿色发展，建设人与自然和谐共生的现代化。结合实际情况，加强宣传教育、创新活动形式，加快形成绿色生活方式，广泛开展节约型机关、绿色家庭、绿色学校、绿色社区创建活动，推广绿色出行，弘扬简约适度、绿色低碳的文化传统，反对奢侈浪费和不合理消费，通过生活方式绿色革命，倒逼生产方式绿色转型。

开展美丽中国相关主题活动，提升公众参与度。以政府为主体，引导企业、社会组织、科研院校等举办和参与美丽中国相关主题活动，如定期的社区活动、节庆活动和各类赛事，或在世界环境日、世界地球日等特定日期举办一年一度的活动等，亦可在事业单位、学校、公共场所设立美丽中国宣传栏，定期更换本地在有关领域做出的突出成效，通过活动开展，以此来调动公众积极性，提升公众参与度，让更多的人知晓美丽中国建设专项工作的意义和内容，为评估工作顺利开展建立较好的前期基础。例如，借助垃圾分类全国推广的契机，结合美丽中国的主题，深入学校、公共广场、社区等开展垃圾分类的宣传教育活动，并可通过游戏、奖励等形式，增强活动氛围，提升活动成效。

关注美丽中国建设在人群中的实际感知效果。使美丽看得见，感受得到。加强美丽中国建设宣传引导，问卷调查结果表明公众对各项问题的回答区分度更加明显，建议启发群众对美丽中国建设的参与和监督，听取民众对于"美丽"的要求，使美丽中国建设工作更加科学和民主化。

主要参考文献

[1] 方创琳, 王振波. 美丽中国建设的理论基础与评估方案探索, 地理学报, 2019, 74(4): 619-632.

[2] 葛全胜, 方创琳, 江东. 美丽中国建设的地理学使命与人地系统耦合路径, 地理学报, 2020, 75(6): 1109-1119.

[3] 杨毅栋, 高群, 潘蓉, 等. 打造"美丽中国建设的样本"——"美丽杭州"行动规划编制体
系. 城市规划, 2015, 39(S1): 12-18.

[4] 高峰, 赵雪雁, 黄春林, 等. 地球大数据支撑的美丽中国评价指标体系构建及评价, 北京: 科
学出版社, 2021.

[5] 高峰, 赵雪雁, 宋晓谕, 等. 面向SDGs的美丽中国内涵与评价指标体系. 地球科学进展,
2019, 34(3): 295-305.